高职高专建筑工程专业系列教材

房屋建筑学

（第二版）

王崇杰　主编　崔艳秋　副主编

中国建筑工业出版社

图书在版编目（CIP）数据

房屋建筑学/王崇杰主编. —2版. —北京：中国建筑工业出版社，2008
（高职高专建筑工程专业系列教材）
ISBN 978-7-112-10343-0

Ⅰ.房… Ⅱ.王… Ⅲ.房屋建筑学-高等学校：技术学校-教材 Ⅳ.TU22

中国版本图书馆CIP数据核字（2008）第140604号

本书是结合高职高专建筑工程专业教学大纲的要求进行编写的。全书共分三部分：绪论、民用建筑、工业建筑。主要内容包括建筑平面设计，建筑剖面设计，建筑体型和立面设计，基础和地下室，墙，楼地层，楼梯，屋顶，门窗，单层工业厂房设计，单层厂房构造及多层厂房简介等内容。

本书文字简炼，图示直观，内容详实，便于讲授和学生掌握。该书可作为高等学校房屋建筑工程专业、房地产管理等专业专科教材，也可作为土建管理人员、设计人员的技术参考用书。

责任编辑：朱首明　杨　虹
责任设计：董建平
责任校对：梁珊珊　王雪竹

高职高专建筑工程专业系列教材
房 屋 建 筑 学
（第二版）
王崇杰　主编　崔艳秋　副主编

*

中国建筑工业出版社出版、发行（北京西郊百万庄）
各地新华书店、建筑书店经销
北京红光制版公司制版
北京建筑工业印刷厂印刷

*

开本：787×1092毫米　1/16　印张：23 3/4　字数：580千字
2008年9月第二版　2015年11月第三十八次印刷
定价：**38.00元**
ISBN 978-7-112-10343-0
(17146)

版权所有　翻印必究
如有印装质量问题，可寄本社退换
（邮政编码 100037）

第 二 版 前 言

随着建筑科学技术的不断发展，建筑业的新体系、新技术、新材料日趋成熟。为适应学科的发展，结合近几年高等教育教学改革的阶段性成果，依据国家颁布的最新规范、技术标准，作者对本书进行修订再版工作，具有十分重要的意义。

本书的再版修订工作，在整体上未作大的变动，重点是在内容的更新和插图的调整充实上，特别应读者要求，适时地跟上科学技术的发展，广泛吸收了国内外先进的科学技术成果，使修改后的教材在内容上充分体现完整性、科学性与先进性。

全书内容共分两篇。其中，第一篇为民用建筑：结合现行国家规范、标准，对民用建筑设计与构造的基本原理和方法进行了较为全面、系统的阐述，并精选了大量的建筑工程实例；第二篇为工业建筑：以单层厂房为主，阐述了工业建筑的特点及其不同于民用建筑的设计与构造原理和方法。

由于工作变动等原因，一部分原作者未能参加第二版的修订编写工作。本书由山东建筑大学的王崇杰教授任主编、崔艳秋教授任副主编。各部分的修订执笔人为：绪论、第一、二章为山东建筑大学的王崇杰；第三、四章为山东建筑大学的纪伟东；第五、六、七章为山东建筑大学的崔艳秋；第八、九、十章为山东建筑大学的吕树俭；第十一、十二章为济南工程职业技术学院的张蓓；第十三、十四章为山东建筑大学的郑红；第十五、十六章为山东建筑大学的薛一冰、王德华。本书由清华大学陈衍庆教授主审。

本书可作为高等学校建筑工程、交通工程、工程管理、工程造价等专业的教材，还可作为建筑设计、管理、施工技术人员的参考用书。

限于编者水平及时间较紧，书中不合宜之处，恳请读者批评指正。

编　者

第 一 版 前 言

本书是根据全国高职高专建筑工程专业《房屋建筑学》教学大纲而编写的教材。

《房屋建筑学》这本教材适用于不同的学历层次（本科、专科、中专）、不同的教学方法（日校、电大、函授、夜大等）时，有相应的要求，目前使用的多种版本的教材也都体现了这方面的特点。这次编写的《房屋建筑学》专科教材，是在参考和吸收以前教材的基础上，充分考虑到专科学生的具体要求下完成的。全书的重点放在了民用建筑部分，对民用建筑设计与构造进行了较全面的阐述，使学生理解民用建筑设计的原理，掌握一般性的民用建筑构造的方法。任课老师可根据本学校的具体情况布置复习思考题和课程设计作业，这部分内容在教材中未体现。

本书由山东建筑工程学院王崇杰任主编，山东建筑工程学院岳勇、崔艳秋任副主编。各章节的执笔人：绪论、第一、二章为王崇杰，第三、四章为山东建筑工程学院纪伟东，第五、七、十五、十六章为岳勇，第六、十章为崔艳秋，第八、九章为山东建筑工程学院吕树俭，第十一、十三、十四为山东建筑工程学院蓝静，第十二章为崔艳秋、纪伟东。

哈尔滨建筑大学陈惠明教授对本书的初稿提出了宝贵的修改意见，在此表示衷心的感谢。

由于作者水平所限，加之编写时间较紧，书中肯定有不当之处，希望广大读者批评指正。

编　者

目 录

绪 论 ·· 1
   第一节 建筑和构成建筑的基本要素 ·· 1
   第二节 建筑发展概况 ·· 2

第一篇 民 用 建 筑

第一章 民用建筑设计概论 ·· 18
   第一节 建筑的分类与分级 ··· 18
   第二节 建筑设计的内容和程序 ·· 23
   第三节 建筑设计的依据 ··· 26

第二章 建筑平面设计 ··· 33
   第一节 主要使用房间平面设计 ·· 33
   第二节 辅助使用房间平面设计 ·· 46
   第三节 交通联系部分平面设计 ·· 52
   第四节 建筑平面组合设计 ··· 62

第三章 建筑剖面设计 ··· 79
   第一节 房间的剖面形状和建筑各部分高度的确定 ··· 79
   第二节 建筑层数的确定和建筑剖面空间的组合设计 ·· 86
   第三节 建筑室内空间的处理和利用 ··· 93

第四章 建筑的体型和立面设计 ··· 102
   第一节 建筑体型和立面设计的要求 ··· 102
   第二节 建筑体型和立面设计 ··· 116

第五章 民用建筑构造概论 ··· 128
   第一节 民用建筑的构件组成与作用 ··· 128
   第二节 建筑的保温与隔热 ··· 129
   第三节 建筑节能 ·· 131

第六章 基础与地下室 ··· 133
   第一节 地基与基础概述 ·· 133
   第二节 基础构造 ·· 136
   第三节 地下室的防潮与防水 ··· 143

第七章 墙体 ·· 147
   第一节 墙的类型与要求 ·· 147
   第二节 砖墙 ·· 148
   第三节 隔墙 ·· 160
   第四节 墙体饰面 ·· 163

第八章 楼地层 ··· 171

第一节　楼地层的设计要求与组成 ·· 171
　　第二节　钢筋混凝土楼板 ·· 173
　　第三节　楼地面构造 ·· 181
　　第四节　顶棚 ··· 189
　　第五节　阳台与雨篷 ·· 196

第九章　楼梯 ·· 202
　　第一节　楼梯的组成与尺度 ··· 202
　　第二节　钢筋混凝土楼梯 ·· 207
　　第三节　楼梯细部构造 ··· 213
　　第四节　室外台阶与坡道 ·· 219

第十章　屋顶 ·· 222
　　第一节　屋顶的组成与形式 ··· 222
　　第二节　平屋顶 ·· 225
　　第三节　坡屋顶 ·· 244

第十一章　门窗 ··· 256
　　第一节　门窗的类型 ·· 256
　　第二节　木门窗构造 ·· 259
　　第三节　金属及塑钢门窗 ·· 268

第十二章　民用工业化建筑体系简介 ··· 276
　　第一节　砌块建筑 ··· 276
　　第二节　大板建筑 ··· 279
　　第三节　大模板建筑 ·· 290
　　第四节　其他类型的工业化建筑 ··· 292

第二篇　工　业　建　筑

第十三章　工业建筑设计概论 ·· 297
　　第一节　工业建筑的分类与特点 ··· 297
　　第二节　厂房内部的起重运输设备 ·· 299

第十四章　单层厂房设计 ··· 301
　　第一节　厂房的组成 ·· 301
　　第二节　平面设计 ··· 303
　　第三节　定位轴线的划分 ·· 311
　　第四节　剖面设计 ··· 317

第十五章　单层厂房构造 ··· 329
　　第一节　外墙及门窗 ·· 329
　　第二节　屋顶 ··· 341
　　第三节　天窗 ··· 350

第十六章　多层厂房简介 ··· 364
　　第一节　多层厂房的特点及适用范围 ····································· 364
　　第二节　平面设计 ··· 364
　　第三节　剖面设计 ··· 372

绪 论

第一节 建筑和构成建筑的基本要素

一、建筑

建筑一般来讲是建筑物与构筑物的通称。建筑物是供人们在其中生产、生活或其他活动的房屋或场所，如工厂、住宅、学校、展览馆等。构筑物则是人们不在其中生产、生活的建筑，如烟囱、水塔、电塔、堤坝等。

我们在《房屋建筑学》这门课程里就是要研究建筑物的平面及空间设计及建筑物的构造问题。

二、建筑的基本要素

构成建筑的基本要素是建筑功能、建筑技术和建筑形象，通称为建筑的三要素。

（一）建筑功能

人们建造房屋有着明显的使用要求，它体现了建筑物的目的性。例如，建设工厂是为了生产的需要，住宅建设是为了居住的需要，影剧院则是文化生活的需要等。因此，满足人们对各类建筑的不同的使用要求，即为建筑功能要求。但是各类房屋的建筑功能不是一成不变的，它随着人类社会的不断发展和人们物质文化生活水平的不断提高而有不同的内容和要求。

（二）建筑技术

建筑技术是建造房屋的手段，包括建筑结构、建筑材料、建筑施工和建筑设备等内容。结构和材料构成了建筑的骨架，设备是保证建筑物达到某种要求的技术条件，施工是保证建筑物实施的重要手段。建筑功能的实施离不开建筑技术作为保证条件。随着生产和科学技术的发展，各种新材料、新结构、新设备的发展和新的施工工艺水平的提高，新的建筑形式不断涌现，也同时更加满足了人们对各种不同功能的需求。

（三）建筑形象

建筑形象是建筑物内外观感的具体体现，它包括内外空间的组织，建筑体型与立面的处理，材料、装饰、色彩的应用等内容。建筑形象处理得当能产生良好的艺术效果，给人以感染力，如庄严雄伟、朴素大方、简洁明快、生动活泼等不同的感觉。建筑形象因社会、民族、地域的不同而不同，它反映出了绚丽多彩的建筑风格和特色。

建筑功能、技术条件和建筑形象三者是辩证统一的，不可分割并相互制约。一般情况下，建筑功能是第一性的，是房屋建造的目的，是起主导作用的因素；其次是建筑技术，它是通过物质技术达到目的的手段，但同时又有制约和促进作用；而建筑形象则是建筑功能、建筑技术与建筑艺术内容的综合表现。但有时对一些纪念性、象征性、标志性建筑，建筑形象往往也起主导使用，成为主要因素。总之，在一个优秀的建筑作品中，这三者应该是和谐统一的。

第二节 建筑发展概况

一、外国建筑发展概况

建造房屋是人类最早的生产活动之一，随着社会的不断发展，人类对建造房屋的内容和形式的要求发生了巨大的变化。建筑的发展反映了时代的变化与发展，建筑形式也深深地留下了时代的烙印。

（一）原始社会

人们在最初对建筑的要求就是能防止野兽的侵袭、挡风避雨。当人类进入新石器时代，随着人类的定居和工具的发展，开始用石头和树枝建造掩蔽物，这便是建筑物发展的最初形式（图0-1）。

图 0-1 原始的洞穴和窝棚
(a) 天然洞穴；(b) 石洞；(c) 巢居

（二）奴隶社会

公元前4000年以后，世界上开始的奴隶社会取代原始社会，出现了最早的奴隶制国家，在建筑形式上也发生了巨大的变化。

1. 古埃及建筑

在大约公元前3000年，埃及成了统一的奴隶制帝国，实行奴隶主专制统治，同时在这里也出现了人类第一批巨大的纪念性建筑，如陵墓和神庙。金字塔是古埃及最著名的建筑，它是古埃及统治者"法老"的陵墓，距今已有5000余年的历史。散布在尼罗河下游两岸的金字塔共有70多座，最大的一座为胡夫金字塔，底面边长230.6m，高146.4m，用230万块巨石干砌而成,每块石料重2.6t(图0-2)。太阳神庙也是古埃及著名建筑之一,神庙内部有134根高21m和13m的柱子形成的柱林,体现出一派冷酷神秘的气氛(图0-3)。

2. 古希腊建筑

古希腊包括巴尔干半岛、小亚西亚西岸、爱琴海诸岛屿、西西里和黑海地区。古希腊是欧洲文化的摇篮,古希腊的建筑特色主要体现在建筑的柱式上,有代表性

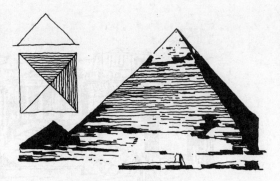

图0-2 埃及吉萨金字塔群

的柱式有多立克、爱奥尼和科林斯柱式。多立克柱式刚劲雄健,用来表示古朴庄重的建筑形式;爱奥尼柱式清秀柔美,适用于秀丽典雅的建筑形象,科林斯柱式的柱头由忍冬草的叶片组成,宛如一个花篮,体现出一种富贵豪华的气派(图0-4)。

图0-3 古埃及太阳神庙柱厅剖面

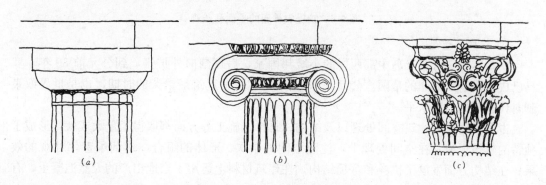

图0-4 古希腊建筑柱式
(a)多立克柱式;(b)爱奥尼柱式;(c)科林斯柱式

被视为古希腊建筑典范的雅典卫城,是雅典人为了纪念波希战争的胜利而修建的一组建筑群,它是由帕提农神庙、伊瑞克提翁神庙、胜利神庙和卫城山门组成。建筑群布局灵活、主次分明、高低错落,被誉为西方建筑史上建筑群体组合艺术的辉煌杰作(图0-5)。

帕提农神庙是雅典卫城的主体建筑,该建筑恰当地选择了多立克柱式,使整个神庙尺度适宜,简洁大方,风格明朗(图0-6)。

3

图 0-5 雅典卫城

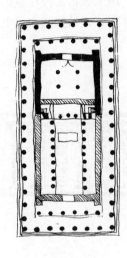 

图 0-6 帕提农神庙的平面和残迹

3. 古罗马建筑

罗马本是意大利半岛中部西岸的小城邦国家,后逐渐向外扩张,到公元前 30 年,罗马已成为横跨欧亚非的帝国。公元 1~3 世纪是古罗马建筑最繁荣的时期,也是世界奴隶制时代建筑的最高水平。

古罗马建筑在建筑空间处理以及结构、材料、施工等方面都取得了重大成就,形成了独特的建筑风格。在空间处理上,注意空间的层次、形体的组合,达到了宏伟壮观的效果;在结构方面发展了拱券和穹顶结构,在建筑材料上运用了当地出产的天然混凝土,有效地取代了石材。

罗马万神庙就是穹顶技术的成功一例。万神庙是古罗马宗教膜拜诸神的庙宇,平面由矩形门廊和圆形正殿组成,圆形正殿直径和高度均为 43.3m,上覆穹窿,顶部开有直径 8.9m 的圆洞,可顶部采光,并寓意人与神的联系。这一建筑从建筑构图到结构形式,堪称为古罗马建筑的珍品(图 0-7)。

罗马大斗兽场也是罗马建筑的代表作之一。大斗兽场用作角斗士与野兽或角斗士相互角斗的场所,建筑平面呈椭圆形,长轴 188m,短轴 156m,立面高 48.5m,分为 4 层,下 3 层为连续的券柱组合,第 4 层为实墙(图 0-8)。它是建筑功能、结构和形式三者和谐统

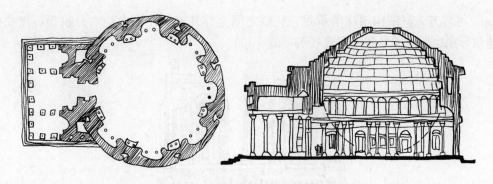

图 0-7 罗马万神庙平、剖面图

图 0-8 罗马大斗兽场

一的楷模,它有力地证明了古罗马建筑已发展到了相当成熟的地步。

(三) 封建社会

在公元 4~5 世纪,欧洲各国先后进入到中世纪的封建社会。在这一时期宗教建筑得到了迅速的发展,能容纳上千人的大教堂、修道院等便成了这一时期建筑活动的重要内容。为了适应大空间、大跨度的要求,建筑技术也有了进一步的发展,拱肋结构、飞扶壁结构、穹帆结构相继出现,使建筑内外部空间更加丰富多彩(图 0-9)。

在这一时期法国的巴黎圣母院为典型实例。它位于巴黎的斯德岛上,平面宽 47m,长

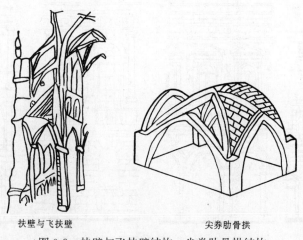

扶壁与飞扶壁　　　　尖券肋骨拱

图 0-9 扶壁与飞扶壁结构,尖券肋骨拱结构

125m，可容万人，结构用柱墩承重，柱墩之间全部开窗，并有尖券六分拱顶、飞扶壁。其建筑形象也反映了强烈的宗教气氛（图 0-10）。

图 0-10　巴黎圣母院

（四）文艺复兴和资本主义近现代建筑

在 14 世纪末，资产阶级在上层建筑领域里掀起了"文艺复兴运动"，即借助于古典文化来反对封建文化并建立自己的文化。在这期间，建筑家们在古希腊、古罗马的柱式的基础上，结合当时的建造技术、材料和施工方法等，总结出了一套完整的建筑构图原理，于是各种拱顶券廊、柱式成为文艺复兴时期建筑构图的主要手段，并一直发展到 19 世纪。这种建筑形式在欧洲各国都占有统治地位，甚至有的建筑师把这种古典建筑形式绝对化，发展成为古典主义学院派（图 0-11）。

图 0-11　文艺复兴时期几种建筑构图

这一时期的代表性建筑有罗马圣彼得大教堂。它是世界上最大的天主教堂，历时120年建成（1506～1626年），罗马最优秀的建筑师都曾主持过设计与施工，它集中了16世纪意大利建筑、结构和施工的最高成就。它的平面为拉丁十字形，大穹顶轮廓为完整的整球形，内径41.9m，从采光塔到地面为137.8m，是罗马城的最高点。这一建筑被称为意大利文艺复兴时期最伟大的纪念碑（图0-12）。

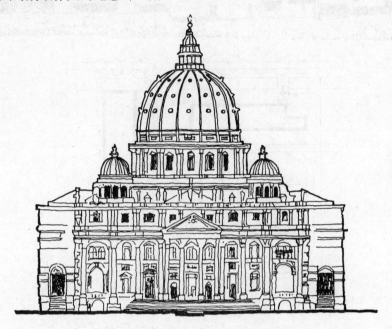

图0-12 罗马圣彼得大教堂

19世纪欧洲进入资本主义社会。在这初期，虽然建筑规模、建筑技术、建筑材料都有了很大的发展，但是受到根深蒂固的古典主义学院派的束缚，建筑形式没有发生大的变化，以至到19世纪中期，建成的美国国会大厦仍采用万神庙的形式。但社会在不断地进步，技术在迅速地发展，于是建筑新技术、新内容与旧形式之间的矛盾日益尖锐。19世纪中叶开始，一批建筑师、工程师、艺术家纷纷提出了各自的见解，倡导"新建筑"运动，到20世纪20年代形成了一套完整的理论体系，即注重建筑的使用功能与建筑形式的统一，力求体现材料和结构特性，反对虚假、繁琐的装饰，并强调建筑的经济性及规模建造。这期间，以格罗皮乌斯、勒·柯布西耶、密斯·凡·德·罗和赖特为代表的"现代建筑"取代了复古主义学院派，形成了世界建筑的主流。以德国著名建筑师设计的"包豪斯"学校，就是现代建筑的典型代表。校园按功能要求合理分区，平面灵活布局，立面简洁大方，体型新颖（图0-13）。

随着社会的不断发展，特别是19世纪以来，钢筋混凝土的应用、电梯的发明、新型建筑材料的涌现和建筑结构理论的不断完善，使高层建筑、大跨度建筑相继问世。特别是第二次世界大战以后，建筑设计思潮非常活跃，出现了设计多元化时期，同时也创造出了丰富多彩的建筑形式。

罗马小体育宫的平面是一个直径60m的圆，可容纳观众5000人，兴建于1957年，它是由意大利著名结构工程师奈尔维设计的。他把使用要求、结构受力和艺术效果有机地

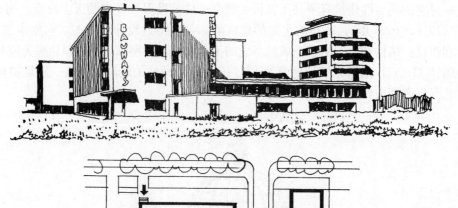

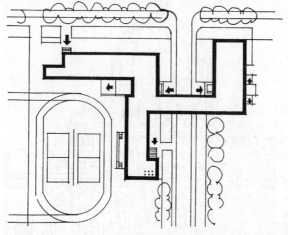

图 0-13　德国包豪斯学校

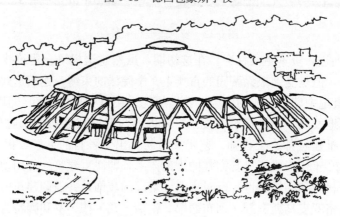

图 0-14　罗马小体育宫

进行了结合，可谓体育建筑的精品（图 0-14）。

巴黎国家工业与技术中心陈列馆平面为三角形，每边跨度 218m，高度 48m，总建筑面积 9 万 m^2，是目前世界上最大的壳体结构，兴建于 1959 年（图 0-15）。

纽约肯尼迪机场 TWA 候机厅充分地利用了混凝土的可塑性，将候机厅设计成一只凌空欲飞的鸟，象征机场。该建筑于 1960 年建成，由美国著名建筑师伊罗·萨里宁设计（图 0-16）。

澳大利亚悉尼歌剧院坐落在澳大利亚悉尼市三面环水的贝尼朗岛上，总建筑面积

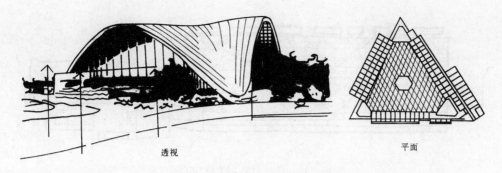

图 0-15 巴黎国家工业与技术中心陈列馆

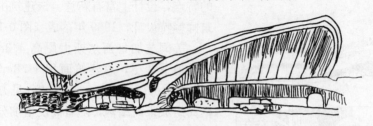

图 0-16 纽约肯尼迪机场 TWA 候机厅

图 0-17 澳大利亚悉尼歌剧院

8.8m²，由音乐厅、歌剧院、剧场、展览厅等组成。它的外形像一支迎风扬帆的船队，采用的是预应力构件组成的肋拱体系，是由丹麦建筑师伍重设计，1973 年峻工（图 0-17）。

巴黎蓬皮杜艺术文化中心将结构构件以及设备管线全部外露，以它独特的构思和造型、被世人瞩目。总建筑面积 10 万 m²，由图书馆、现代艺术博物馆、工艺美术设计中心、音乐和声学研究中心等部分组成，落成于 1977 年（图 0-18）。

古根海姆博物馆坐落在美国纽约市第五大道上，在高楼耸立的都市中，它似一枚神奇的海螺以其螺旋形的体态出现，格外引人注目。这造型满足了展览建筑人流参观路线连续

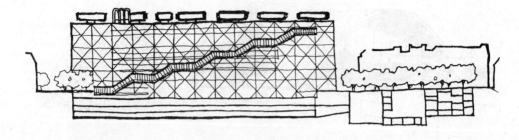

图 0-18 蓬皮杜艺术文化中心

图 0-19 古根海姆博物馆

的特点，设计上富有新意。该建筑由美国著名建筑师赖特设计，1959年落成（图 0-19）。

美国芝加哥西尔斯大厦高 443m，地上 110 层，地下 3 层，总建筑面积 41.8m^2，底部平面 68.7m×68.7m，由 9 个 22.9m 见方的框架式钢框筒组成束筒结构，随着高度增加分段收缩。这幢建筑于 1974 年建成（图 0-20）。

二、中国建筑发展概况
（一）中国古代建筑

经过原始社会、奴隶社会和封建社会三个历史发展阶段，特别是经历了漫长的封建社会，中国古代建筑逐步形成了一种成熟的、独特的体系，在世界建筑史上占有重要的位置。

图 0-20 美国芝加哥西尔斯大厦

1. 原始社会建筑

我国目前发现人类最早的住所是北京猿人居住的岩洞。随着生产力的发展和社会的进步，人们开始利用天然材料建造各种类型的房屋。在距今已有六七千年历史的浙江余姚河姆渡村遗址中，就发现了大量的木制榫卯构件，说明当时已有了木结构建筑，而且达到了一定的技术水平（图0-21）。

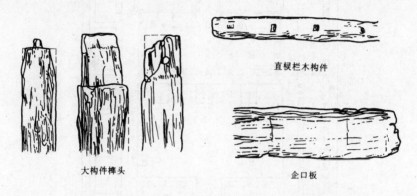

图0-21 浙江余姚河姆渡村遗址出土的各种木构件

从我国的西安半坡遗址可以看出距今5000多年前的院落布局及较完整的房屋雏形（图0-22）。

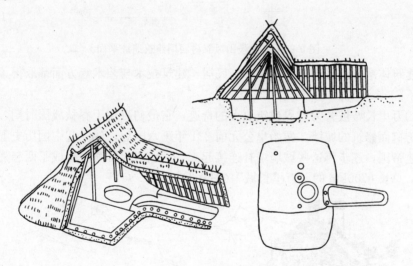

图0-22 西安半坡遗址

2. 奴隶社会建筑

中国在公元前21世纪到公元前476年这段时间，即从夏朝起经商朝，到西周，达到奴隶社会的鼎盛时期，在这期间已经出现了宫殿、宗庙、都城等建筑。从考古发现夏代有了夯土筑成的城墙和房屋的台基，商代已形成了木架夯土建筑和庭院，西周时期在建筑布局上已形成了完整的四合院格局（图0-23）。

3. 封建社会

中国的封建社会经历了3000多年的历史，在这漫长的岁月中，中国古建筑逐步发展

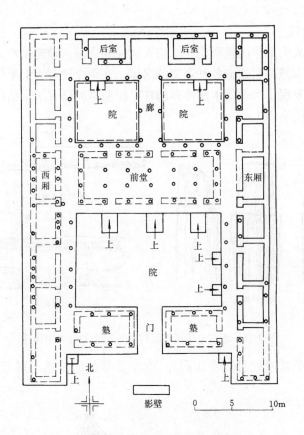

图 0-23 陕西歧山凤雏村西周建筑遗址平面

成独特的建筑体系。在城市规划、园林、民居、建筑技术与艺术等方面都取得了很大的成就。

我国的万里长城被誉为世界建筑史上的奇迹，它最初兴建于春秋战国时期，是各国诸侯为相互防御而修筑的城墙。秦始皇公元前 221 年灭六国后，建立起中国历史上的第一个统一的封建帝国，逐步将这些城墙增补连接起来，后经历代修缮，形成了西起嘉峪关、东至山海关，总长 6700km 的"万里长城"（图 0-24）。

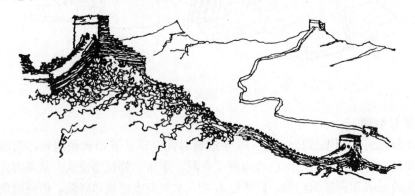

图 0-24 万里长城

兴建在隋朝的河北赵县安济桥是我国古代石建筑的瑰宝，在工程技术和建筑造型上都达到了很高的水平。桥身是一道雄伟的单孔弧券，跨度达 37.37m，两端券背之上又增设两道小圆券。这种处理方式一方面可以防止洪水雨季急流对桥身的冲击，另一方面可减轻桥身的自重，并形成了桥面的缓和曲线，它是世界上现存最早的敞肩式石拱桥（图 0-25）。

图 0-25　河北赵县安济桥

唐代是我国封建社会经济文化发展的一个高潮时期，著名的山西五台山佛光寺大殿就兴建于唐朝。它是我国保存年代最久、现存最大的木构件建筑，该建筑是唐代木结构庙堂的范例，它充分地表现了结构和艺术的统一（图 0-26）。

图 0-26　山西五台山佛光寺

到了明清时期，随着生产力的发展，建筑技术与艺术也有了突破性的发展，兴建了一些举世闻名的建筑。明清两代的皇宫紫禁城（又称故宫）就是代表建筑之一，它采用了中国传统的对称布局的形式，格局严整，轴线分明，整个建筑群体高低错落、起伏开阔、色彩华丽、庄严巍峨，体现了王权至上的思想（图 0-27）。

在这一时期的北京颐和园、天坛也集中体现了古代园林和祭祀建筑的光辉成就，建筑技术和艺术都达到了极高的境界（图 0-28、图 0-29）。

（二）新中国建筑

1949 年新中国成立以来，随着国民经济的恢复和发展，建设事业取得了很大的成就。1959 年在建国 10 周年之际，北京市兴建了人民大会堂、北京火车站、民族文化宫

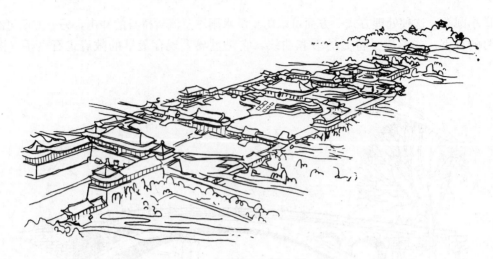

图 0-27 故宫

图 0-28 颐和园

图 0-29 天坛

等十大建筑，从建筑规模、建筑质量、建设速度都达到了很高的水平。图0-30为人民大会堂。

我国60年代到70年代在广州、上海、北京等地兴建了一批大型公共建筑，如1968年兴建的27层广州宾馆，1977年兴建的33层广州白云宾馆，1970年兴建的上海体育馆（图0-31）等建筑，都是当时高层建筑和大跨度建筑的代表作。

图0-30　北京人民大会堂

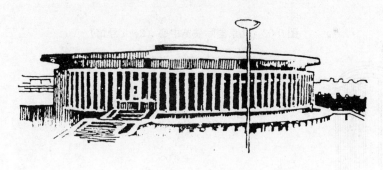

图0-31　上海体育馆

进入20世纪80年代，随着改革开放和经济建设的不断发展，我国的建设事业也出现了蓬勃发展的局面。1985年建成的北京国际展览中心是我国最大的展览建筑，总建筑面积7.5万m^2。1987年建成的北京图书馆新馆，建筑面积14.2万m^2，它是我国规模最大、设备与技术最先进的图书馆。1990年建成的北京奥林匹克体育中心游泳馆，建筑面积3.7万m^2，内设6000个座席，是北京亚运会的重要比赛场馆之一。目前，我国已兴建了深圳国际贸易中心、深圳发展中心、广州国际大厦等一大批高层建筑，标志着我国高层建筑的发展已达到或接近世界先进水平（图0-32～图0-36）。

在我国的住宅建设方面，40多年来也取得了很大的发展，特别是1979～1988年10年间，全国城镇新建住宅12.68亿m^2，平均每年竣工1.27亿m^2，较大地提高了人均居住面积。据有关部门预测，90年代全国将建住宅21.5亿m^2，超过历史最高水平，人们居住水平将有一个很大的提高。

图 0-32 北京国际展览中心（2~5号馆）

图 0-33 深圳国际贸易中心

图 0-34 北京奥林匹克体育中心游泳馆

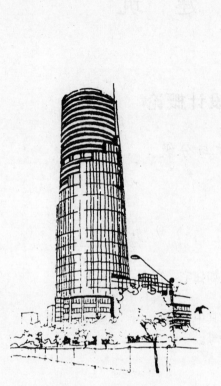

图 0-35 深圳发展中心

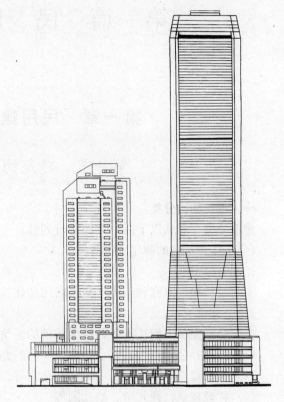

图 0-36 广州国际大厦

第一篇 民 用 建 筑

第一章 民用建筑设计概论

第一节 建筑的分类与分级

一、建筑物的分类

建筑分类一般从以下四个方面进行划分。

(一) 按建筑物的使用功能分类

1. 居住建筑

主要是指提供家庭和集体生活起居用的建筑物，如住宅、宿舍、公寓等。

2. 公共建筑

主要是指提供人们进行各种社会活动的建筑物，其中包括：

(1) 行政办公建筑：机关、企事业单位的办公楼等。
(2) 文教建筑：学校、图书馆、文化宫等。
(3) 托教建筑：托儿所、幼儿园等。
(4) 科研建筑：研究所、科学实验楼等。
(5) 医疗建筑：医院、门诊部、疗养院等。
(6) 商业建筑：商店、商场、购物中心等。
(7) 观览建筑：电影院、剧院、音乐厅、杂技场等。
(8) 体育建筑：体育馆、体育场、健身房、游泳池等。
(9) 旅馆建筑：旅馆、宾馆、招待所等。
(10) 交通建筑：航空港、水路客运站、火车站、汽车站、地铁站等。
(11) 通讯广播建筑：电信楼、广播电视台、邮电局等。
(12) 园林建筑：公园、动物园、植物园、公园游廊、亭台楼榭等。
(13) 纪念性建筑：纪念堂、纪念碑、陵园等。

3. 工业建筑

为工业生产服务的各类建筑，如生产车间、辅助车间、动力用房、仓储建筑等。

4. 农业建筑

用于农业、牧业生产和加工用的建筑，如温室、畜禽饲养场、粮食与饲料加工站、农机修理站等。

(二) 按建筑物的规模分类

1. 大量性建筑

单体建筑规模不大，但兴建数量多、分布面广的建筑，如住宅、学校、中小型办公楼、商店、医院等。

2. 大型性建筑

建筑规模大、耗资多、影响较大的建筑，如大型火车站、航空港、大型体育馆、博物馆、大会堂等。

（三）按建筑物的层数分类

1. 住宅建筑

（1）低层住宅：1～3层

（2）多层住宅：4～6层

（3）中高层住宅：7～9层

（4）高层住宅：≥10层

2. 其他民用建筑

（1）单层建筑：1层

（2）多层建筑：指建筑高度不大于24m的非单层建筑，一般为2～6层。

（3）高层建筑：指建筑高度大于24m的非单层建筑。

（4）超高层建筑：指建筑高度大于100m的高层建筑。

世界各国对高层建筑的界限不尽相同，表1-1列出了几个国家对高层建筑高度或层数的有关规定。

高层建筑起始高度划分界线表　　　　　　　　　　　　　　　表1-1

国　名	起　始　高　度	国　名	起　始　高　度
德国	＞22m（至底层室内地板面）	英国	24.3m
法国	住宅：＞50m，其他建筑：＞28m	俄罗斯	住宅：10层及10层以上
日本	31m（11层）	美国	22～25m或7层以上
比利时	25m（至室外地面）		

（四）按主要承重结构材料分类

1. 砖木结构建筑

砖（石）砌墙体，木楼板、木屋顶的建筑。

2. 砖混结构建筑

砖（石）砌墙体，钢筋混凝土楼板和屋顶的多层建筑。

3. 钢筋混凝土结构建筑

钢筋混凝土柱、梁、板承重的多层和高层建筑，以及用钢筋混凝土材料制造的装配式大板、大模板建筑。

4. 钢结构建筑

全部用钢柱、钢梁组成承重骨架的建筑。

5. 其他结构建筑

生土建筑、充气建筑、塑料建筑等。

二、建筑的分级

由于建筑自身对质量的标准要求不同，通常按建筑物的设计使用年限和耐火程度进行分级。

（一）按建筑物的设计使用年限分级

建筑物的设计使用年限主要是根据建筑物的重要性和规模大小来划分，作为基本建设投资和建筑设计和材料选择的重要依据，见表1-2。

设计使用年限分类　　　　　　　　　表1-2

类别	设计使用年限（年）	示　例	类别	设计使用年限（年）	示　例
1	5	临时性建筑	3	50	普通建筑和构筑物
2	25	易于替换结构构件的建筑	4	100	纪年性建筑和特别重要的建筑

（二）按建筑物耐火等级分类

建筑物的耐火等级是由建筑物构件的燃烧性能和耐火极限两个方面来决定的，共分为四级。各级建筑物所用构件的燃烧性能和耐火极限见表1-3。

建筑物构件的燃烧性能和耐火极限（h）　　　　表1-3

	构件名称	耐火等级			
		一级	二级	三级	四级
墙	防火墙	不燃烧体 3.00	不燃烧体 3.00	不燃烧体 3.00	不燃烧体 3.00
	承重墙	不燃烧体 3.00	不燃烧体 2.50	不燃烧体 2.00	难燃烧体 0.50
	非承重外墙	不燃烧体 1.00	不燃烧体 1.00	不燃烧体 0.50	燃烧体
	楼梯间的墙、电梯井的墙、住宅单元之间的墙、住宅分户墙	不燃烧体 2.00	不燃烧体 2.00	不燃烧体 1.50	难燃烧体 0.50
	疏散走道两侧的隔墙	不燃烧体 1.00	不燃烧体 1.00	不燃烧体 0.50	难燃烧体 0.25
	房间隔墙	不燃烧体 0.75	不燃烧体 0.50	难燃烧体 0.50	难燃烧体 0.25
柱		不燃烧体 3.00	不燃烧体 2.50	不燃烧体 2.00	难燃烧体 0.50
梁		不燃烧体 2.00	不燃烧体 1.50	不燃烧体 1.00	难燃烧体 0.50
楼板		不燃烧体 1.50	不燃烧体 1.00	不燃烧体 0.50	燃烧体
屋顶承重构件		不燃烧体 1.50	不燃烧体 1.00	燃烧体	燃烧体
疏散楼梯		不燃烧体 1.50	不燃烧体 1.00	不燃烧体 0.50	燃烧体
吊顶（包括吊顶搁栅）		不燃烧体 0.25	难燃烧体 0.25	难燃烧体 0.15	燃烧体

注：引自《建筑设计防火规范》GB 50016—2006。

1. 构件的耐火极限

在标准耐火试验条件下,建筑构件从受到火的作用时起,到失去稳定性、完整性或隔热性时止的这段时间,称为耐火极限,用小时(h)表示。

2. 构件的燃烧性能

按建筑构件在空气中遇火时的不同反应将燃烧性能分为三类。

(1) 不燃烧体 用不燃烧材料制成的构件。此类材料在空气中受到火烧或高温作用时,不起火、不碳化、不微燃,如砖石材料、钢筋混凝土、金属等。

(2) 难燃烧体 用难燃烧材料做成的构件,或用燃烧材料做成,而用非燃烧材料做保护层的构件。此类材料在空中受到火烧或高温作用时难燃烧、难碳化,离开火源后燃烧或微燃立即停止,如石膏板、水泥石棉板、板条抹灰等。

(3) 燃烧体 用燃烧材料做成的构件。此类材料在空气中受到火烧或高温作用时立即起火或燃烧,离开火源继续燃烧或微燃,如木材、苇箔、纤维板、胶合板等。

表 1-4 中列出了房屋主要部位(如墙、柱、梁、板、吊顶)建筑构件的燃烧性能和耐火极限。

部分建筑构件的燃烧性能和耐火极限 表 1-4

序号	构 件 名 称	结构厚度或截面最小尺寸(cm)	耐火极限(h)	燃烧性能
一	承重墙			
1	普通黏土砖、混凝土、钢筋混凝土实心墙	12.0 18.0 24.0 37.0	2.50 3.50 5.50 10.50	不燃烧体
2	加气混凝土砌块墙	10.0	2.00	不燃烧体
3	轻质混凝土砌块、天然石料的墙	12.0 24.0 37.0	1.50 3.50 5.50	不燃烧体
二	非承重墙			
1	普通黏土砖墙 (1) 不包括双面抹灰 (2) 不包括双面抹灰 (3) 包括双面抹灰 (4) 包括双面抹灰	6.0 12.0 18.0 24.0	1.50 3.00 5.00 8.00	不燃烧体
2	粉煤灰硅酸盐砌块墙	20.0	4.00	不燃烧体
3	轻质混凝土墙 (1) 加气混凝土砌块墙 (2) 粉煤灰加气混凝土砌块墙	7.5 10.0 20.0 10.0	2.50 3.75 8.00 3.40	不燃烧体
4	木龙骨两面钉下列材料的隔墙 (1) 钢丝(板)网抹灰,其构造厚度(cm)为: 　1.5+5.0(空)+1.5 (2) 石膏板,其构造厚度为: 　1.2+5.0(空)+1.2 (3) 板条抹灰,其构造厚度为: 　1.5+5.0(空)+1.5	— — —	0.85 0.30 0.85	难燃烧体

续表

序号	构 件 名 称	结构厚度或截面最小尺寸（cm）	耐火极限（h）	燃烧性能
5	石膏板隔墙			不燃烧体
	（1）钢龙骨纸面石膏板，其构造厚度（cm）为：			
	1.2＋4.6（空）＋1.2	—	0.23	
	2×1.2＋7.0（空）＋3×1.2	—	1.25	
	（2）钢龙骨双层普通石膏板隔墙，其构造厚度为：			
	2×1.2＋7.5（空）＋2×1.2	—	1.10	
	（3）石膏龙骨纸面石膏板隔墙，其构造厚度为：			
	1.1＋2.8（空）＋1.1＋6.5（空）＋1.1＋2.8（空）＋1.1	—	1.50	
	1.2＋8.0（空）＋1.2＋8.0（空）＋1.2	—	1.00	
	1.2＋8.0（空）＋1.2	—	0.33	
6	碳化石灰圆孔空心条板隔墙	9.0	1.75	不燃烧体
7	钢筋混凝土大板墙（C 20）	6.0	1.00	不燃烧体
		12.0	2.60	
三	柱			
1	钢筋混凝土柱	20×20	1.40	不燃烧体
		30×30	3.00	
		37×37	5.00	
2	普通黏土砖柱	37×37	5.00	不燃烧体
3	无保护层的钢柱	—	0.25	不燃烧体
四	梁			
	简支钢筋混凝土梁			不燃烧体
	（1）非预应力钢筋，保护层厚（cm）为：			
	1.0	—	1.20	
	2.0	—	1.75	
	2.5	—	2.00	
	（2）预应力钢筋，保护层厚为：			
	2.5	—	1.00	
	3.0	—	1.20	
	4.0	—	1.50	
五	板和屋顶承重构件			
1	简支钢筋混凝土圆孔空心楼板			不燃烧体
	（1）非预应力钢筋，保护层厚（cm）为：			
	1.0	—	0.90	
	2.0	—	1.25	
	（2）预应力钢筋，保护层厚度（cm）为：			
	1.0	—	0.40	
	2.0	—	0.70	
2	四边简支钢筋混凝土楼板，保护层厚（cm）为：			不燃烧体
	1.0	7.0	1.40	
	2.0	8.0	1.50	
3	现浇整体式梁板，保护层厚（cm）为：			不燃烧体
	1.0	8.0	1.40	
	2.0	8.0	1.50	
	1.0	10.0	2.00	
	2.0	10.0	2.10	

续表

序号	构件名称	结构厚度或截面最小尺寸（cm）	耐火极限（h）	燃烧性能
4	屋面板 （1）钢筋加气混凝土，保护层厚（cm）为： 　　1.0 （2）预应力混凝土槽形屋面板，保护层厚（cm）为： 　　1.0	— —	 1.25 0.50	不燃烧体
六	吊顶			
1	木吊顶搁栅 （1）钢丝网抹灰（厚1.5cm） （2）板条抹灰（厚1.5cm）	— —	0.25 0.25	难燃烧体
2	钢吊顶搁栅 （1）钢丝（板）网抹灰（厚1.5cm） （2）钉石棉板（厚1.0cm） （3）钉双层石膏板	— — —	0.25 0.85 0.30	不燃烧体

第二节 建筑设计的内容和程序

一、设计内容

建筑设计是建筑工程设计的一部分，建筑工程设计是指设计一个建筑物或一个建筑群体所要做的全部工作，它包括建筑设计、结构设计、设备设计等三个方面的内容。

（一）建筑设计

建筑设计在整个建筑工程设计中起着主导和"龙头"作用，一般是由建筑师来完成，它主要是根据建设单位提供的设计任务书，在满足总体规划的前提下，对基地环境、建筑功能、结构施工、材料设备、建筑经济和建筑美观等方面做全面的综合分析，在此基础上提出建筑设计方案，再将这一方案深化到指导施工的建筑设计施工图。

（二）结构设计

它是在建筑设计的基础上选择结构方案，确定结构类型，进行结构计算与构件设计，完成建筑工程的"骨架"设计，最后绘出结构施工图。它是由结构工程师来完成。

（三）设备设计

它包括给水排水、采暖通风、电气照明、通信、燃气、动力等专业的设计，确定其方案类型、设备选型并完成相应的施工图设计。它是由各有关专业的工程师来完成。

以上几个专业的工作，构成了建筑工程设计的全部内容，是一个既有明确分工，又需密切配合的整体。

二、设计程序

建筑设计是一项综合性的工作，涉及到的领域较多，每一幢建筑又都有各自的要求，因此严格按照设计程序和设计步骤来完成建筑设计，是保证设计质量的前提。建筑工程设计一般分为初步设计和施工图设计两个阶段。大型和重要的民用建筑工程，在初步设计前，应进行设计方案优选。小型和技术要求简单的建筑工程，可由方案设计代替初步设计。技术复杂的建设项目，根据主管部门的要求，可以按初步设计、技术设计和施工图设计三个阶段进行，具体可通过以下几个步骤完成。

（一）设计前的准备工作

在进行建筑设计前应结合设计任务书的要求进行认真的分析，收集必要的设计基础资料，进行调查和研究，做到心中有数。

1. 熟悉设计任务书或可行性研究报告

设计任务书或可行性研究报告，是由建设单位或开发商提供，作为设计单位的设计依据之一，它包括以下几个方面的内容：

（1）建设项目总要求和建设目的。

（2）建筑物的具体使用要求，建筑面积、装修标准以及各类用途房间之间的面积分配。

（3）建设项目的总投资和单方造价、土建费用、房屋设备费以及道路等室外设施费用。

（4）建设基地范围、大小、周围原有建筑、道路、地段环境和地形图。

（5）供电、供水、采暖、空调等设备方面的要求。

（6）设计期限和项目的建设进程要求。

设计人员对上述工作进行全面了解和分析时，要对照国家有关定额指标、规范规定，校核有关内容。在深入了解任务书或可行性报告的基础上，可对任务书的内容提出补充或修改意见，但必须征得有关部门或建设单位的同意。

2. 收集有关设计资料

（1）气象资料　包括建设项目所在地区的温度、湿度、日照、雨雪、风以及冻土深度等。

（2）基地地形及地质水文资料　包括基地地形、标高、土壤种类及承载力、地下水位及地震烈度等。

（3）水电等设备管线资料　包括基地地下的给水、排水、电缆等管线布置，以及基地上架空线等供电情况。

（4）设计项目的国家有关定额指标　如面积定额指标，用地定额指标，用材定额指标等。

3. 调查研究

（1）建筑物的使用要求　在了解建设单位对建筑物使用要求的基础上，以走访、参观、查阅资料等形式，调查同类建筑物在使用中出现的情况，通过分析和研究，总结并吸取经验，接受教训，使设计更加合理与完善。

（2）建筑材料供应和结构、施工等技术条件　了解当地建筑材料的特性、价格、品种、规格和施工单位的技术力量、起重运输条件等。

（3）基地踏勘　根据城建部门划定的设计项目所在地的位置，进行现场踏勘，深入了解基地和周围环境的现状及历史沿革，核对已有资料与基地现状是否符合。通过建设基地的形状、方位、面积以及与周围建筑、道路、绿化等多方面的因素，考虑建筑的位置、形状和总平面的布局。

（4）当地传统的风俗习惯　通过了解当地传统的建筑形式、文化传统、生活习惯、风土人情以及建筑上的习惯做法，作为建筑设计的参考和借鉴，创造出当地群众喜闻乐见的建筑形式。

（二）初步设计

初步设计是建筑设计的第一阶段，建筑设计人员根据设计任务书的要求，通过调查研究掌握的资料，综合考虑建筑功能、技术条件、建筑形象等因素而提出设计方案，并进行方案的比较和优化，确定较为理想的方案，征得建设单位同意后，报城建管理部门批准为实施方案。

初步设计一般包括设计说明书、设计图纸、主要设备材料和工程概算四部分。

1. 设计说明书

它由建筑设计总说明和各专业设计说明书组成，总说明包括工程设计的主要依据（国家有关规范规定、任务书要求等）；工程设计的规模和设计范围以及总指标（总用地面积、总建筑面积、建筑占地面积、概算、水、电、气能源消耗量、主要建筑材料用量等）；各专业的说明要阐述专业的有关问题，建筑设计说明则要求对设计依据与要求、方案构思与特点、装修标准、建筑指标（建筑规模、建筑面积、使用面积、使用系数等）、建筑防火、卫生标准等做必要的说明。

2. 设计图纸

(1) 总平面图　表示出用地范围，标出建筑物在基地上的位置、大小、层数及设计标高，标明道路及绿化布置，绘出指北针与风玫瑰图，常用比例1∶500、1∶1000。

(2) 各层平面图、立面图、剖面图　表示清楚建筑物各主要控制尺寸，如总尺寸、开间、进深、层高尺寸和房间名称、门窗洞口位置、室内固定设备的布置，以及建筑空间处理所采用的建筑材料等。常用比例尺为1∶50、1∶100、1∶200。

3. 主要材料及设备表

4. 工程概算书

包括建筑物投资估算、主要材料用量及单位消耗量。

大型民用建筑及重要工程，必要时可绘制透视图、鸟瞰图或制作模型。

初步设计完成之后要将所有文件装订成册，其编排顺序为封面、扉页、初步设计文件目录、设计说明书、图纸、主要设备与材料表、工程概算书。

对于有些需作技术设计阶段的工程，待初步设计批准后即可进行，它是初步设计的深化和完善，也是各工种相互之间协调、最后定案阶段。技术设计的文件和图纸与初步设计大致相同，但每一部分要求更具体、详细。建筑设计专业则要求在图纸上标明建筑与结构、设备工种有关的详细尺寸，并编制建筑部分的技术说明书；结构工种应有房屋结构方案图，并附初步设计说明；设备工种应提供相应的设备图纸及说明书。

（三）施工图设计

施工图设计是建筑设计的最后阶段，是设计单位提交给建设单位的最终成果，是施工单位进行施工的依据。施工图设计是在上级主管部门审批同意后的初步设计（或技术设计）的基础上进行的。

施工图设计的原则是满足施工要求，解决施工中的技术措施、用料及具体做法。要求各专业的图纸全面具体、准确无误。

施工图设计的内容包括建筑、结构、给水、排水、采暖、空调、电气、通风等专业工种的设计图纸、说明书、计算书、预算书等。要求建筑设计提交的设计成果有：

1. 设计说明

包括建设地点、建设规模、建筑面积、人防工程等级、抗震设防烈度、主要结构类型；该项目的相对标高与总图绝对标高的关系；建筑室内外各部分装饰做法，用料说明等。

2. 总平面图

标明测量坐标网、坐标值，场地施工坐标网、坐标值，详细标明建筑物、建筑物的定位施工坐标和相互关系尺寸、名称或编号、室内设计标高及层数；道路、绿化等位置与尺寸，注明指北针及风玫瑰图。常用比例1：500，建筑较大时也可用1：1000或1：2000。

3. 各层平面图

详细标注房间名称、门窗位置、开启方向和编号；建筑各部位的详细尺寸（轴线、门窗洞口、分段、外包总尺寸）；固定设备的位置与尺寸；建筑物配件（阳台、雨篷、垃圾道、散水等）位置与尺寸；室内外地面标高、楼层标高；剖切线及编号（一般只注在底层平面）；有关平面节点详图或详图索引号、指北针（画在底层平面）。常用比例1：50、1：100、1：200。

4. 立面图

一般各个方向的立面应绘全，但差异小，不难推定的立面可省略。立面图上要标出建筑物两端轴线的编号、建筑物各部位（如墙、阳台、台阶、花池、烟囱等）建筑材料的做法与色彩或节点详图索引，标注剖面图上表示不出的各部位的标高和高度。常用比例同平面图。

5. 剖面图

要选择在层高不同、层数不同、内外空间比较复杂、最有代表性的部位进行剖视，建筑空间局部不同处，可绘制局部剖面图，要求注明墙柱轴线及编号，剖视方向可见的所有建筑物配件的内容（地面、门窗、楼梯、梁板、屋顶、女儿墙等），标明建筑物配件的高度尺寸及相应标高。比例同立面图。

6. 详图

在上述图纸中未能表示清楚的一些局部构造、建筑装饰做法应专门绘制详图，标明该构件细部尺寸及详细做法，如檐口、墙身等构件的详图。常用的比例1：1、1：5、1：10、1：20、1：30。

除完成上述图纸之外，建筑设计人员还需将有关声学、光学、热工、视线、安全疏散方面的计算书，作为技术文件归档，以备查用。

第三节 建筑设计的依据

一、空间尺度的要求

建筑物是由许多不同类型的空间组成，每一空间都有其明显的使用目的，而达到这一目的每个空间都必须具有恰当的尺寸和适宜的空间尺度。

（一）人体尺度及人体活动的空间

人体尺度及人体活动所需的空间尺度是房间平面与空间设计的依据。走廊的宽度、门洞的大小、栏杆、窗台的高度、家具设备等的大小都是由人体尺度及人体活动所需的空间尺度所决定的。据有关资料表明，我国中等成年男子的平均身高为 1678mm，女子为 1570mm（图 1-1）。

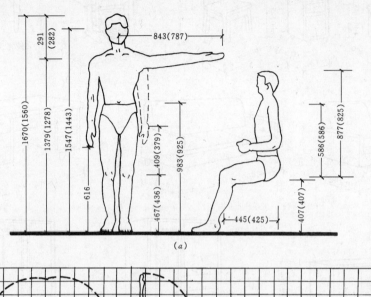

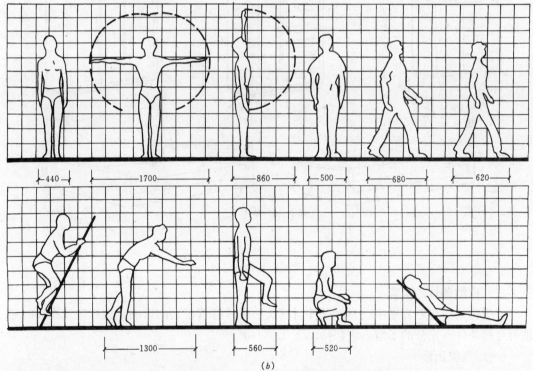

图 1-1　人体尺度和人体活动所需的空间尺度
(a) 人体尺度（括号内为女子人体尺度）；(b) 人体活动所需空间尺度

（二）家具、设备要求的空间

家具与设备是人们工作、生活中的必需品，因此在进行建筑空间的设计时，既要考虑到家具、设备的尺寸、还要考虑到人们在使用家具和设备时，在它们周围必要的活动空间，图 1-2 是常见家具与设备尺寸。

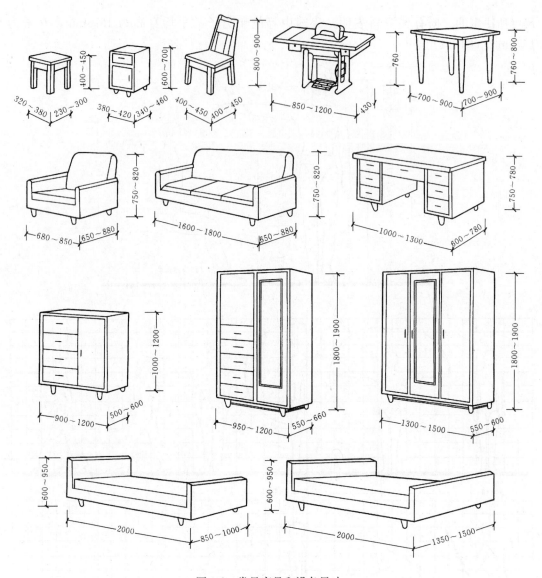

图 1-2 常见家具和设备尺寸

二、自然条件的影响

建筑物处于自然界之中,自然条件对建筑物设计有着很大的影响,进行建筑设计时必须对自然条件有充分的了解,它包括以下几个方面。

(一)气象条件

气象条件包括建筑物所在地区的温度、湿度、日照、雨雪、风向、风速等内容。例如炎热地区的建筑物应考虑隔热、通风、建筑形式开敞空透;寒冷地区应保温防寒,建筑形式比较封闭。建筑日照是决定建筑物间距的主要因素。降雨量的大小决定着屋面形式和构造设计,干旱少雨地区屋顶平缓,多雨雪地区屋顶较陡。风向是城市总体规划和总平面设计的重要依据,要求污染源处在该地区的下风向。

图 1-3 是我国部分城市的风向频率玫瑰图,简称风玫瑰图。它是根据某一地区多年平均统计各个方向吹风次数的平均日数的百分数,按比例绘制而成,一般用 16 个罗盘方位

表示。玫瑰图上所表示风向是指由外面吹向坐标中心的。图中实线为全年风向频率,虚线部分表示夏季风向频率。

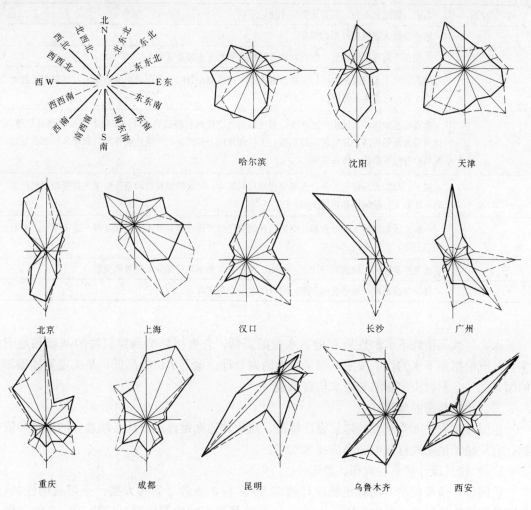

图1-3 我国部分城市风向频率玫瑰图

(二)地形、地质及地震烈度

建筑物基地所处地形的平缓和起伏对建筑平面、建筑体形都有很大的影响。起伏较大的地形,建筑体形可随之起伏,使建筑空间富有变化。

地质情况如地质构成、土壤特性和地基承载力的大小制约着建筑结构形式和基础的类型。

地震烈度表示地面及房屋建筑遭受地震破坏的程度。一次地震的发生,在不同地区烈度的大小是不一样的,一般距离地震中心区越近,烈度越大,破坏也越大。我国和世界上大多数国家把地震烈度划分为12度,在1~6度时,一般的建筑物不受损失或损失较小,而地震烈度在10度以上的情况是极少遇到的,即使采取重大抗震措施也难确保安全。因此,房屋抗震设防的重点应在7~9度地区。地震烈度对无抗震设施的建筑物破坏程度见表1-5。

地震烈度表　　　　　　　　　　　　　　　　　表 1-5

地震烈度（度）	地面及建筑物受破坏的程度
1～2	人们一般感觉不到，只有地震仪才能记录到
3	室内少数人能感到轻微的振动
4～5	人们有不同程度的感觉，室内物件有些摆动和有尘土掉落现象
6	较老的建筑多数要被损坏，个别出现有倒塌的可能；有时在潮湿疏松的地面上，有细小裂缝出现，少数山区发生土石散落
7	家具倾覆破坏，水池中产生波浪；对坚固的住宅建筑有轻微的损坏，如墙上产生轻微的裂缝，抹灰层大片的脱落，瓦从屋顶掉下等；工厂的烟囱上部倒下；严重地破坏陈旧的建筑物和简易建筑物；有时有喷沙、冒水现象
8	树干摇动很大，甚至折断；大部分建筑遭到破坏；坚固的建筑物墙上产生很大裂缝而遭到严重的损坏；工厂的烟囱和水塔倒塌
9	一般建筑物倒塌或部分倒塌；坚固的建筑物受到严重破坏，其中大多数变得不适于使用；地面出现裂缝，山区有滑坡现象
10	建筑严重毁坏；地面裂缝很多；湖泊、水库有大浪出现；部分铁轨弯曲变形
11～12	建筑普遍倒塌，地面变形严重，造成巨大的自然灾害

（三）水文

水文条件是指地下水的性质和地下水位的高低。它直接影响到建筑物的基础和地下室，一般根据地下水的性质决定基础是否做防腐处理。地下水位的高低，是决定基础埋深的因素之一，同时决定防潮与防水构造措施。

三、建筑规范的规定

由国务院有关部委颁发的建筑设计规范、规程和通则是建筑设计必须遵守的准则和依据，它反映了国家现行政策和经济技术水平。

（一）建筑设计规范、规程、通则

我国设计规范很多，现有建筑设计规范60多种，通常分为两大类：一是通用性的，如《建筑模数协调统一标准》GBJ 2—86、《建筑楼梯模数协调标准》GBJ 101—87、《房屋建筑制图统一标准》GB/T 50001—2001、《民用建筑设计通则》GB 50352—2005 等，另一类是属于专项性的，如《中小学校建筑设计规范》GBJ 99—86、《住宅设计规范》GB 50368—2005、《建筑设计防火规范》GB 50016—2006 等。建筑设计人员从事建筑设计时必须熟悉有关的设计规范规定，并严格执行。

（二）建筑模数和模数制

建筑模数和模数制是建筑设计人员必须掌握的一个基本概念。它的意义与目的是，为了使建筑制品、建筑构配件和组合件实现工业化大规模生产，使不同材料、不同形式和不同制造方法的建筑构配件、组合件符合模数并具有较大的通用性和互换性，以加快建设速度，提高施工质量和效率，降低建筑造价。

在我国现行的《建筑模数协调统一标准》GBJ 2—86 中规定：我国采用基本模数的数值为 100mm，其符号为 M，即 1M 等于 100mm。整个建筑物和建筑物的各部分以及建筑组合件的模数化尺寸，应是基本模数的倍数（表1-6）。

模 数 数 列 （mm） 表 1-6

基本模数	扩 大 模 数						分 模 数		
1M	3M	6M	12M	15M	30M	60M	$\frac{1}{10}$M	$\frac{1}{5}$M	$\frac{1}{2}$M
100	300	600	1200	1500	3000	6000	10	20	50
100	300						10		
200	600	600					20	20	
300	900						30		
400	1200	1200	1200				40	40	
500	1500			1500			50		50
600	1800	1800					60	60	
700	2100						70		
800	2400	2400	2400				80	80	
900	2700						90		
1000	3000	3000		3000	3000		100	100	100
1100	3300						110		
1200	3600	3600	3600				120	120	
1300	3900						130		
1400	4200	4200					140	140	
1500	4500			4500			150		150
1600	4800	4800	4800				160	160	
1700	5100						170		
1800	5400	5400					180	180	
1900	5700						190		
2000	6000	6000	6000	6000	6000	6000	200	200	200
2100	6300						220		
2200	6600	6600					240		
2300	6900								250
2400	7200	7200	7200				260		
2500	7500			7500			280		
2600		7800					300		300
2700		8400	8400				320		
2800		9000		9000	9000		340		
2900		9600	9600						350
3000				10500			360		
3100			10800				380		
3200			12000	12000	12000	12000	400		400
3300				15000					450
3400					18000	18000			500
3500					21000				550
3600					24000	24000			600
					27000				650
					30000	30000			700
					33000				750
					36000	36000			800
									850
									900
									950
									1000

1. 扩大模数

扩大模数分水平扩大模数和竖向扩大模数，水平扩大模数的基数为3M、6M、12M、15M、30M、60M，其相应尺寸分别为300、600、1200、1500、3000、6000mm，竖向扩大模数的基数为3M与6M，其相应尺寸为300、600mm。竖向扩大模数，主要用于建筑物的高度、层高和门窗洞口等处。

2. 分模数

分模数为1/10M、1/5M、1/2M，相应的尺寸为10、20、50mm。分模数数列主要用于构件之间缝隙、构造节点、构配件截面等。

第二章 建筑平面设计

建筑平面设计是要解决建筑物在水平方向各种房间具体设计，以及各房间之间的关系问题，是建筑方案设计的重要内容。

进行平面设计时，根据功能要求确定房间合理的面积、形状和尺寸以及门窗的大小、位置；满足日照、采光、通风、保温、隔热、隔声、防潮、防水、防火、节能等方面的需要；考虑到结构的可行性和施工的方便；保证平面组合合理，功能分区明确。

各种类型的民用建筑，由于使用性质的不同，各个房间的设计与要求也不相同，但从组成建筑平面各部分的使用性质来分析，均可归纳为使用房间和交通联系部分。使用房间又可分为主要使用房间和辅助使用房间。

主要使用房间是建筑物的主要组成部分，如学校中的教室、实验室，住宅中的起居室、卧室，商店中的营业厅，体育馆中的比赛大厅等。

辅助使用房间是为了保证主要使用房间使用要求而设置的，如学校中的厕所、贮藏室，住宅中的卫生间、厨房，商店中的仓库等。

交通联系部分包括建筑物中的门厅、过厅、走廊、楼梯、电梯等。

平面设计除了要解决好主要使用房间、辅助使用房间和交通联系部分各自的平面设计问题之外，还要妥善处理各种房间之间的关系，即建筑平面组合设计以及平面组合与基地环境之间的关系，即建筑总平面设计。

第一节 主要使用房间平面设计

一、房间的面积、形状和尺寸

房间使用功能的千差万别，对房间的面积、形状和尺寸也有不同的要求，于是设计适宜的房间面积，选择合理的平面形状，以及确定恰当的比例尺寸是房间平面设计中要解决的首要问题。

（一）房间的面积

决定房间面积的因素有三个方面：一是房间人数及人们使用活动所需面积；二是房间内家具设备所占面积；三是交通面积（图2-1）。

1. 房间人数确定

确定房间的使用人数是确定房间面积的第一步，它决定着室内家具与设备的多少，决定着交通面积的大小。确定人数要根据房间的使用功能和相应的建筑标准。如普通教室的容纳人数决定着房间面积的大小；旅馆建筑中标准比较高的客房，虽人数少，但使用面积比较大。

在设计工作中，房间人数及相应面积的确定，主要是根据国家有关规范规定的面积定额指标，结合工程实际情况进行设计。表2-1是部分民用建筑房间根据人数确定面积的定额参考指标。

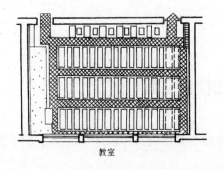 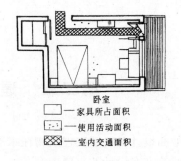

图 2-1 房间面积分析

部分民用建筑房间面积定额参考指标　　　表 2-1

建筑类型	项目	房间名称	面积定额 (m²/人)	备注
中小学校		普通教室	1.10～1.12	小学取下限
		教师办公室	3.5	
办公楼		普通办公室	4.0	
		单间办公室	10.0	
		中小型会议室	0.8	无会议桌
			1.8	有会议桌
电影院		观众厅	0.6～0.8	
公路客运站		候车厅	1.0	按最高聚集人数计

对有些建筑的使用房间的容纳人数，国家有关规范中也做了规定，如小学校的普通教室，每班按 45 人，中学普通教室每班按 50 人计；剧院、观众厅的规模按观众容量分为小型 300～800 座，中型 801～1200 座，大型 1201～1600 座，特大型 1601 座以上；旅馆客房分单床间、双床间和多床间、多床间每间不宜多于 4 床。

在具体工作中对于常遇到一些因活动人数不固定，家具设备布置灵活性较大的房间，如商店、展览馆等，就需要设计人员从实际出发，对有些相近类型的建筑进行调查研究，分析总结出合适的房间面积规模。

2. 家具设备及人们活动使用面积

房间的人数和性质决定着家具设备的多少和种类，如教室中的课桌椅、讲台；卧室中的床、衣橱；办公室中的桌椅；卫生间中的大便器、浴盆、洗脸盆等。这些家具设备的多少及布置方式以及人们使用这些家具设备时所需要的活动面积，都直接影响到房间的使用面积。中小学课桌椅尺寸及排列间距要求是：小学的桌宽 380mm，桌长 1100mm，排距不小于 850mm；中学的课桌宽 400mm，桌长 1100mm，排距不小于 900mm（图 2-2）。

在起居室内沙发组成会客区域所需要的房间面积（图 2-3），在卧室内使用衣柜时人所需要的活动区域面积如图 2-4 所示。

3. 房间的交通面积

房间内的交通面积是指连接各个使用区域的面积。如学校的教室中第一排桌椅距黑板的距离不小于 2000mm；课桌行与行之间的距离不小于 550mm；最后一排距后墙距离大于 600mm 等，均为教室的交通面积。但是，有些房间的交通面积和家具使用面积是合二为一的，如图 2-5

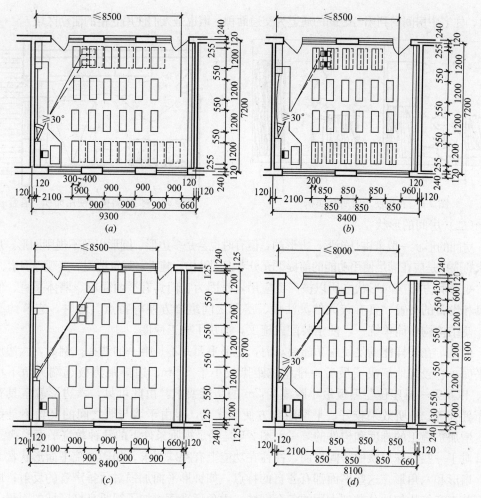

图 2-2 教室平面布置与尺寸
(a)、(c) 中学；(b)、(d) 小学

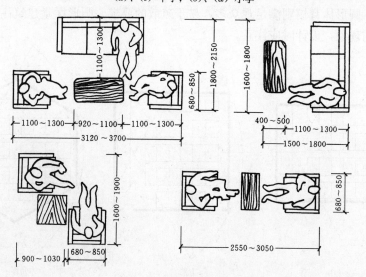

图 2-3 沙发布置所需面积

所示，住宅中房间门到阳台之间的通道为交通面积，但也是人们使用立柜的活动区域。

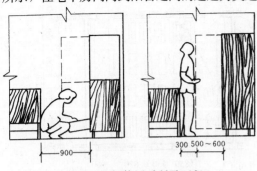
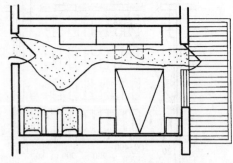

图 2-4　衣柜使用时所需面积　　　　　图 2-5　交通面积与使用面积二者合一

（二）房间的形状

房间的形状一般来讲是矩形、方形的，但有时也会是多边形、圆形以及不规则图形。房间形状的选择是应在满足使用功能的前提下充分考虑到结构、施工、建筑造型、美观等因素。

矩形和方形房间形状之所以被广泛应用，是因为它们具有平面简单、墙体平直、便于家具和设备的布置、具有较大的灵活性、房间之间组合方便等特点。同时，它节约了土地，使结构构件简单统一，便于装配式施工，加快了施工速度。

但是，在同样能满足使用功能要求时，矩形平面并不是唯一的选择。例如，六边形教室平面，它较好地解决了最后一排座位距黑板小于 8.5m、边桌距黑板远端夹角不小于 30°、以及第一排座位与黑板最小距离为 2m 的功能要求。由此可见，六边形教室具有室内布置合理、视听效果较好、平面组合方便等优点，但由于墙与墙之间的夹角不是垂直角，增加了施工的难度和构件的统一。图 2-6 是满足视听条件下的几种教室平面形状。

对于一些特殊形状的房间平面，往往在功能上有特殊要求，如影剧院平面形状常为钟形、扇形和六角形。这些平面都有各自的特点，如钟形平面加强对后排声音的反射；扇形平面使声音能均匀地分散到大厅的各个区域；六角形平面增加了视听良好区域的面积（图 2-7）。再如，圆形的杂技场平面是为了满足动物和车技演员跑弧线的需要，同时具有良好的视线条件；圆形体育馆则满足观众多，易于疏散的要求。圆形厅堂建筑往往存在着严重的声场不均匀现象，设计时应注意。

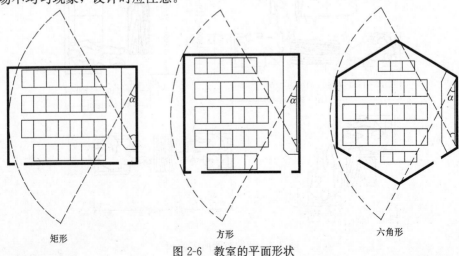

矩形　　　　　　　　方形　　　　　　　　六角形

图 2-6　教室的平面形状

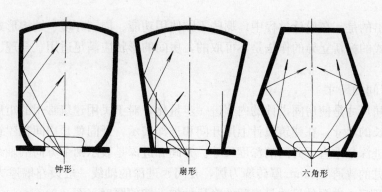

图 2-7 观众厅的平面形状

另外,一些建筑采取了不规则的平面形状,其立意往往是结合环境,形成丰富的空间。如北京动物园大熊猫馆利用圆弧形的平面构图,较好地解决了参观流线和各个展室之间的关系,延长了观赏线路,而且圆形平面突出了建筑物的个性,并与环境有机地结合(图 2-8)。

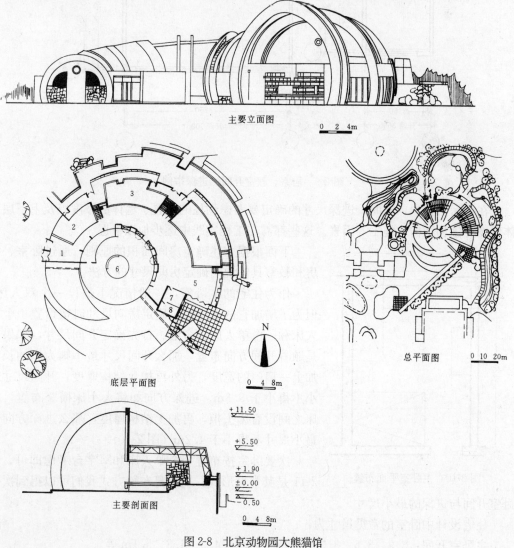

图 2-8 北京动物园大熊猫馆

应当指出的是,在设计过程中,那些不顾使用功能、周围环境、结构形式等因素,片面地追求形式的标新立异的作法是不可取的,房间的形状应满足适用、合理、经济、美观的要求。

(三) 房间的尺寸

确定房间尺寸是使房间设计的内容进一步量化,对于民用建筑常用的矩形平面来讲就是确定宽与长的尺寸,在建筑设计上用开间和进深表示。开间就是房间在建筑外立面上所占的宽度,进深是垂直于开间的深度尺寸。开间和进深是表示两个方向的轴线尺寸。以房间四周为常见的普通240mm厚砖墙为例,开间、进深的轴线一般设在墙厚方向中心线位置上,此时开间、进深的尺寸是房间的净尺寸加上墙的厚度(图2-9)。

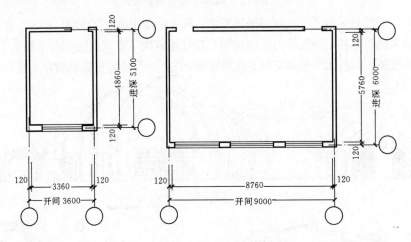

图2-9 居室、教室开间、进深举例

在实际工程中,开间、进深尺寸的确定要考虑到柱的位置、墙体的厚度以及上下层墙体厚度变化和结构、施工等因素。这些都需在工程实践中逐步加以掌握。

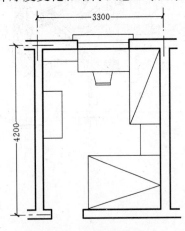

图2-10 主卧室平面布置

下面根据上述确定房间面积的原则,通过卧室、病房和教室具体说明确定房间尺寸的方法。

作为住宅的主卧室,一般情况下是设一个双人床,但为了增加它的适应性,确定房间尺寸时按设置一个双人床和一个单人床来考虑。首先确定开间尺寸,如果床是顺着开间方向布置,那么开间尺寸最小则为床的长度加上一扇门的宽度,另外再加上结构厚度,开间尺寸最小不得小于3.3m。进深方向如将大小床横竖布置,两床之间设有床头柜,再加上结构厚度,那么进深方向的最小尺寸不得小于4.2m(图2-10)。

次要卧室按布置一个单人床和写字台考虑即可,图2-11是其常见形式。从家具布置方式我们可以得到次要卧室开间与进深的最小尺寸。

住宅设计中卧室的常见尺寸为:

主卧室开间:3.3、3.6、3.9m,进深:4.2、4.5、4.8、5.1m等。

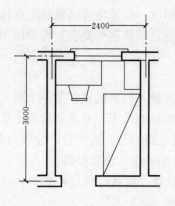 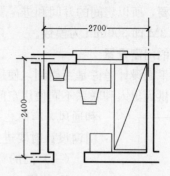

图 2-11　次卧室平面布置

次卧室开间：2.4、2.7、3.0m，进深：2.7、3.0、3.3、3.6、3.9m 等。

对于病房的设计，我国有关规范中规定，病床的排列应平行于采光窗墙面。单排一般不超过 3 床，双排一般不超过 6 床，特殊情况下不得超过 8 床。平行两床的净距不小于 0.8m，靠墙病床床沿与墙面的净距不小于 1.10m。双排病床（床端），通道净宽不应小于 1.40m，病房门应直接开向走道，不应通过其他用房进入病房，病房门净宽不得小于 1.10m。根据这些要求，3 人病床的开间进深最小尺寸为 3600mm×6000mm，6 人病床的一般开间与进深尺寸为 5700mm×6000mm，其布置方法如图 2-12 所示。

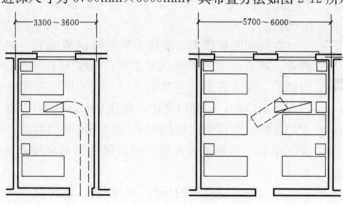

图 2-12　医院病房布置

教室的开间进深尺寸是根据课桌椅的布置方式以及室内满足通行和视听的需要来确定。常见的中小学教室的开间为 9.0m（3 个 3.0m 开间组合）、9.3m（2 个 3.0m 开间和 1 个 3.3m 开间组合），进深方向为 6.0、6.3、6.6m。

除了家具的布置方式是确定房间尺寸的主要因素之外，房间的尺寸还要满足采光、通风等物理环境要求。作为大量性的民用建筑都要求有良好的天然采光和自然通风，特别是单侧采光的房间，如房间进深过大会使远离采光面一侧，出现照度不够的情况，这个问题要结合房间层高和开窗高度一起考虑。

结构布置的合理性和符合建筑统一模数制的要求，也是确定房间尺寸的依据之一。目前常采用的墙承重体系和框架结构体系中板的经济跨度在 4m 左右，钢筋混凝土梁较经济的跨度在 9m 以下，因此在设计过程中要考虑到梁板布置，尽量统一开间尺寸，减少构件类型，使结构布置经济合理。符合建筑模数、协调统一标准是提高建筑工业化水平、加快施工速度的需要，所以房间的开间和进深要符合建筑模数制的要求。作为民用建筑的开间和进深通常用3M即300mm为模数。

二、房间的门窗设置

一个房间平面设计考虑是否周到，使用是否方便，门窗的设置是一个重要的因素。门的主要作用是供人出入和联系不同使用空间，有时也兼采光和通风；窗的主要功能是采光和通风，有时也要根据立面的需要决定它的位置与形式。因此，门窗设计时要进行综合的考虑，反复推敲。

（一）门的宽度、数量、位置与开启方式

1. 宽度

门的宽度一般是由人流多少和搬运家具设备时所需要的宽度来确定。单股人流通行最小宽度一般根据人体尺寸定为550～600mm，所以门的最小宽度为600～700mm，如住宅中的厕所、卫生间门等。大多数房间的门是考虑到一人携带物品通行，所以门的宽度为900～1000mm（图2-13）。住宅中由于房间面积较小、人数较少，为了减少门占用的使用面积，分户门和主要使用房间门的宽度为900mm，阳台和厨房的门可用800mm宽；学校的教室由于使用人数较多可采用1000mm宽度的门。

在房间面积较大，通行人数较多的情况下，如会议室、大教室、观众厅等可根据疏散要求设宽度为1200～1800mm宽的双扇门。作为建筑的主要出入门，如大厅、过厅也有采用四扇门或多扇门的，一扇门宽度一般在900mm左右。对于有特殊要求的房间，如医院的病房可采用大小扇门的形式，正常通行时关闭小扇，当通过病人用车时，保证门的宽度在1300mm（图2-14）。

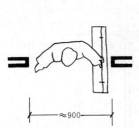

图2-13 卧室门的宽度

有大量人流通过的房间，如剧院、电影院、礼堂、体育馆的观众厅，门的总宽度应根据建筑物的性质、规模和耐火等级等，按防火规范要求计算确定。

2. 数量

门的数量根据房间人数的多少、面积的大小以及疏散方便等因素决定。防火规范中规定，当一个房间面积超过60m²，且人数超过50人时，门的数量要有2个，并分设在房间两端，以利于疏散。位于走道尽端的房间（托儿所、幼儿园除外）内由最远一点到房间门口的直线距离不超过14m，且人数不超过80人时，可设一个向外开启的门，但门的净宽不应小于1.4m。

剧院、电影院、礼堂的观众厅安全出口的数目均不应小于2个，且每个安全出口的平均疏散人数不应超过250人。

3. 位置

门的位置恰当与否直接影响到房间的使用，所以确定门的位置时要考虑到室内人流活

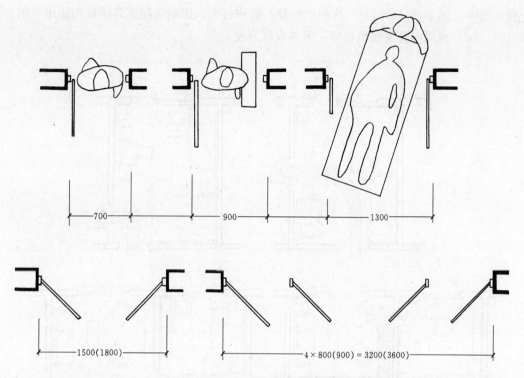

图 2-14 门的宽度举例

动特点和家具布置的要求，考虑到缩短交通路线，争取室内有较完整的空间和墙面，同时还要考虑到有利于组织好采光和穿堂风。

图 2-15 是在同一面积情况下由于房间门的位置不同，出现了不同的使用效果。图 2-15（a）表示住宅卧室的门布置在房间一角，使房间有比较完整的使用空间和墙面，有利于家具的布置，房间利用率高；图 2-15（b）门布置在房间墙中间，使家具的布置受到了局限；图 2-15（c）是四人间集体宿舍，将门布置在墙的中间，有利于床位的摆设，且活动方便，互不干扰；图 2-15（d）布置干扰大，使用不便。所以，门的合理布置要根据具体情况，综合分析来确定。

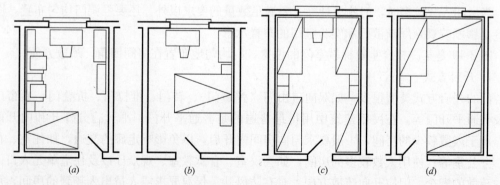

图 2-15 卧室、集体宿舍门的位置

当一个房间有 2 个或 2 个以上门时，门与门之间的交通联系必然给房间的使用带来影响，这时既要考虑缩短交通路线，又要考虑家具布置灵活。图 12-16 是套间门的位置设置

41

比较，其中，图2-16（a）、（c）房间内的穿行面积过大，影响房间家具摆设和使用，图2-16（b）、（d）房间内交通面积较短，家具设置方便。

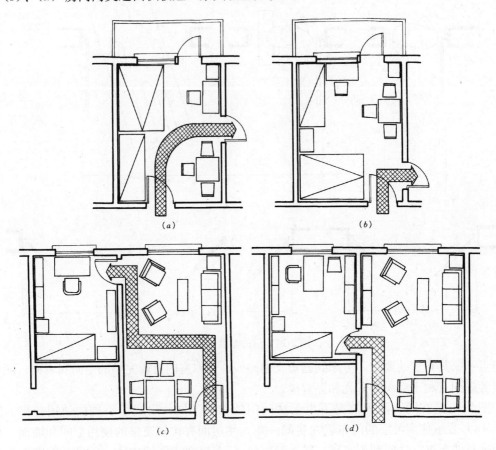

图2-16 套间门的位置比较

在住宅设计过程中，可将一些房间的门相互集中，形成一个小的过道，避免由于开门太多，影响房间的使用（图2-17）。

当房间人数较多时，门的设计除了要满足数量的要求以外，还要强调门均匀布置。图2-18是影剧院观众厅疏散门和实验室门的布置示意。

图2-19是某高校合堂阶梯教室门的位置，门均匀地布置在房间四角，疏散方便。

4. 开启方式

门的开启方式类型很多，如双向自由门（弹簧门）、转门、推拉门、折叠门、卷帘门以及普通平开门等，在民用建筑中用得最普遍的是普通平开门。平开门分外开和内开两种，对于人数较少的房间，一般要求门向房间内开启，以免影响走廊的交通，如住宅、宿舍、办公室等；使用人数较多的房间，如会议室、合堂教室、观众厅以及住宅单元入口门考虑疏散的安全，门应开向疏散方向。对有防风沙、保温要求或人员出入频繁的房间，可以采用转门或弹簧门。我国有关规范还规定，对于幼儿园建筑，为确保安全，不宜设弹簧门。影剧院建筑的观众厅疏散门严禁用推拉门、卷帘门、折叠门、转门等，应采用双扇外开门，门的净宽不应小于1.4m。

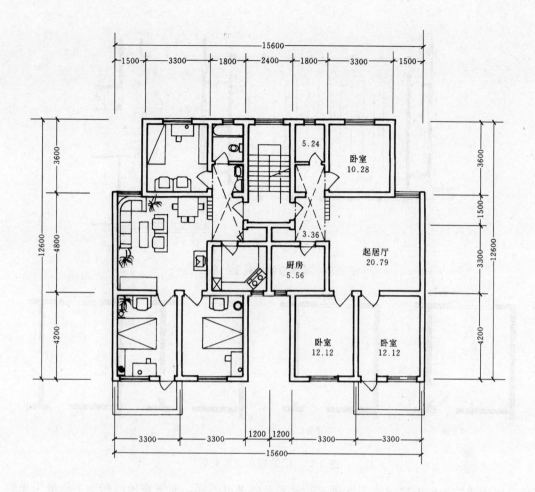

图 2-17 住宅利用过道开门举例

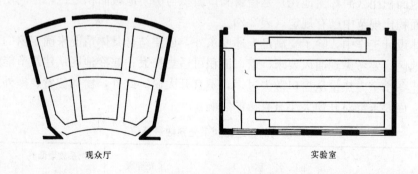

图 2-18 观众厅及实验室门的位置举例

当房间门位置比较集中时,要考虑到同时开启发生碰撞的可能性,要协调好几个门的开启方向,防止门扇碰撞或交通不便(图 2-20)。有些门是不经常使用的,在开启时有遮挡是允许的(图 2-21)。

(二)房间采光和通风要求

1. 采光

民用建筑一般情况下都要具有良好的天然采光,采光效果主要取决于窗的大小和位

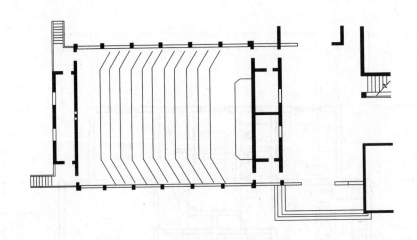

图 2-19　某高校阶梯教室门的位置

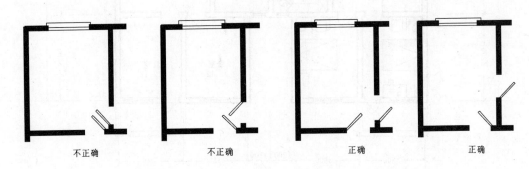

图 2-20　门的相互位置关系

置。民用建筑中由于房间使用性质不同对采光要求也不同，通常窗地面积比来衡量采光的好坏。窗地面积比（简称窗地比）是指窗洞口面积与房间地板面积之比，不同使用性质的房间窗地面积比规范中已有规定（表 2-2）。

在具体设计工作中，除了要满足上述要求外，还要结合具体情况来确定窗的面积，如南方炎热地区，要考虑到通风要求，窗口面积可适当扩大；寒冷地区从建筑节能的角度分析，为防止冬季室内热量从窗口散失过多，不宜开大窗。此外，窗的位置、室外遮挡情况以及建筑立面要求都对开窗大小有直接的影响。

房间的窗地比和采光系数最低值　　　　　　　　　　　　表 2-2

建筑类型	房 间 名 称	采光等级	采光系数最低值（%）	窗地比
住　宅	卧室、起居室（厅）、书房	IV	1	1/7
学　校	教室、阶梯教室、实验室、报告厅	III	2	1/5
办公楼	设计室、绘图室	II	3	1/3.5
	办公室、会议室、视屏工作室	III	2	1/5

续表

建筑类型	房间名称	采光等级	采光系数最低值（%）	窗地比
医院	诊室、药房、治疗室、化验室	Ⅲ	2	1/5
	候诊室、挂号处、病房、医护办公室	Ⅳ	1	1/7
图书馆	阅览室、开架书库	Ⅲ	2	1/5
	目录室、陈列室	Ⅳ	1	1/7

窗的位置要使房间进入的光线均匀和内部家具布置方便。学校中的教室采光窗应位于学生的左侧，窗间墙的宽度不应大于1200mm，以保证室内光线均匀，黑板处窗间墙要大于1000mm，避免黑板上产生眩光（图2-22）。

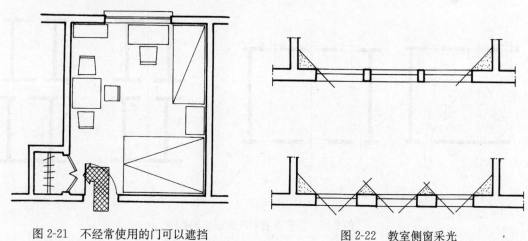

图2-21 不经常使用的门可以遮挡　　　　图2-22 教室侧窗采光

一般情况下，房间窗的位置居中是比较适宜的，但对有的房间要考虑到室内使用性质，有时将窗户偏于一侧，反而使室内布置更方便实用。图2-23是住宅中小卧室窗的布置，窗子偏于一侧，既避免了床上有过强光线，又改善了书桌的采光条件。

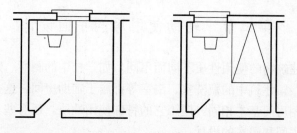

图2-23 小卧室窗的布置

2. 通风

在实际工程设计中，考虑采光的同时也要考虑到窗对房间的通风作用，要求组织好室内良好的通风，尽可能地扩大气流通过室内的主要活动区域，一般是将门窗位置统一进行设计（图 2-24）。

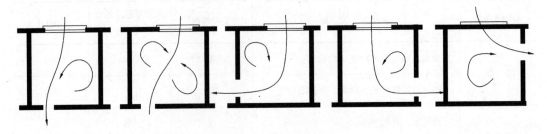

图 2-24　房间通风示意图

为了不影响房间的家具布置和使用，经常借助于高窗来解决室内通风问题。图 2-25 是学校教室的通风示意图。当不设高窗时，教室内局部区域通风不好，形成空气涡流现象。在走廊一侧设高窗通风，使室内各部分空间空气通畅，这一点在南方炎热地区尤为重要。高窗一般在人的视线之上，教室高窗距地面在 2m 左右。

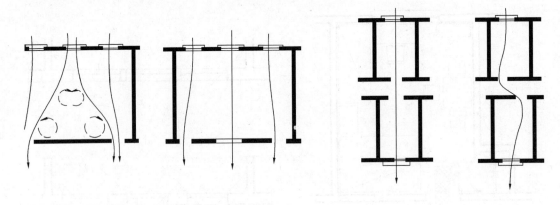

图 2-25　门窗布置对气流组织的影响

窗户设计对室内的采光、通风都起着决定性的作用，同时，它还是一个建筑装饰构件。建筑物造型、建筑风格往往也要通过窗户的位置和形式加以体现，所以在进行窗户设计时，既要充分考虑到它的实用性，还要很好地重视它的美观性。

第二节　辅助使用房间平面设计

辅助房间随着建筑物的使用性质不同而不同，如学校中的厕所、贮藏室等，住宅中的卫生间、厨房等，旅馆建筑中的盥洗室、浴室等都属于辅助房间。这类房间的平面设计原理和方法与主要使用房间基本相同，但因它的特殊使用性质，还有些具体的要求。下面介绍厕所、浴室、卫生间和厨房的设计。

一、厕所

首先要了解厕所内各种设备的规格尺寸以及人们使用时所需的基本尺度，在此基础上掌握其设计原则与常见布置方式。

1. 设备的规格与数量

厕所内的卫生设备主要有大便器、小便器（池）、洗手盆、污水池等（图 2-26），可参考表 2-3 进行设置。

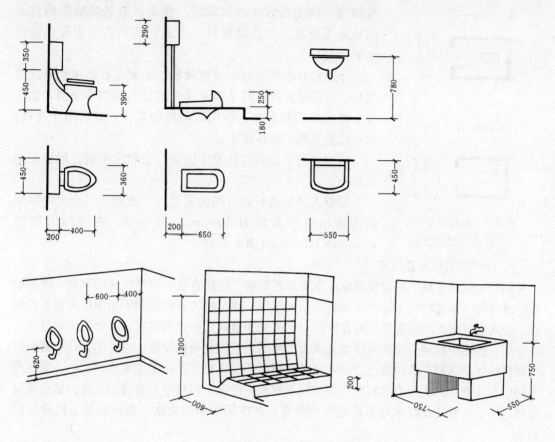

图 2-26 厕所、卫生间设备尺寸

部分建筑设计规范中厕所的设备个数指标　　　　　表 2-3

建筑类型		男大便器（人/个）	男小便器（人/个）	女大便器（人/个）	洗手盆或水龙头（人/个）	男女比例	备　注
中小学校	小学	40	40	20	90	1：1	一个小便器折合1m长小便槽
	中学	50	50	25	90	1：1	
综合医院	门诊部	120	60	75		6：4	一个小便器折合0.7m长小便槽
	病房	16	16	12	12～15	6：4	
火车站		80	80	40	150	7：3	
剧　场		100	40	25	150	1：1	一个小便器折合0.6m长小便槽
办公楼		40	30	20	40	按实际情况	

大便器有蹲式和坐式两种，可根据建筑标准和使用习惯选用。使用人数较多的建筑，如车站、学校、医院、办公楼等，多选用蹲式大便器，使用方便、便于清洁。标准较高，使用人数少，如宾馆、住宅、敬老院厕所则宜采用坐式大便器。在公共建筑中考虑到残疾人的需要也应设坐式大便器。

小便器有小便斗和小便槽两种。小便斗有落地和悬挂式之分。应根据人数、对象以及建筑的标准选用小便器，如中小学校由于人数较多，使用时间比较集中，宜选用小便槽；而办公建筑则可选小便斗。

污水池通常是为清洁卫生而设，它和洗手盆一般设在厕所前室。

根据人体活动所需空间的需要，单独设置一个大便器厕所的最小使用面积为 900mm×1200mm，内开门时则需 900mm×1400mm（图 2-27）。

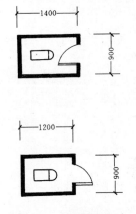

图 2-27　单独设置一个大便器的厕所尺寸

2. 设计要求与布置方式

厕所在建筑平面中的位置确定应本着位置隐蔽、使用方便、隔绝气味的原则。通常设在走道两端、建筑物的中部但又比较隐蔽的部位、建筑物的转角处和平面中朝向较差的位置。公共建筑厕所的位置应具有良好的自然采光和通风，并设有前室，男女厕所尽量组合在一起。住宅中的厕所允许间接采光或人工照明，但须设通风设施。在住宅设计中厕所可与厨房毗邻，以利于节约管道。公共建筑的厕所不应设在有严格卫生要求和配电、变电等房间的直接上层。住宅中的厕所、卫生间不宜设在卧室、起居室和厨房的上层。如必须设置时，其下水管道及存水弯不得在室内外露，并应用可靠的防水、消声和便于检修的措施。

公共建筑中厕所的前室起着安设洗手盆、污水池、隔绝气味、遮挡视线的作用，前室的进深不得小于 1.5～2.0m，前室是这类厕所中不可缺少的一个组成部分。图 2-28 是几种厕所前室的布置方式。

公共建筑中厕所内大便器布置方式一般有单排式和双排式两种，其布置方式以及它们之间的尺寸要求如图 2-29 所示。

二、浴室、卫生间

浴室按进浴方式有多种形式，这里介绍的是使用比较普通的淋浴浴室，如旅馆、招待所等公共浴室的设计。浴室、盥洗室常与厕所布置在一起通称为卫生间。卫生间分为专用卫生间和公共卫生间。专用卫生间使用人数较少，常用于住宅、宾馆和标准较高的病房；公共卫生间将沐浴、厕所和盥洗分为几个空间，既分割又有联系，通常设在旅馆、招待所、公寓、宿舍等建筑内。

1. 设备规格与数量

浴室、卫生间的设备主要有：洗脸盆、淋浴器、浴盆、大便器等，其规格尺寸如图 2-30 所示。

浴室、盥洗室设备个数参考指标见表 2-4。

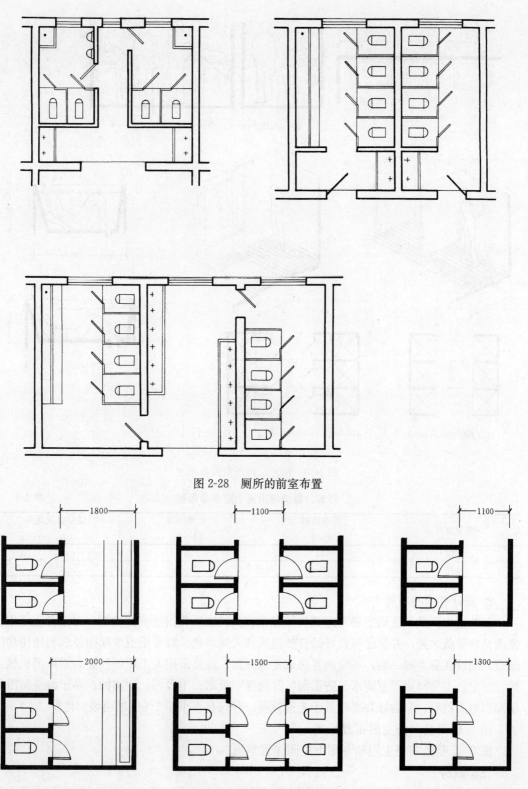

图 2-28 厕所的前室布置

图 2-29 厕所设备组合尺寸

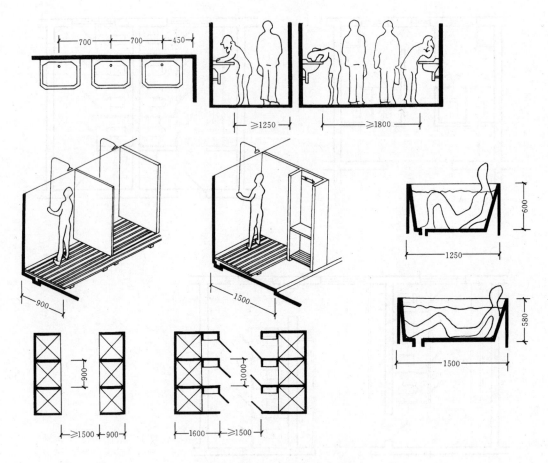

图 2-30 浴室、盥洗室设备尺寸

浴室、盥洗室设备个数参考指标 表 2-4

建筑类型	男淋浴器 (人/个)	女淋浴器 (人/个)	洗脸盆或龙头 (人/个)
旅馆	15	10	10
幼托	每班 2 个		2～5

2. 设计要求与布置方式

公共卫生间的位置确定要考虑到使用频率较高的厕所和盥洗室的功能，希望设在使用方便而又较隐蔽之处，并保证有良好的自然通风和天然采光。对专用卫生间则要求与使用房间结合，附设在靠走廊一端，不应向客房或走道开窗，通常采用人工照明和竖向通风道机械通风。浴室、卫生间要严密防水、防渗漏，并选择不吸水、不吸污、耐腐蚀、易于清洗防滑的墙面和地面材料。室内标高要略低于走道标高，并应有不小于 1% 的坡道坡向地漏。

图 2-31 是公共浴室的布置举例。

图 2-32 是公共卫生间和专用卫生间布置举例。

三、厨房

这里是指住宅、公寓内每户的专用厨房。厨房主要供烹调之用，面积较大的厨房可兼作餐室。随着住宅标准和人们生活水平的不断提高，对厨房的设计要求也不断赋予新的内容。

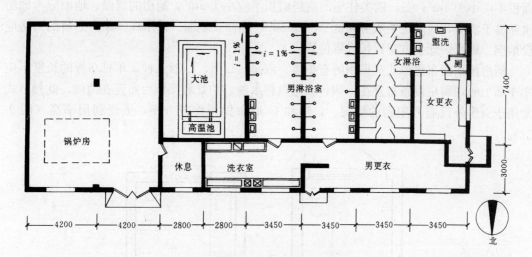

图 2-31 某工厂公共浴室举例

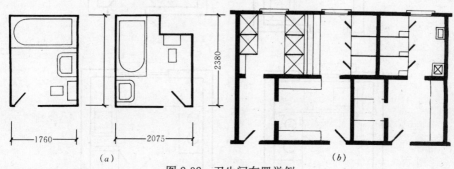

图 2-32 卫生间布置举例
(a) 专用卫生间；(b) 公共卫生间

1. 设备规格与数量

厨房内主要设备有灶台、洗涤池、案台、固定式碗橱（或搁板、壁龛）、冰箱及排烟装置，其常见尺寸见表 2-5。

厨房常用设备参考尺寸　　表 2-5

设备名称	设备尺寸（cm）		上缘离地尺寸
	长	宽	
煤 炉	80～120	50～70	78
蜂窝煤炉	40～50	40～50	45～55
煤气炉	60～70	25～30	78
液化石油气炉	65～70	30～35	65～70
液化石油气罐	33～35	33～35	65～70
水 池	55～60	50～55	80
洗涤槽（家具盆）	56～61	41～46	80
洗衣机	50～55	40～45	85～90
电冰箱	53～59	52～54	93～140

2. 设计要求与布置方式

厨房在平面组合上尽量靠外墙布置，通常布置在次要朝向，要求有天然采光窗和自然通风条件。室内家具的布置与设计要符合操作流程和人们使用特点。一、二类住宅的厨房

面积不应小于 $4m^2$；三、四类住宅的厨房面积不应小于 $5m^2$。厨房的墙面、地面应考虑防水和易于清洁，地面比一般房间低 20～30mm，地面设地漏。采用煤、柴为燃料的厨房应设烟囱。厨房炉灶上方应留排气罩位置。

厨房按平面布置形式常采用的有单排、双排、L形、U形几种，单排布置的长度不应小于2.10m，厨房设备布置在一侧；双排则将水池、炉灶和操作台布置在两侧，此种形式常用于厨房外设服务阳台的情况。L形和U形布置操作较方便，平面利用率高（图2-33）。

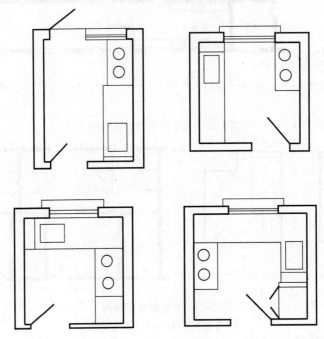

图 2-33 厨房布置示意

第三节 交通联系部分平面设计

建筑物是由若干使用房间组成，但使用房间之间在水平和垂直方向以及与室外之间的联系，是通过走道、楼梯、电梯和门厅来实现的，因此将走道、楼梯、电梯、门厅等称为建筑物的交通联系部分。它们设计得是否合理，直接影响到建筑物的使用。

一、走道

走道也称走廊，是水平交通空间，它起着联系各个房间的作用。

（一）分类

走道按使用性质不同分为以下两种类型：

1. 交通型

完全是为交通而设置的走道，这类走道内不允许再有其他的使用要求。如办公楼、旅馆等建筑的走道。

2. 综合型

这类走道是在满足正常的交通情况下，根据建筑的性质，在走道内安排其他的使用功能，如学校建筑的走道，要考虑到学生课间休息；医院门诊部走道要考虑到两侧或一侧兼作候诊之用（图 2-34）；展览馆的展廊则应考虑布置陈列橱窗、展柜，满足边走边看的要求。

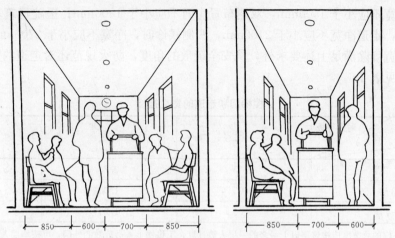

图 2-34 医院候诊廊基本宽度的确定

（二）设计要求

1. 宽度

走道宽度的确定，要根据人流通行，走道的性质、安全疏散和空间感受几部分因素综合考虑。

走道宽度一般情况下根据人体尺度及人体活动所需空间尺寸确定，单股人流走道宽度净尺寸为 900mm，两股人流宽在 1100～1200mm，三股人流宽 1500～1800mm。对于考虑有车辆通行和走道内有固定设备，以及房间门向走道一侧开启的情况，走道视其体情况加宽（图 2-35）。

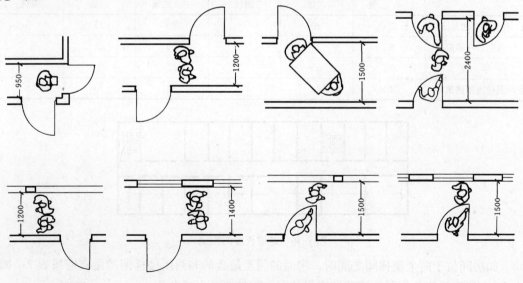

图 2-35 走道的宽度

一般民用建筑的走道宽度，有关规范中作了规定，如中小学校教学楼走道的净宽度，当两侧布置房间时，不应小于2100mm，当一侧布置房间时不应小于1800mm，行政及教职工办公用房不应小于1500mm；办公楼当走道长度小于40m单侧布置房间时，走道净宽不应小于1300mm，双侧布置房间时不应小于1500mm，当长度大于40m时，单侧布置房间走道净宽不应小于1500mm，双侧布置房间不应小于1800mm；医院建筑需利用走道单侧候诊时，走道净宽不应小于2100mm，两侧候诊时，净宽不应小于2700mm。

走道的宽度除满足上述要求外，从安全疏散的角度，防火规范还对走道的宽度作了明确的规定，见表2-6。

楼梯门和走道的宽度指标　　　　　　　　　　　　　　　　　表2-6

宽度指标（m/百人）＼耐火等级＼层数	一、二级	三级	四级
1、2层	0.65	0.75	1.00
3层	0.75	1.00	—
≥4层	1.00	1.25	—

注：底层外门的总宽度应按该层以上最多的一层人数计算，不供楼上人员疏散的外门，可按本层人数计算。

2. 长度

走道的长度是根据建筑平面房间组合的实际需要来确定的，它要符合防火疏散的安全要求。房间门到疏散口（楼梯、门厅等）的疏散方向有单向和双向之分，双向疏散的走道称为普通走道，单向疏散的走道称为袋形走道（图2-36）。这两种走道的长度根据建筑物的性质和耐火等级，规范中作了规定，见表2-7。

房间门至外部出口或封闭楼梯间的最大距离（m）　　　　　表2-7

名 称	位于两个外部出口或楼梯间之间的房间			位于袋形走道两侧或尽端的房间		
	耐火等级			耐火等级		
	一、二级	三级	四级	一、二级	三级	四级
托儿所、幼儿园	25	20	—	20	15	—
医院、疗养院	35	30	—	20	15	—
学 校	35	30	—	22	20	—
其他民用建筑	40	35	25	22	20	15

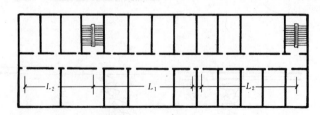

图2-36 走道长度的控制

如房间位于两个楼梯间之间时，房间的门至最近的非封闭楼梯间的距离应按表2-7减少5m；如房间位于袋形走道两侧或尽端时，应按表2-7减少2m。

表2-7既对走道长度作了规定,也是确定出入口和楼梯位置、数量的依据之一。

3. 采光

为了使用安全、方便和减少走道的空间封闭感,除了某些公共建筑走道可用人工照明外,一般走道应有直接的天然采光,窗地面积比以不低于1/12为宜。

对于两侧布置房间的走道常用的采光方式有:走道尽端开窗直接采光;利用门厅、过厅、开敞式楼梯间直接采光;在办公楼、学校建筑中常利用房间两侧高窗或门上亮间接采光;在医院建筑中常利用开敞的候诊室和利用隔断分隔的护士站直接或间接采光(图2-37)。

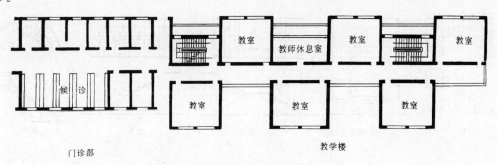

图2-37 改善走道采光通风措施示意

二、楼梯

楼梯是楼层建筑中使用最普通的垂直交通设施,它起着联系上下层空间和供人流疏散的作用,在设计过程中要妥善解决好楼梯的形式、位置、数量以及楼梯宽度、坡度等问题。

(一) 楼梯的形式与位置

楼梯的常见形式有直跑楼梯、双跑楼梯和三跑楼梯,另外在一些有特殊要求的建筑与位置设置剪刀式楼梯、交叉式楼梯、圆形或弧形楼梯等(图2-38)。

直跑楼梯常用于层高较低的建筑,上下方便,结构简单,同时也用于一些大型公共建筑,如体育馆、火车站、大会堂等,以满足人流疏散的要求和强调建筑物的庄重性,此时直跑楼梯的中部需加一段或几段平台。

双跑楼梯的常见形式是平行双跑式和L形双跑式,前者是民用建筑中最常采用的一种形式,通常布置在单独的楼梯间内,占地面积小,流线简洁,使用方便;L形双跑楼梯常用于大厅内,布置灵活,丰富了大厅的空间。

三跑楼梯,形式别致,造型美观,常布置在公共建筑的门厅内,但由于梯井较大,不宜用于高层和人流较大的公共建筑。

剪刀式楼梯常用于人流疏导方向复杂的公共建筑,如大型商场内。交叉楼梯设在人流方向单一明确的建筑内,如展览建筑等,弧形楼梯常用于大型宾馆大厅内,以创造轻松活泼的气氛。

楼梯按使用性质分为主要楼梯、次要楼梯、消防楼梯。主要楼梯常设在门厅内明显的位置,或靠近门厅处。次要楼梯常位于建筑物的次要入口附近,与主楼梯一样起着人流疏散的作用。当建筑物内楼梯数量与位置未能满足防火疏散要求时,经常在建筑物的端部设室外开敞式疏散楼梯(图2-39)。

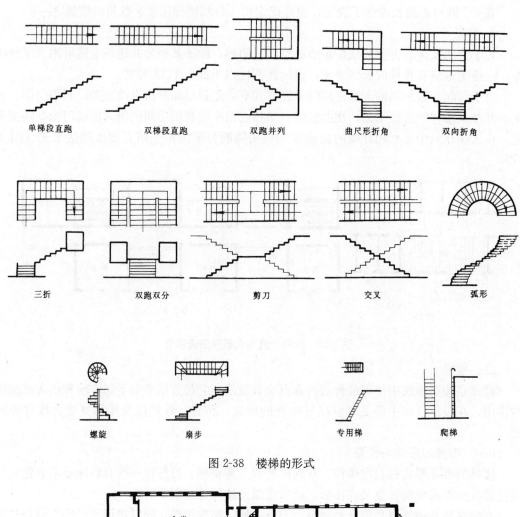

图 2-38 楼梯的形式

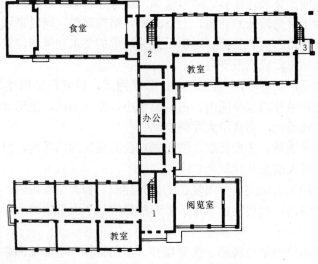

图 2-39 不同性质楼梯示意
1—主要楼梯；2—次要楼梯；3—消防楼梯

（二）楼梯的设计要求

1. 宽度与数量

楼梯的宽度要满足使用方便和安全疏散的要求。一般供单股人流通过的楼梯宽度不小于900mm，通常用于住宅内部楼梯；双股人流通过时为1100～1200mm；三股人流通过时为1650～1800mm。一般民用建筑的疏散最小宽度按两股人流考虑，宽度不低于1100mm；公共建筑人流较多的场所，双股人流宽度通常为1400mm。楼梯休息平台的宽度要大于或等于梯段宽度，以便做到与楼梯段等宽疏散和搬运家具时方便（图2-40）。高层建筑疏散楼梯梯段的最小宽度，医院为1300mm，住宅为1100mm，其他建筑1200mm。

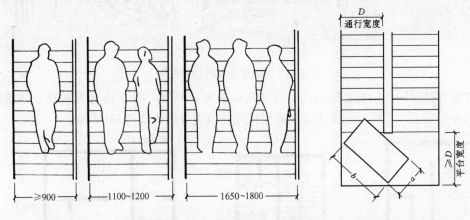

图2-40 楼梯梯段及平台宽度

楼梯的数量及位置要符合走道内房间门至楼梯间最大距离限制的规定（表2-7）。在一般情况下，每一幢楼层建筑中均应设两个疏散楼梯，但对于使用人数较少或幼儿园、托儿所、医院以外的2、3层建筑，当符合表2-8的要求时，也可设一个疏散楼梯。

设置一个疏散楼梯的条件　　　　　　　　　　　　　　表2-8

耐火等级	层　数	每层最大建筑面积（m²）	人　数
一、二级	3层	500	第二层和第三层人数之和不超过100人
三级	3层	200	第二层和第三层人数之和不超过50人
四级	2层	200	第二层人数不超过30人

2. 开敞与封闭楼梯间

开敞与封闭楼梯间是按使用性质和防火要求不同而采取的两种不同形式。开敞式楼梯间是指楼梯与走道、大厅或室外直接相连，没有分隔。开敞式楼梯间常用于层数不多的建筑或建筑物的门厅中，它对创造大厅丰富的空间效果，起着很好的作用（图2-41）。但对医院、疗养院的病房楼，设有空气调节系统的多层旅馆和超过5层的其他公共建筑的室内疏散楼梯均应设封闭楼梯间，即采用防火墙和门将楼梯与走道分开。对于考虑人流疏散方便的大厅中的开敞式楼梯，如计入总疏散宽度可将整个大厅作封闭式处理。

高度超过一定限定的高层建筑，对楼梯间提出了防排烟的要求，即在楼梯间入口处应设前室或阳台、凹廊。前室面积不应小于6m²，楼梯间的前室应设防烟、排烟设施，要求

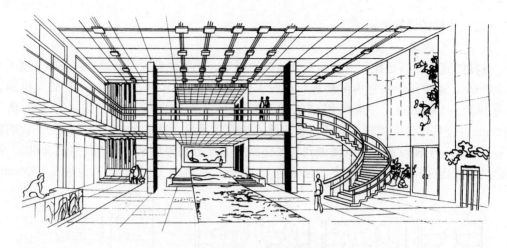

图 2-41 某大厅开敞式楼梯举例

通向前室和楼梯间的门安装防火门,并应向疏散方向开启。图 2-42 是几种高层建筑防烟楼梯间布置示意,具体设计要求参见高层民用建筑设计防火规范 GB 50045—95。

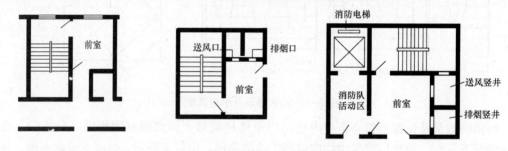

图 2-42 高层建筑前室布置举例

三、电梯

电梯是高层建筑的主要垂直交通工具,对一些有特殊要求的多层建筑也需设置电梯,如医院、宾馆、大型商场等。

(一)电梯的形式和组成

电梯按其使用性质可分为客梯、货梯、客货两用梯、病床梯、消防电梯等形式。

(二)设计要求

1. 位置与面积

电梯间应布置在人流集中、位置明显的地方,如门厅、过厅等处。电梯前面应有足够的等候面积,且位置不应影响走道交通,以免造成拥挤。在需设多部电梯时,宜集中布置,这样有利于提高电梯使用效率,节约面积和管理维修方便(图 2-43)。在电梯附近应

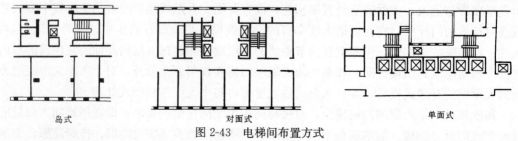

图 2-43 电梯间布置方式

设辅助楼梯,消防电梯应靠近外墙,如有困难,在底层直通室外的距离不应大于30m。消防电梯应设不小于$6m^2$的前室,与防烟楼梯间合用时,面积不应小于$10m^2$。

2. 通风与采光

电梯井道自身无天然采光要求,可设在建筑物内部。在候梯厅区域,考虑到人流集中和使用上方便,最好有天然采光和自然通风。

四、门厅

门厅是公共建筑的主要出入口,其主要作用是接纳人流,疏导人流。在水平方向连接走道,在垂直方向与电梯、楼梯直接相连,是建筑物内部的主要交通枢纽。

门厅根据建筑性质不同还具有其他的功能,如医院中的门厅常设挂号、收费、取药、咨询服务等空间;旅馆门厅有总服务台、小卖部、电话间,并有休息、会客等区域。此外,门厅作为人们进入建筑首先到达和经过的地方,它的空间处理如何,将给人们留下很深的印象。因此,在空间处理上,办公、会堂建筑门厅要强调庄重大方,旅馆建筑门厅则要创造出温馨亲切的气氛。

(一)门厅的形式与面积

门厅的形式从布局上可以分为两类,对称式和非对称式。对称式布置强调的是轴线的方向感,如用于学校、办公楼等建筑的门厅;非对称布置灵活多样,没有明显的轴线关系,常用于旅馆、医院、电影院等建筑(图2-44)。

门厅的面积要根据建筑物的使用性质,规模和标准等因素来综合考虑,设计时要通过

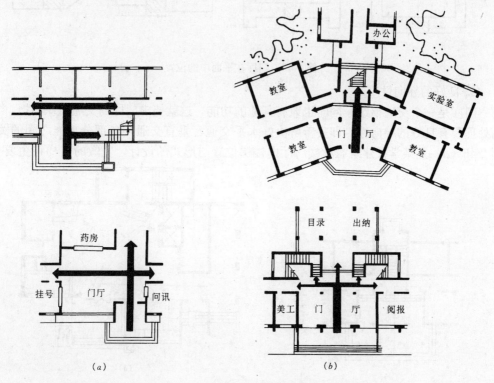

图 2-44 门厅的布置方式
(a) 非对称式;(b) 对称式

调研和参考同类面积定额指标来确定。

表 2-9 是部分建筑门厅面积设计参考指标。

部分建筑门厅面积设计参考指标　　　　　表 2-9

建筑名称	面积定额	备 注
中小学校	0.06～0.08m²/每生	—
食 堂	0.08～0.18m²/每座	包括洗手
城市综合医院	11m²/每日百人次	包括衣帽和询问
旅馆	0.2～0.5m²/床	—
电影院	0.1～0.5m²/每个观众	—

（二）设计要求

1. 明显的位置

门厅的位置在建筑设计时要考虑处于明显而突出的位置上，具有较强的醒目性，与交通干线有明确的流线关系，人流出入方便（图 2-45）。

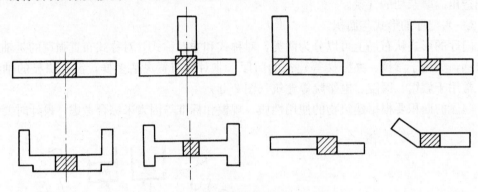

图 2-45　门厅在平面中的位置

2. 良好的导向性

门厅是一个交通枢纽，同时也兼有其他的功能，这就要求门厅的交通组织简捷，空间的处理要有良好的导向性，即妥善解决好水平交通、垂直交通和各部分功能之间的关系。图 2-46（a）是某学校建筑教学楼门厅内楼梯位置与形式的设计，宽敞的楼梯将主要人流

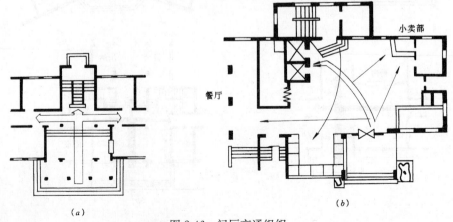

图 2-46　门厅交通组织
(a) 某教学楼门厅交通示意；(b) 某旅馆交通示意

直接引导到楼层，次要人流则通过走道连接底层房间。图 2-46（b）是某旅馆建筑的门厅设计，它有秩序且简捷地安排了各个方向的人流，使交通路线流畅、明确、互不交叉。

3. 适宜的空间尺度

由于门厅较大、人流集中、功能较复杂等原因，门厅设计时要根据具体情况，解决好门厅面积与层高之间的比例关系，创造出适宜的空间尺度，避免空间的压抑感和保证大厅内良好的通风与采光。图 2-47 是某剧院建筑利用两层层高，加大门厅净高，以保证大厅内使用人员有良好的精神感受。在现代旅馆设计中还常用若干层高空间贯通，顶部采光的形式，达到丰富空间效果的目的。

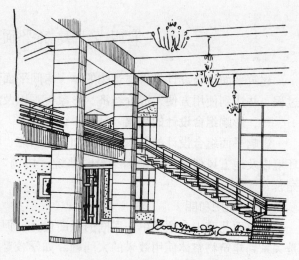

图 2-47　某剧院二层跑马廊

此外，门厅的设计要考虑到室内外的过渡和防止雨雪飘入室内，一般在入口处设雨篷。考虑到严寒地区为了保温、防寒、防风的需要，在门厅入口设大于 1.5m 的门斗（图 2-48）。

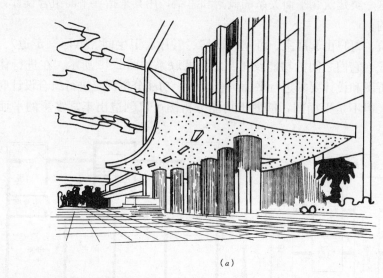

(a)

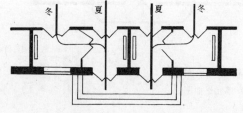 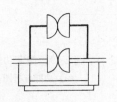 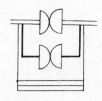

(b)

图 2-48　雨篷及门斗示意
(a)雨蓬；(b)门斗

第四节 建筑平面组合设计

建筑平面组合设计是将建筑物的单一房间平面通过一定的形式连接成一个整体建筑的过程，并达到使用方便、造价经济、形象美观以及结合环境、改造环境的目的。

一、影响组合设计的因素

影响平面组合设计的因素很多，如使用功能、物质技术、建筑艺术、经济条件、基地环境以及地方风俗等。在平面组合时要统一协调，综合考虑，不断调整修改，使之合理完善。

（一）使用功能

在前面几节中介绍了单一房间的平面设计，但如何将这些单一房间合理地进行组合，是关系到建筑物整体使用效果的大问题。如学校建筑中虽然教室、办公室、厕所、楼梯、走道等单一房间设计均能满足自身的使用要求，但由于它们之间的连接不当或位置不合理，就会造成功能分区上的混乱，出现人流交叉、相互干扰的状况，可见组合设计是建筑平面设计的重要内容。

在进行平面组合设计时，首先要对建筑物进行功能分区。功能分区通常是借助于功能分析图来进行。功能分析图一般用框图的形式来表示建筑物各部分的功能和相互之间的联系。功能分析图是这一类建筑物平面关系的概括和总结，用其来指导平面组合设计，使之达到设计合理的目的。

单元式住宅建筑，每户由起居室、卧室、厨房、餐厅、卫生间、方厅（走道）、阳台和贮藏室等空间组成，它们之间的功能及相互之间的联系如图 2-49 所示。在进行住宅设计时要结合功能分析图和设计要求进行平面组合设计。功能分析图是进行组合设计时借用的一种思路与方法，但不是平面图，借助于功能分析图可以创造出丰富多彩的平面组合形式。

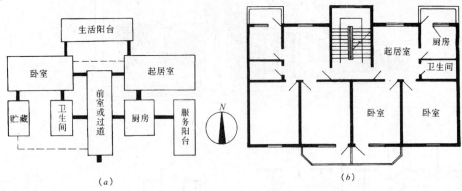

图 2-49 住宅功能分析图及平面图
(a) 功能分析图；(b) 单元平面图

在建筑物中房间较多、面积较大、使用功能比较复杂的情况下，通常根据各房间使用性质及联系密切程度进行区域划分，然后再进行组合设计。例如学校建筑可以将普通教室、实验室、语音教室等组成教学活动区域；将行政办公室、教研室合并为办公区域；食

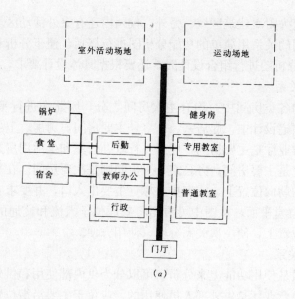

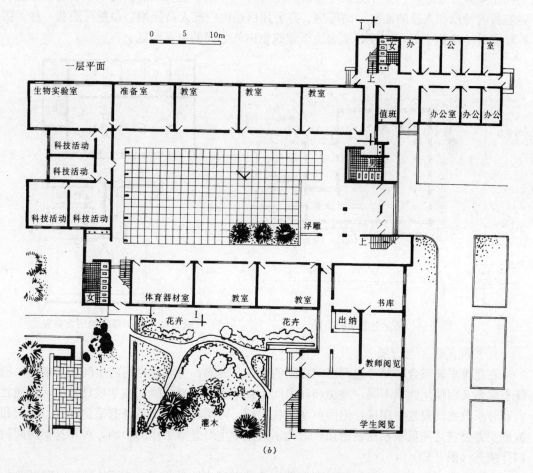

图 2-50 学校功能分析图及平面图
(a) 功能分析图；(b) 教学楼平面图

堂、宿舍、锅炉房定为附属建筑区域；另外，校园内还有室外活动区域。这样就可以把较为复杂的各方面之间的关系用简单的功能分析图进行概括，便于分析和平面组合设计（图2-50）。在根据功能分析图进行组合设计时，还要根据具体设计要求，掌握以下几个原则。

1. 房间的主次关系

在组成建筑物的各类房间中，均有主次房间之分，因此在进行平面组合时应分清主次，合理安排。在住宅设计中，起居室、卧室是主要房间，厨房、卫生间、贮藏室是次要房间；商业建筑中营业厅是主要房间，库房、行政办公室和生活用房是次要房间；教学楼建筑中教室、实验室是主要房间，办公室、卫生间则是次要房间。在平面组合上一般将主要房间放在比较好的朝向位置上，或安排在靠近主要出入口，并要求有良好的采光通风条件。图2-51是学校食堂平面，从图中可看出将餐厅位于人流和交通的主要位置上，将厨房、煤场放在次要位置上，使主次关系分明，使用方便。

2. 房间的内外关系

对有些公共建筑从使用功能上来分析，可以分为供内部使用和供外部使用两部分使用空间。如商店建筑，营业厅是供外部人员使用的，应位于主要沿街位置上，满足商业建筑需醒目的特点和人流的需要；而库房、办公用房是供内部人员使用，位置可隐蔽一些。图2-52是某小商店平面，它较好地解决了建筑物内外之间的关系问题。

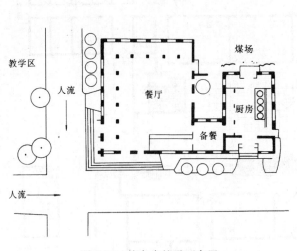

图 2-51 某食堂的平面布置

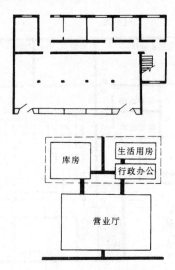

图 2-52 某小商店的平面布置

3. 房间的联系与分隔

在建筑平面组合时要考虑到房间之间的联系与分隔，将联系密切的房间相对集中，把既有联系又因使用性质不同，避免相互之间干扰的房间适当分隔。在学校建筑中，普通教室和音乐教室同属教学用房，但因声音干扰问题，可用较长的走道将其适当隔开；教室和教职工办公室之间虽联系比较密切，但为了避免学生对老师工作的影响，可将这类房间用门厅隔开（图2-53）。

在医院平面组合时，门诊部、理疗部和住院部三者之间既要保持有比较密切的联系，还要使各个区域相对独立。一般将门诊部位于对外的主要位置上，住院部需安静，应远离主要干线，理疗部与门诊部和住院部都有密切的联系，所以位于二者之间，这就形成了医院建筑中常见的"工"字形平面（图2-54）。

4. 房间的交通流线关系

流线在民用建筑设计中是指人或物在房间之间，房间内外之间的流动路线，即人流和货流。人流又可分为主要人流、次要人流，内部人流、外部人流等，货流也可视具体情况进行分类。

展览建筑为保持展览的连续性和避免人流的交叉，要有非常明确的参观路线。展室的组合设计就是根据人们参观的顺序来决定的（图2-55）。火车站建筑是对流线要求较高，流线组织比较严密的建筑类型，有人流、货流之分，人流又可分为上车人流、下车人流，货流也有上下两种情况。各部分流线组织要保证简捷、明确、通畅，避免迂回和相互交叉（图2-56）。

（二）结构选型

进行建筑平面组合设计时，要认真考虑和

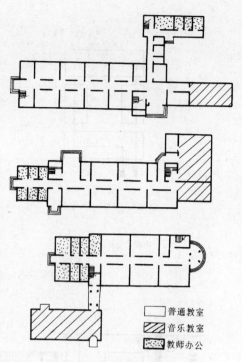

图 2-53 教学楼中的联系与分隔

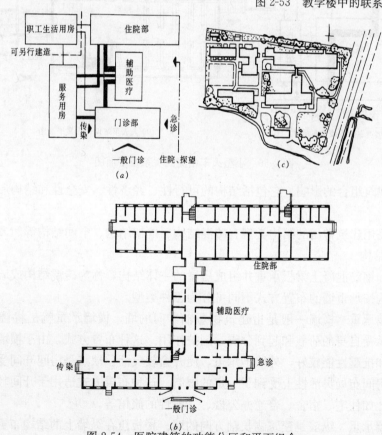

图 2-54 医院建筑的功能分区和平面组合
(a) 功能分析图；(b) 平面图；(c) 所在基地示意

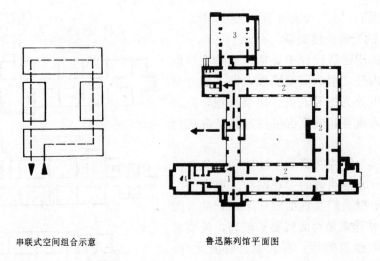

图 2-55 串联式空间组合实例
1—门厅；2—陈列室；3—讲演厅；4—办公室

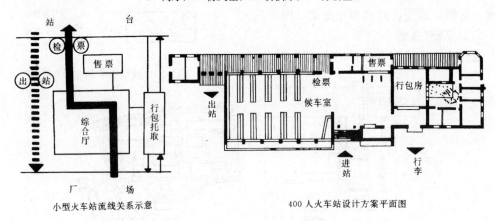

图 2-56 小型火车站流线关系及平面图

重视结构对建筑组合的影响。它包括结构的可行性、经济性、安全性和结构形式带来的空间效果等。

目前，民用建筑常用的结构类型有砖混结构、框架结构、空间结构等。

1. 砖混结构

以砖墙和钢筋混凝土梁板承重并组成房屋的主体结构，称为砖混结构或墙承重结构体系。这种结构按承重墙的布置方式不同可分为三种类型。

(1) 横墙承重　横墙一般是指建筑物短轴方向的墙，横墙承重就是将楼板压在横墙上，纵墙仅承受自身的荷载和起到分隔、围护作用。这种布置方式，由于横墙较多，建筑物整体刚度和抗震性能较好，外墙不承重，使开窗较灵活。缺点是房间开间受到楼板跨度的影响，使房间布局灵活性上受到了一定的限制。这种布置方式适用于开间较小，规律性较强的房间，如住宅、宿舍、普通办公楼、一般性的旅馆等。

(2) 纵墙承重　纵墙是建筑物长轴方向的墙。楼板压在纵墙上的结构布置方式，为纵墙承重。由于横墙不承重，平面布局比较灵活，在保证隔声的前提下，横墙可用较薄砌体和其他轻质隔墙，以节约面积，但建筑物整体刚度和抗震效果比横墙承重差。由于受板长的影响，房间进深不可能太大，外墙开窗也受到一定的限制。这种布置方式常用于教室、会议室等房间。

（3）混合承重 在一幢建筑中根据房间的使用和结构要求，既采用了横墙承重方式，又采用了纵墙承重方式，这种结构形式称之为混合承重。它具有平面布置灵活、整体刚度好的优点。缺点是增加了板型，梁的高度影响了建筑的净高。这种承重方式在民用建筑中应用较广。

图 2-57 是几种墙体承重的结构布置示意。

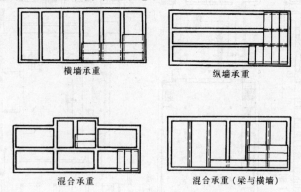

图 2-57 墙体承重结构布置

图 2-58 是混合承重的某门诊建筑实例。大诊室是纵横墙混合承重，小诊室是横墙承重，走道是纵墙承重。

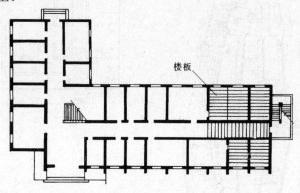

图 2-58 采用墙体承重的门诊部平面

在混合结构布置时要尽量使房间开间、进深统一，减少板型，上下承重墙体要对齐，如有大房间可设在顶层或单独设置，要考虑到建筑物整体刚度均匀，门窗洞口的大小要满足墙体的受力特征。

2. 框架结构

框架是由梁和柱刚性连接的骨架结构。它的特点是强度高、自重轻、整体性和抗震性能好；结构体系本身将承重和围护构件分开，可充分发挥材料各自的性能，如围护结构可用保温隔热性能好、自重轻的材料。框架结构使建筑空间布局更加灵活，而且建筑立面开窗的大小和形式不受结构的限制。它适用于商场、宾馆、图书馆、教学实验楼、火车站等（图 2-59）。

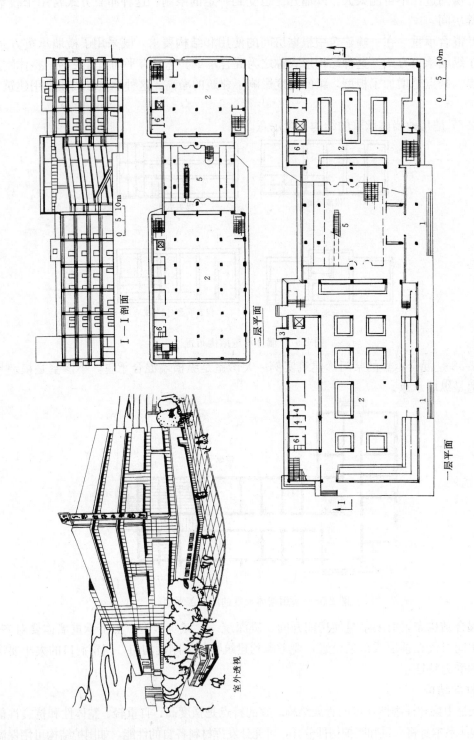

图 2-59 框架结构举例
1—顾客入口；2—营业厅；3—货物入口；4—办公；5—中庭；6—厕所

3. 空间结构

随着建筑技术、建筑材料、建筑施工方法的不断发展和建筑结构理论的进步，新的结构形式——空间结构迅速发展起来，它有效地解决了大跨度建筑空间的覆盖问题，同时也创造出了丰富多彩的建筑形象。

(1) 薄壳结构　这是一种薄壁空间结构，主要利用钢筋混凝土的可塑性，形成各种形式，如筒壳、双曲壳、折板等。壳体结构的特点是壁薄，自重轻，充分发挥了材料的力学性能（图 2-60）。

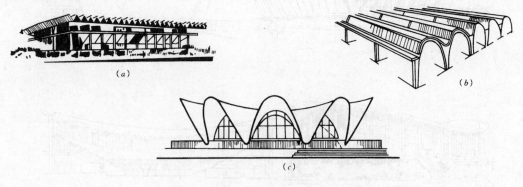

图 2-60　薄壳结构
(a) 折板结构；(b) 锯齿形筒壳；(c) 抛物面壳

(2) 网架结构　它是将许多杆件按照一定规律布置成网格状的空间杆系结构。它具有整体性好、受力分布均匀、自重轻、刚度大、能适用于各种平面的特点，尤其是在大空间建筑中，其优越性更为明显。我国的首都体育馆和上海体育馆（图 2-61）均采用网架结构。

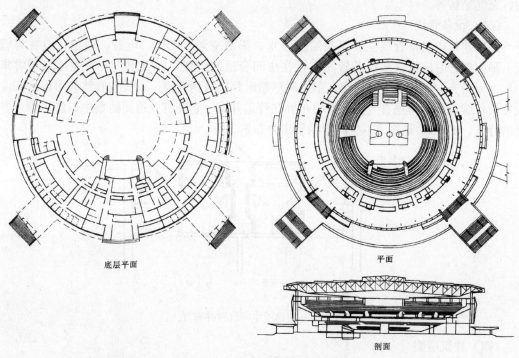

图 2-61　上海体育馆的网架结构

(3) 悬索结构 是利用高强度钢索承受荷载的一种结构。钢索与端部锚固构件和支承结构共同工作，受力合理。它减轻了结构自重，节省了材料，适应性强，特别是以其独特的造型被目前大跨度建筑广泛采用（图 6-62）。

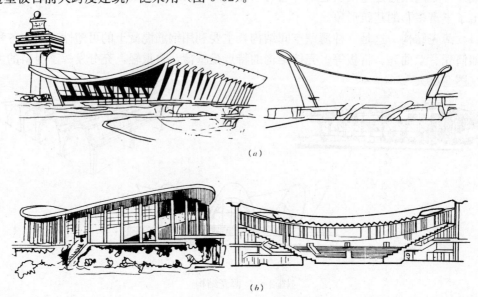

图 2-62 悬索结构举例
(a) 杜勒斯国际航空港；(b) 浙江体育馆

建筑结构的形式除上述介绍的三种类型之外，还有剪力墙结构、筒体结构、帐篷结构、充气结构等。

（三）设备管线

民用建筑内设备管线主要是指给水排水、采暖空调、燃气、电器、通信、电视等管线。平面组合时应将这些设备管线布置在房间合适的位置，并要求设备管线尽量相对集中，上下对齐。如住宅中的厨房、卫生间尽量毗邻以节约管道。对设备管线较多的房间应设置设备管道井，将垂直方向的管线布置在管道井内，它具有管道简捷集中，施工管理方便的特点。图 2-63 是旅馆卫生间中的管道井布置。

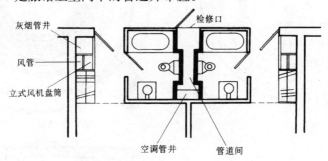

图 2-63 旅馆卫生间管道井布置

（四）建筑造型

平面组合设计和立面及造型设计是建筑设计不可分割的整体，平面组合时房间之间的关系必然要反映到建筑形体上来。因此，在进行平面组合设计时不可忽视对建筑立面和造型效果的影响，为进一步进行体型和立面设计打下基础。建筑体型与立面设计详见第四章。

二、组合设计的形式

前面已对影响平面组合的因素以及设计要求已作了阐述，在此基础上将对民用建筑中常采用的平面组合形式进行分析。

（一）走道式组合

走道式组合就是利用走道将使用房间连接起来，各房间沿走道一侧或两侧布置。其特点是，使用房间与交通联系部分明确分开，保持着各房间使用上的独立性，彼此干扰较小。它是民用建筑中应用最广的一种组合形式，应用于学校、办公楼、医院、旅馆等建筑。

根据走道与房间的位置不同，分为单外廊、单内廊和双内廊、双外廊等几种形式。

1. 单外廊

房间位于走道一侧，房间朝向及采光通风效果良好，房间之间干扰较小。为了使房间有较好的隔声、保温效果，也可将单外廊封闭。这种布局，交通路线偏长，占用土地较多，经济性差一些。

2. 单内廊

它充分地利用了内走廊服务于较多的房间，因而应用较广。这种布局房屋进深较大有利于节约土地，同时减少了外围护结构面积，在寒冷地区对保温节能有利。它的缺点是走廊两侧房间有一定的干扰，房间通风受到影响。

3. 双外廊

这种形式应用于特殊的建筑组合平面中，它利用两外廊将使用房间包围起来，适用于对温度、湿度、洁净要求较高的建筑，如实验室、手术室等。

4. 双内廊

这种组合方式通常是将楼梯、电梯、设备间布置在建筑平面的中部，两侧设走廊、服务于更多的房间。它进深较大，在大型宾馆建筑中常采用这种形式。

图 2-64 是走道式组合举例。

（二）套间式组合

套间式组合是将各使用房间相互穿套，穿套原则是按使用上的流线要求而定。其特点是将使用面积和交通面积合为一体，平面紧凑，面积利用率高。这种组合方式也称为串联式，如展览建筑（图 2-65）。

（三）大厅式组合

大厅式组合是围绕公共建筑的大厅进行平面组合，其特点是主体结构的大厅空间大，使用人数多，是建筑物的主体和中心。而其他使用房间服务于大厅，而且面积较小，如体育馆建筑、大型商场等（图 2-66）。

（四）单元式组合

单元就是将关系密切的房间组合在一起，成为一个相对独立的整体。单元式组合就是将这些独立的单元按使用性质在水平或垂直方向重复组合成一幢建筑。单元式组合功能分区明确，单元之间相对独立，组合布局灵活，适应性强，同时减少了设计、施工工作量。

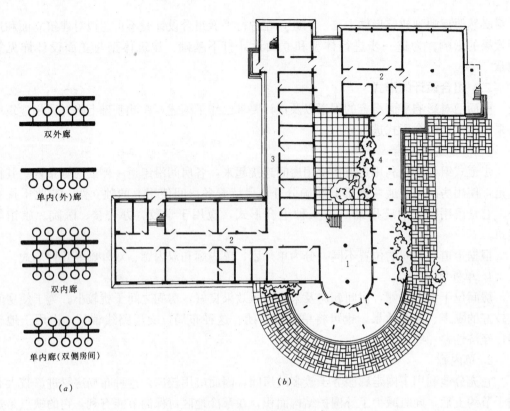

图 2-64　走道式组合
(a) 走道式组合示意；(b) 某小学平面图
1—门厅；2—内廊（双侧布置房间）；3—内廊（单侧布置房间）；4—外廊

这种组合方式在住宅、托幼、学校建筑中应用较广。图 2-67 是单元式组合的实例。

（五）混合式组合

在民用建筑中，由于功能上的要求，在组合方式上往往出现多种组合形式共存于一幢建筑物的情况，即混合式组合。图 2-68 是某剧院建筑混合式组合平面图，门厅与咖啡厅形成套间式组合；大厅与周边的附属建筑形成大厅式组合；后台部分演员化妆、服装、道具则是走道式组合。

三、基地环境对平面组合的影响

每幢建筑总是处于一个特定的环境之中，这个环境直接影响到建筑平面组合。这里主要涉及地形、地貌、气候环境等对建筑组合的影响。

（一）地形、地貌的影响

1. 基地的大小和形状

建筑平面组合的方式与基地的大小和形状有着密切的关系。一般情况下，当场地规整平坦时，对于规模小、功能单一的建筑，常采用简单、规整的矩形平面；对于建筑功能复杂、规模较大的公共建筑，可根据功能要求，结合基地情况，采取"L"形"I形"□"形等组合形式（图 2-69）；当场地平面不规则，或较狭窄时，则要根据使用性质，结合实际情况，充分考虑基地环境，采取不规则的平面布置方式。图 2-70 是天津贵州路中学平面组合示意，它位于道路交叉口弧形的三角形地段，教学楼采用"Y"形平面，既争取了

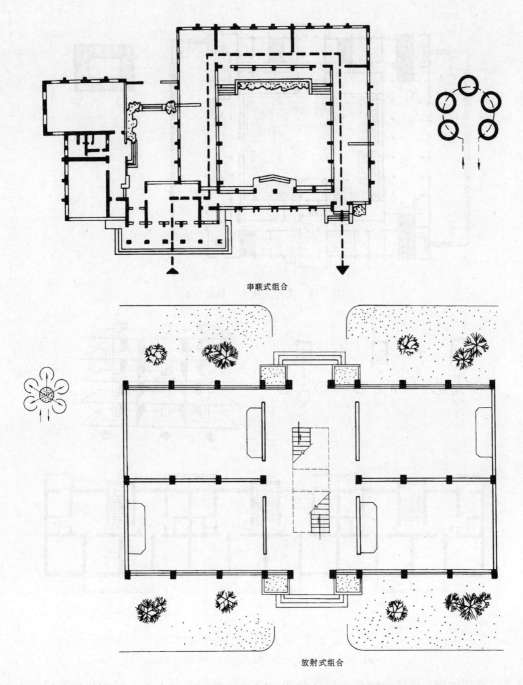

串联式组合

放射式组合

图 2-65 套间式组合

好的朝向,又照顾了街景,起到了丰富室内外空间的作用。

另外,城市规划对建筑立面的需要,基地范围内需保留的古迹、树木和城市公共设施(如电力、给排水管道)等也影响到基地内建筑平面组合与布置。

2. 基地的地形地貌

当建筑物处于平坦地形时,平面组合的灵活性较大,可以有多种布局方式,但在地势起伏较大,地形复杂的情况下,平面组合将受到多方面因素的制约。但是如能充分地结合

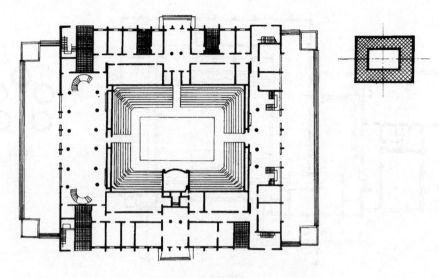

图 2-66 大厅式组合（体育馆）

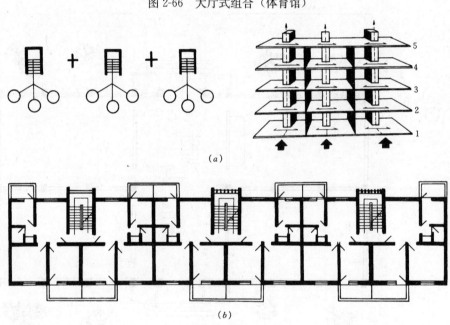

图 2-67 单元式住宅组合形式
(a) 单元式组合及交通组织示意图；(b) 组合单元

环境，利用地形，也将会创作出层次分明、空间丰富的组合方式，赋于建筑物以鲜明的特色。

在坡地上进行平面设计应掌握的原则是依山就势，充分利用地势的变化，减少土方量，妥善解决好朝向、道路、排水以及景观要求。坡度较大时还应注意滑坡和地震带来的影响。

建筑平面布局与等高线有两种关系。即平行等高线和垂直等高线。当地面坡度小于25％时，房屋多平行于等高线布置，这种布置方式土方量少，造价经济。当基地坡度在10％左右时，可将房屋放在同一标高上，只需把基地稍作平整，或者把房屋前后勒脚调整

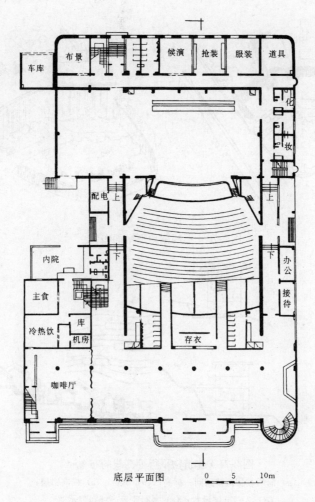

底层平面图

图 2-68 混合式组合（剧院）

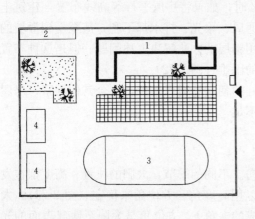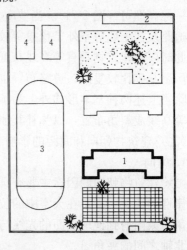

图 2-69 规则地形平面布置
1—教学楼；2—生活用房；3—运动场；
4—篮球场；5—实验园地

图 2-70 不规则地形平面布置

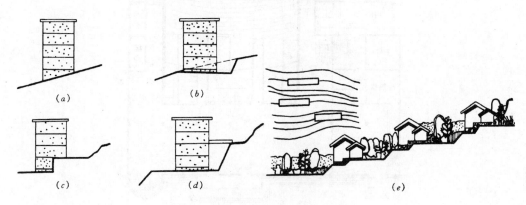

图 2-71 建筑物平行等高线的布置
(a) 前后勒脚调整到同一标高；(b) 筑台；(c) 横向错层；
(d) 入口分层设置；(e) 平行于等高线布置示意

到同一标高即可（图 2-71）。当坡度大于 25% 时，如果将房屋平行等高线布置，建筑土方量、道路及挡土墙等室外工程投资较大，对通风、采光、排水都不利，甚至受到滑坡的威胁，此时要将建筑物垂直等高线布置，即采用错层的办法解决上述问题。但是这种布置方式使房屋基础比较复杂，道路布置也有一定的困难（图 2-72）。

除了上述两种基本形式外，为了争取良好的朝向和通风条件，综合其他因素，房屋还可与等高线成斜角布置，以弥补其他方面的不足。

（二）建筑物朝向和间距的影响

1. 朝向

影响建筑物朝向的因素主要有日照和风向。不同的季节，太阳的位置、高度都在发生有规律性的变化。太阳在天空中的位置，可以用高度角和方位角来确定（图 2-73）。太阳高度角指太阳射到地球表面的光线与地面所成的夹角 h；方位角是太阳至地球表面的光线与南北轴之间的夹角 A。

根据我国所处的地理位置，建筑物南向或南偏东、偏西少许角度能获得良好的日照，这是因为冬季太阳高度角小，射入室内光线较多，而夏季太阳高度角大，射入室内光线少，能保证冬暖夏凉的效果。

图 2-72 建筑物垂直等高线的布置
(a) 垂直于等高线布置示意；(b) 斜交于等高线布置示意

利用太阳能采暖的我国北方学校建筑，可将房屋朝向南偏东 5°～10°，以争取上午尽早吸收太阳辐射热。

在考虑日照对建筑组合平面的影响时，也不可忽视当地夏季和冬季的主导风向对房间的影响。根据主导风向，调整建筑物的朝向，能改变室内气候条件，创造舒适的室内环境。如在住宅设计中合理地利用夏季主导风向是解决夏季通风降温的有效手段，这一点在我国南方地区尤其明显。在北方地区公共建筑的北入口要考虑到冬季北风的侵入，要有防范措施。

2. 间距

影响建筑物之间间距的因素很多，如日照间距、防火间距、防视线干扰间距、隔声间距等。在民用建筑设计中，日照间距是确定房屋间距的主要依据，一般情况下，只要满足了日照间距，其他要求也就能得到满足。

日照间距是保证房间在规定时间内，能有一定日照时数的建筑物之间的距离。日照间距的计算一般以冬至日或大寒日正午 12 时太阳光线能直接照到底层窗台为设计依据（图2-74）。

日照间距计算式为 $L = \dfrac{H}{\tan h}$

式中，L 为房屋间距，H 为南向前排房屋檐口至后排房屋底层窗台的高度，h 为冬至日正午的太阳高度角。

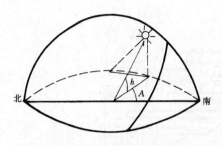 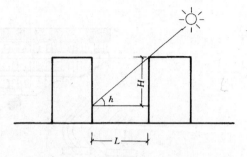

图 2-73 太阳运行轨迹　　　　　　　　　　图 2-74 建筑物日照间距
h—太阳高度角；A—太阳方位角

在实际工程中，一般房屋日照间距通常用房屋间距 L 和南向前排房屋檐口至后排房屋底层窗台高度 H 的比值来控制。我国南方地区日照间距较小，北方地区大一些，我国日照间距一般在 $1.0\sim1.8H$ 之间。

防火间距是建筑物之间防火和疏散所要求的距离，如高层民用建筑主体部分与其他民用建筑之间的距离至少保证 11m。

在学校建筑中为防止视线的干扰，当两排教室的长边相对时，其间距不宜小于 25m，教室的长边与运动场的间距不宜小于 25m 等。

另外，建筑物之间的空间效果要求、绿化面积、房屋扩建等因素也都影响到建筑物之间的间距。

第三章 建筑剖面设计

建筑剖面设计是建筑设计的重要组成部分。它的主要目的是根据建筑功能要求、规模大小以及环境条件等因素确定建筑各组成部分在垂直方向上的布置。它与立面设计、平面设计有直接的联系，相互制约、相互影响。设计中的一些问题需要平、剖、立面结合在一起考虑才能具体解决，如平面设计中房间的面积大小、开间、进深、梁的尺寸等将直接影响建筑层高的确定。在单个房间平面与平面组合设计中，必须同时考虑房间的剖面形状及组合后竖向各部分空间的特点等。因此，在剖面设计中，必须同时考虑其他设计方面，才能使设计更加完善、合理。

剖面设计的主要内容有：确定房间的剖面形状与各部分高度、建筑的层数、建筑剖面空间的组合设计以及室内空间的处理和利用等。

第一节 房间的剖面形状和建筑各部分高度的确定

一、房间的剖面形状确定

房间的剖面形状主要是根据房间的功能要求来确定。但是，也要考虑具体的物质技术、经济条件和空间的艺术效果等方面的影响，既要适用又要美观。

影响房间剖面形状的因素有以下几方面：

（一）房间的使用要求

不同用途的建筑，其房间的剖面形状有时相差甚远，如图 3-1 为常见的学校及影剧院剖面，这些差异是由建筑的使用要求决定的。绝大多数建筑的房间，如住宅的居室、学校的教室、旅馆中的客房等，剖面形状多采用矩形。而有些建筑中的房间，如影剧院的观众厅、体育馆的比赛大厅、教学楼中的阶梯教室等，对剖面形状则有特殊要求。如地面应有一定的坡度，以保证良好的视觉需要，顶棚常做成能反射声音的折面等。

1. 地面坡度的确定

地面的升起坡度与设计视点的选择、座位排列方式、排距、视线升高值等因素有关。设计视点代表了可见与不可见的界限，以此作为视线设计的依据，在设计视点以上是观众视野所及的范围。设计视点定得愈低，观众的视野范围愈大，但观众厅地面升起也愈陡；设计视点定得愈高，观众视野范围愈小，升起也就平缓。可见，设计视点的选择在很大程度上影响着视觉质量的好坏及观众厅地面升起的坡度。

各类建筑由于功能不同，观看对象的性质不一样，设计视点的选择也不同。在电影院，通常选择银幕底边中点作为设计视点，可保证观众看见银幕的全部；在体育馆中常以篮球场为准，通常设计视点定在篮球场边线或边线上空 300~500mm 处；阶梯教室视点常选在教师的讲台桌面上方，大约距地 1100mm（图 3-2）。以上房间的设计视点，以体育馆为最低，因此，其剖面具有较陡的阶梯形看台。

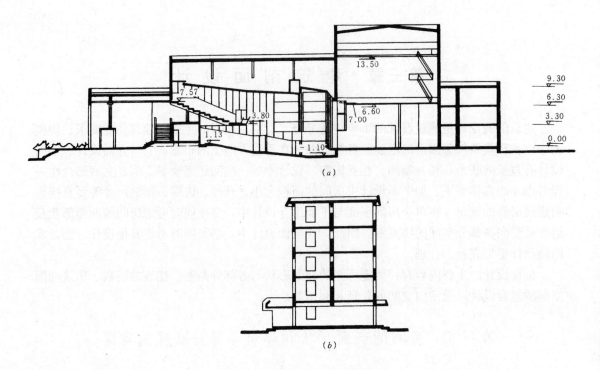

图 3-1　不同建筑的房间剖面形状
(a) 影剧院；(b) 学校

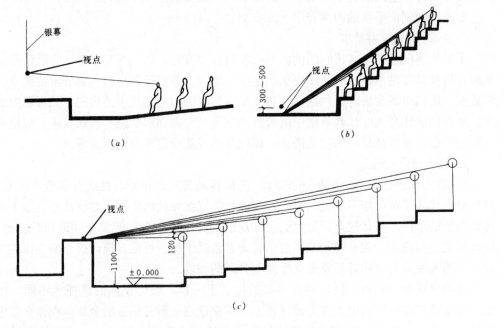

图 3-2　设计视点与地面起坡的关系
(a) 电影院；(b) 体育馆；(c) 阶梯教室

设计视点确定以后,还要确定每排视线升高值 C 值。后排与前排观众的视线升高差称为 C 值,它的确定与人眼到头顶的高度及视觉标准有关,一般定为 120mm,当座位错位排列时,C 值取 60mm,可保证视线无遮挡的要求(图 3-3)。错位排列的布置要比对位排列布置地面起坡缓一些。总之,C 值越大,设计视点越低,则地面升起就越大,反之则小。

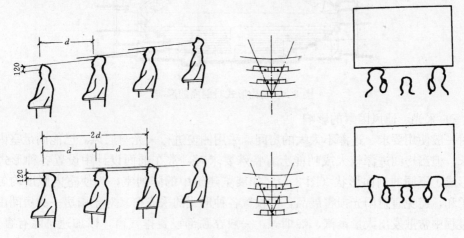

图 3-3 视学标准与地面升起关系

2. 顶棚形式的确定

影剧院、会堂等建筑,大厅的音质要求较高,而房间的剖面形状对其有很大的影响。为保证室内声场分布均匀,避免出现声音空白区、回声及聚集等现象,在剖面设计中要选择好顶棚形状,这是一个非常重要的方面。顶棚的形状应根据声学设计的要求来确定,保证大厅各个座位都能获得均匀的反射声,并加强声压不足的部位。顶棚的形状应避免凹曲面及拱顶等形状,以免产生声音的聚焦及回声。建筑师在处理建筑造型时应对此有充分的考虑。图 3-4 为音质要求与剖面形状的关系。

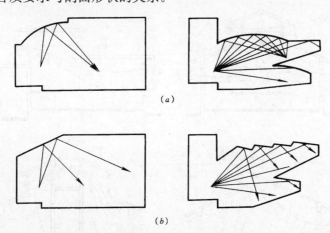

图 3-4 音质要求与剖面形状的关系
(a) 声音反射不均匀,有聚焦;(b) 反射较均匀

(二)结构、材料和施工因素的影响

矩形房间的剖面形式除了较易满足一般房间的功能外，它还具有结构布置简单、施工方便等特点，这也是矩形剖面形式之所以常被采纳的原因之一。但是，有些大跨度建筑的房间剖面形式常受结构形式影响，形成特有的剖面形状（图3-5）。

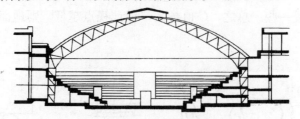

图3-5　结构形式对剖面的影响

（三）采光、通风因素的影响

对一般使用要求、进深不太大的房间，采用侧窗进行采光与通风，已能满足室内卫生的要求。但当房间进深较大或功能上有特殊要求时，常在剖面设计中设置各种形式的天窗，形成了不同的剖面形状（图3-6）。如展览建筑中的陈列室，为使室内照度均匀、稳定、柔和，避免直射阳光损害展品，常设置各种形式的采光窗。对于厨房一类房间由于在操作过程中常散发出大量蒸汽、油烟等，一般在顶部设置排气窗，以加速排除有害气体，形成其特有剖面形状（图3-7）。

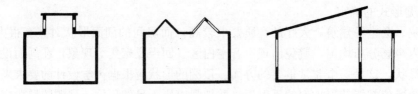

图3-6　采光形式对剖面形状的影响

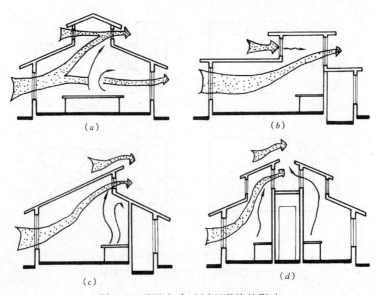

图3-7　通风方式对剖面形状的影响

二、建筑各部分高度的确定

建筑各部分高度主要指房间净高与层高、窗台高度和室内外地面高差等（图3-8）。

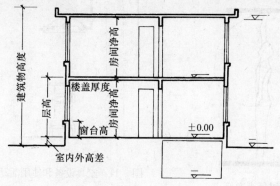

图3-8 建筑各部分高度

（一）房间净高与层高

房间的净高是指楼地面到结构层（梁、板）底面或悬吊顶棚下表面之间的垂直距离。层高是指该层楼地面到上一层楼面之间的垂直距离。由图3-9可见房间净高与层高的相互关系。

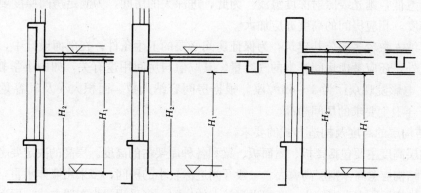

图3-9 房间净高（H_1）与层高（H_2）

通常情况下，房间的高度是根据室内家具、设备、人体活动、采光通风、技术经济条件以及室内空间比例等因素要求，综合考虑确定的。

1. 室内使用性质和活动特点的要求

室内使用性质和活动特点随房间用途而异。首先，房间的净高与人体活动尺度有很大关系，一般情况下，室内最小净高应使人举手不接触到顶棚为宜，应不低于2.20m（图3-10）。

其次，不同类型的房间由于使用人数不同，房间面积大小不同，其净高要求不同。对于住宅中的卧室、起居室，因使用人数少，房间面积小，净高可低一些，一般大于2.40m，层高在2.8m左右；中学的教室，由于使用人数较多，面积较大，净高宜高一些，一般取3.4m左右，层高在3.6～3.9m之间。

再次，房间内的家具设备以及人使用时所需的必要空间，也直接影响着房间高度。如学生宿舍，通常设双层床，为保证上、下床居住者的正常活动，室内净高应大于3.4m，

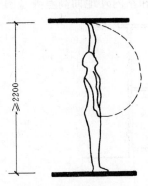
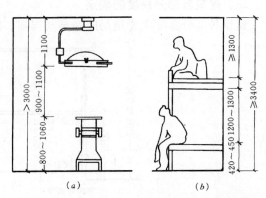

图 3-10 房间最小净高

图 3-11 家具设备和使用活动要求对房间高度的影响
(a) 手术室；(b) 宿舍

层高不宜小于 3.6m（图 3-11b）。医院手术室净高应考虑手术台、无影灯以及手术操作所必需的空间（图 3-11a）。

2. 采光、通风、气容量等卫生要求

房间里光线的照射深度，主要靠侧窗的高度来解决。侧窗上沿愈高，光线照射深度愈远；上沿愈低，则光线照射深度愈浅。为此，进深大的房间，为满足房间照度要求，常提高窗的高度，相应房间的高度亦应加大。

对容纳人数较多的公共建筑，为保证房间必要的卫生条件，在剖面设计中，除组织好通风换气外，还应考虑房间正常的气容量。其取值与房间用途有关，如中小学教室为 $3\sim5m^3$/人，电影院观众厅为 $4\sim5m^3$/座。根据房间容纳人数、面积大小及气容量标准，便可确定符合卫生要求的房间净高。

3. 结构层的高度及构造方式的要求

结构层高度主要包括楼板、屋面板、梁和各种屋架占的高度。层高的决定要考虑结构层的高度，结构层愈高，则层高愈大。一般开间进深较小的房间，多采用墙体承重，在墙上直接搁板，结构层所占高度较小；开间进深较大的房间，多采用梁板布置方式，梁底下凸出较多，结构层高度较大；对于一些大跨建筑，多采用屋架、薄腹梁、空间网架等多种形式，其结构层高度更大。房间如果采用吊顶构造时，层高则应再适当加高，以满足净高需要。

4. 经济性要求

层高是影响建筑造价的一个重要因素，在满足使用要求、采光、通风、室内观感等前提下，应尽可能降低层高。一般砖混结构的建筑，层高每减小 100mm，可节省投资 1%。层高降低，又使建筑物总高度降低，从而缩小建筑间距，节约用地，同时还能减轻建筑物的自重，减少围护结构面积，节约材料，降低能耗。

5. 室内空间比例要求

在确定房间高度时，还要考虑房间高与宽的合适比例，给人以正常的空间感。

房间不同的比例尺度，往往给人不同的感受，高而窄的空间易使人产生兴奋、激昂向上的情绪，具有严肃感，但过高，则会感到空荡、不亲切；宽而低的房间，使人感到宁静、开阔、亲切，但过低，会使人感到压抑。

不同的建筑，需要不同的空间比例。纪念性建筑要求高大空间，以造成严肃、庄重的气氛；大型公共建筑的休息厅、门厅要求开阔、明朗的气氛。总之，要合理巧妙地运用空间比例的变化，使物质功能与精神要求结合起来（图3-12）。

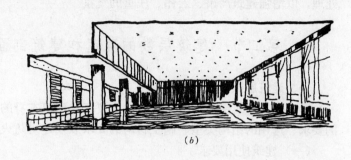

图3-12 空间比例不同给人以不同的感受
（a）高而较窄的空间比例；（b）宽而较矮的空间比例

（二）窗台高度

窗台的高度主要根据室内的使用要求、人体尺度和靠窗家具或设备的高度来确定。一般民用建筑中，生活、学习或工作用房，窗台高度采用900～1000mm，这样的尺寸和桌子的高度（约800mm）比较适宜，保证了桌面上光线充足（图3-13a）。有些有特殊要求的房间，如展览建筑中的展室、陈列室，为沿墙布置展板，消除和减少眩光，常设高侧窗（图3-13b）。厕所、浴室窗台可提高到1800mm（图3-13c）。幼儿园建筑结合儿童尺度，窗台高常采用700mm。有些公共建筑，如餐厅、休息厅为扩大视野，丰富室内空间，常将窗台做得很低，甚至采用落地窗。

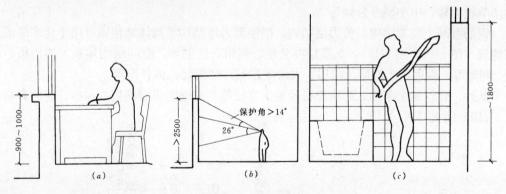

图3-13 窗台高度
（a）一般民用建筑；（b）展览建筑；（c）卫生间

（三）室内外地面高差

一般民用建筑为了防止室外雨水倒流入室内，并防止墙身受潮，底层室内地面应高于室外地面，至少不低于150mm，常取450mm。高差过大，不利于室内外联系，也增加建筑造价。房屋建成后，总会有一定的沉降量，这也是考虑室内外地坪高差的因素。位于山地和坡地的建筑物，应结合地形的起伏变化和室外道路布置等因素，选定合适的室内地面标高。有的公共建筑，如纪念性建筑，常提高底层地面标高，采用高的台基和较多的踏步处理，以增强建筑严肃、宏伟、庄重的气氛。

第二节 建筑层数的确定和建筑剖面空间的组合设计

一、建筑层数的确定

影响确定建筑层数的因素很多，主要有：建筑本身的使用要求、基地环境和城市规划的要求、选用的结构类型、施工材料的要求以及建筑防火和经济条件的要求等。

（一）建筑使用要求

由于建筑用途不同，使用对象不同，对建筑的层数有不同的要求。如幼儿园，为了使用安全和便于儿童与室外活动场地的联系，应建低层，其层数不应超过3层。医院、中小学校建筑也宜在3、4层之内；影剧院、体育馆、车站等建筑，由于使用中有大量人流，为便于迅速、安全疏散，也应以单层或低层为主。对于大量建设的住宅、办公楼、旅馆等建筑一般可建成多层或高层。

（二）基地环境和城市规划的要求

确定建筑的层数，不能脱离一定的环境条件限制。特别是位于城市街道两侧、广场周围、风景园林区、历史建筑保护区的建筑，必须重视与环境的关系，做到与周围建筑物、道路、绿化相协调，同时要符合城市总体规划的统一要求。

（三）结构、材料和施工的要求

建筑物建造时所用的结构体系和材料不同，允许建造的建筑物层数也不同。如一般砖混结构，墙体多采用砖砌筑，自重大，整体性差，且随层数的增加，下部墙体愈来愈厚，既费材料又减少使用面积，故常用于建造6、7层以下的大量性民用建筑，如多层住宅、中小学教学楼、中小型办公楼等。

钢筋混凝土框架结构、剪力墙结构、框架剪力墙结构及筒体结构则可用于建多层或高层建筑（图3-14、图3-15），如高层办公楼、宾馆、住宅等。空间结构体系，如折板、薄壳、网架等，则适用于低层、单层、大跨度建筑，如剧院、体育馆等。

此外，建筑施工条件、起重设备及施工方法等，对确定房屋的层数也有一定的影响。

（四）防火要求

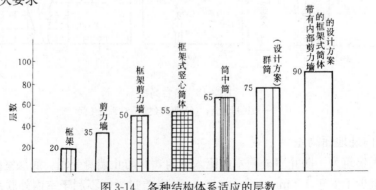

图3-14 各种结构体系适应的层数
（美国著名工程师坎恩建设的图表）

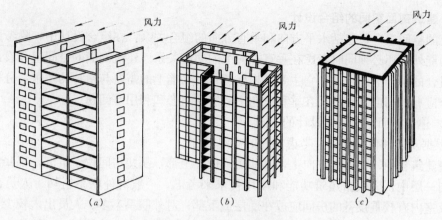

图 3-15 高层建筑结构体系
(a) 剪力墙；(b) 框架剪力墙；(c) 筒结构

按照我国制定的《建筑设计防火规范》GB 50016—2006 的规定，建筑层数应根据建筑的性质和耐火等级来确定。当耐火等级为一、二级时，层数原则上不作限制；为三级时，最多允许建 5 层；为四级时，仅允许建 2 层（表3-1）。

民用建筑的耐火等级、层数、长度和面积　　　　　　表 3-1

耐火等级	最多允许层数	防火分区间		备　注
		最大允许长度(m)	每层最大允许建筑面积(m²)	
一二级	按本规范第 1.0.3 条规定	150	2500	1. 剧院、体育馆等的长度和面积，可以放宽 2. 托儿所、幼儿园的儿童用房不应设在 4 层及 4 层以上
三级	5	100	1200	1. 托儿所、幼儿园的儿童用房不应设在 3 层及 3 层以上 2. 电影院、剧院、礼堂、食堂不应超过 2 层 3. 医院、疗养院不应超过 3 层
四级	2	60	600	学校、食堂、菜市场不应超过 1 层

注：摘自《建筑设计防火规范》GB 50016—2006。

（五）经济条件要求

建筑的造价与层数关系密切。对于砖混结构的住宅，在一定范围内，适当增加房屋层数，可降低住宅的造价。一般情况下，5、6 层砖混结构的多层住宅是比较经济的（图3-16）。

除此之外，建筑层数与节约土地关系密切。在建筑群体组合设计中，个体建筑的层数愈多，用地愈经济（图3-17）。把一幢 5 层住宅和 5 幢单层平房相比较，在保证日照间距的条件下，用地面积要相差 2 倍左右，同时，道路和室外管线设置也都相应减少。

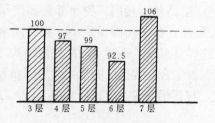

图 3-16　住宅造价与层数关系的比值（南京市）

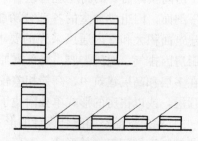

图 3-17　单层与多层建筑用地比较

二、建筑剖面空间的组合设计

建筑的空间组合，包括水平方向和垂直方向的组合关系，在组合设计中，除考虑水平方向的功能外，还必须同时考虑在垂直方向上的功能关系。建筑剖面的空间组合设计，是在平面组合的基础上进行的，它主要是根据建筑在功能上的需要与精神的要求，分析建筑物各部分应有的高度、层数及在垂直方向上的空间组合和利用等问题。

（一）建筑剖面空间组合设计的原则

1. 根据功能和使用要求，考虑剖面的空间组合

一幢建筑物中，在垂直方向上，哪些房间位于上部，哪些房间位于下部，哪些房间可组合在同一层中，应根据建筑功能和使用要求来考虑。一般对外联系密切、人员出入较多、以及室内有较重设备的房间应放在底层或下部；对外联系不多、人员出入较少、要求安静、隔离以及室内无重设备的房间，则可放在上部。如在医院建筑中，一般把病人较少或行动比较方便的病科，如五官科、口腔科等放在楼上，而把病人行动不便的急诊或外科门诊设在底层，以方便使用。又如在旅馆建筑中，将人员出入较多，对外联系比较密切的公共活动房间，如餐厅、休息厅等设在下部1、2层，把需要安静、隔离的客房放在上部。此外，还要考虑各使用房间之间的相互关系，如在办公楼中，可把各类性质相近的办公室及为之服务的、关系密切的辅助用房，如卫生间、开水房等布置在同一层中。

2. 根据房屋各部分高度，考虑剖面的空间组合

一座建筑物通常包括许多房间，由于使用性质的不同，空间特点也不一样，有高有低。有大有小。如果把这些高低、大小不同的房间按照使用要求或功能分区而简单地拼联起来，势必造成屋面和楼面高低错落过多，结构不合理，建筑体型复杂零乱。因此，必须合理调整和组织不同高度的空间，使建筑物的各个部分在垂直方向上取得协调统一。

（1）高度相同或相近的房间组合。一幢建筑中，高度相同、使用性质相似，功能关系密切的房间，如教学楼中的普通教室和实验室，住宅中的起居室和卧室等，可组合在同一层上。高度相近，使用上关系密切的房间，必须布置在一起时，在满足室内功能要求的前提下，可适当调整房间之间的高差，使高度统一，以利于结构布置与施工。图3-18是某中学教学楼，其中教室、实验室、厕所与贮藏等房间，从使用要求上需要组合在一起，因此将它们调整为同一高度。行政办公部分从功能分区考虑，平面组合上与教学部分分隔开，两部分因不同层高而出现的高差，可通过走廊中的踏步来解决。这样的空间组合方式，使用上满足功能要求，结构合理，也比较经济。

（2）高度相差较大的房间组合。高度相差较大的房间，在单层剖面空间组合中，可根据各个房间实际需要的高度进行组合，形成不等高的剖面形式。图3-19所示为一单层食堂的平剖面，因组成食堂的各部分功能要求不同，层高各不相同。餐厅部分因使用人数多，建筑面积大和室内通风采光的要求，需较大层高；备餐间因面积小，需要的高度不大；厨房因排气、通风需要，局部需加设气楼，这样就形成了高度不同的剖面形式。

在多层和高层建筑中，高差相差较大的房间剖面组合，常把层高较大的房间布置在底层或顶层，或以裙房的形式单独附建于主体建筑，与其相邻或完全脱开（图3-20）。

（二）建筑剖面空间组合设计的形式

建筑剖面空间组合的形式，主要由建筑中各类房间的高度和剖面形状、房屋的层数及使用要求等因素决定，主要有以下几种：

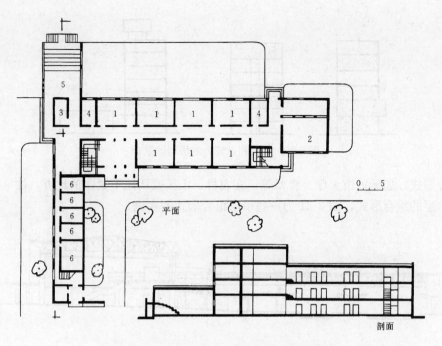

图 3-18 某中学教学楼的空间组合关系
1—教室；2—阅览室；3—贮藏室；4—厕所；5—阶梯教室；6—办公室

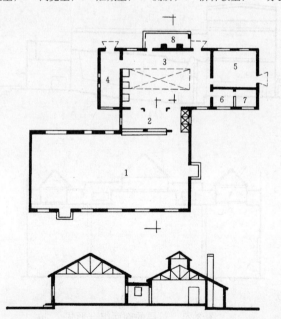

图 3-19 某食堂的剖面空间组合
1—餐厅；2—备餐；3—厨房；4—主食部；5—调味库；
6—管理；7—办公；8—烧火间

1. 单层的组合形式

在一些建筑中，人流、货流进出较多，为便于和室外的直接联系，多采用单层的组合形式，如车站、影剧院等。有一些建筑物，由于要求顶部自然采光或通风，往往也采用单

89

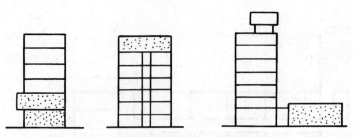

图 3-20 层高相差较大的房间的组合

层的组合形式,如展览馆大厅、食堂等;在农村、山区或用地不紧张的地方,住宅建筑也可采用单层的组合形式,图 3-21 为一些单层组合形式的实例。

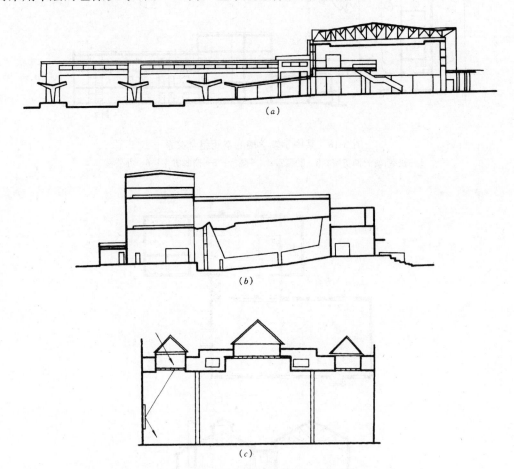

图 3-21 单层的剖面组合形式
(a) 火车站;(b) 影剧院;(c) 展览厅

单层剖面组合形式,在剖面空间组合上比较简单灵活,各种房间可根据实际使用要求所需高度,设置不同的屋顶,主要缺点是用地不经济,不够紧凑。

2. 多层和高层的组合形式

根据节约用地、规划布局和城市面貌及使用等方面要求,目前建筑多采用多层或高层的组合形式。多层剖面适应于有较多相同高度房间的组合,室内交通联系比较紧凑,垂直方向通过楼梯将各层联成一体。大量的单元式住宅及走道式平面组合的学校、办公楼、医院等建筑的剖面,较多采用多层的组合方式(图 3-22)。一些大型建筑,如旅馆、写字楼等,也有采用高层的剖面组合形式的,大城市中有的居住区,也建成了一些高层住宅(图 3-23)。高层的组合形式能在占地面积较小的情况下,建造较多面积的房屋,这种组合形式有利于室外辅助设施和绿化等的布置,但高层建筑的结构形式及所需设备较复杂,建造与维护费用较高。

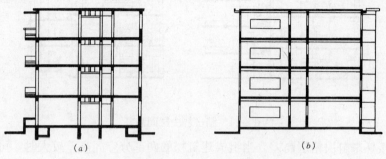

图 3-22 多层剖面组合
(a) 单元式住宅;(b) 内廊式教学楼

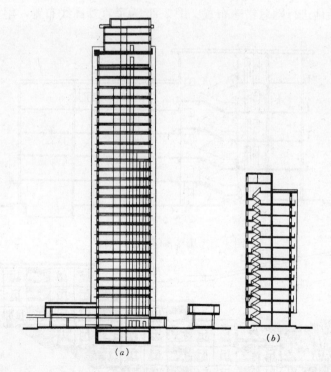

图 3-23 高层剖面组合
(a) 宾馆;(b) 住宅

3. 错层的组合形式

当建筑物内部出现高低差,或由于地形条件的限制,使建筑几部分空间的楼地面出现高低错落现象时,可采用错层的方式进行组合。在衔接处设置的高差可用以下方式处理:

91

（1）用踏步来解决错层高差。对于层间高差小、层数少的建筑，可采用在较低标高的走廊上设置少量踏步的方法来解决。如中学教学楼，当教室与办公部分相连时，因层高不一样，出现高差，多设踏步来连接（图3-24）。

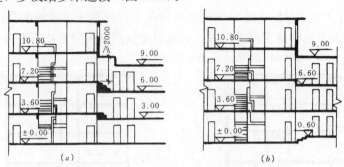

图 3-24　踏步解决层间高差

（2）用楼梯来解决错层高差。当组成建筑物的两部分空间高差较大时，可通过选用楼梯梯段的数量和调整梯段的踏步数量，使楼梯平台的标高与错层楼地面的标高一致（图3-25）。

（3）用室外台阶来解决错层高差。这种错层方式较自由，可以依山就势，适应地形标高变化，比较灵活地进行随意错落布置。图3-26为垂直等高线布置，用室外台阶解决高差的住宅实例。

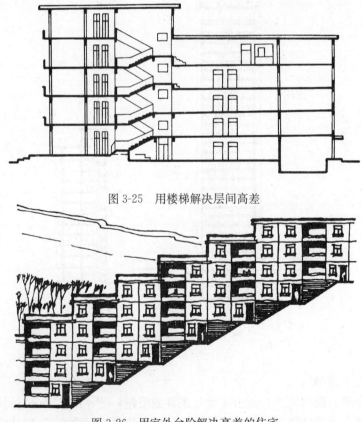

图 3-25　用楼梯解决层间高差

图 3-26　用室外台阶解决高差的住宅

第三节 建筑室内空间的处理和利用

一、建筑室内空间的处理

建筑空间有内外之分，室内空间与人的关系最密切，对人的影响也最大。它应在满足建筑功能要求的前提下，进行一定的艺术处理，以满足人们精神上的要求，给人以美感。室内空间的艺术处理，涉及到各方面的内容，设计手法也多种多样，下面从几方面来介绍一些设计中应注意的问题。

（一）空间的形状与比例

不同形状的室内空间，会使人产生不同的感觉，在确定空间形状时，必须把使用功能和精神功能统一起来考虑，使之既适用又能给人以良好的精神感受。一般公共建筑室内空间的形状，最常见的是矩形平面的长方体，它在艺术处理上能达到多样变化的效果，既可以处理成亲切宜人的环境，也可以处理成庄严隆重的气氛。这些不同的感觉，主要是由空间长、宽、高的比例不同而产生的，如一个窄而高的空间，由于竖向的方向性比较强烈，会使人产生崇高向上的感觉，可以激发人们产生兴奋、激昂的情绪。哥特式教堂所具有的窄而高的室内空间，利用空间的几何形状特征，给人一种精神力量。一个细而长的空间，则可形成深远、期待的感受，空间愈细长，感受愈强烈。大而高的空间，易造成庄重肃穆的气氛；大而矮的空间则给人以亲切、开阔的感觉（图3-27）。当然，如果上述空间的比例处理不当，也可使人感到空荡、压抑和沉闷。

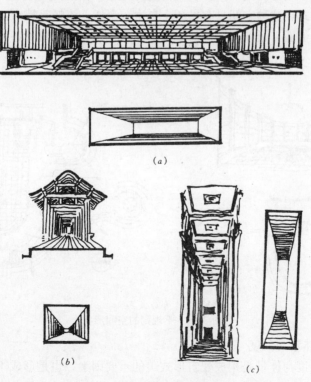

图3-27 不同比例关系的空间
(a) 大而矮空间；(b) 细而长空间；(c) 窄而高空间

除长方形的室内空间外，为了适应某些特殊的功能要求，还可采用一些其他形状的室内空间。如某些公共建筑的大厅、门厅以及会堂等，为了强调和突出空间的重要性，常采用正方形、圆形、八角形等空间形状，形成端庄、平稳、隆重、庄严的气氛（图3-28）。

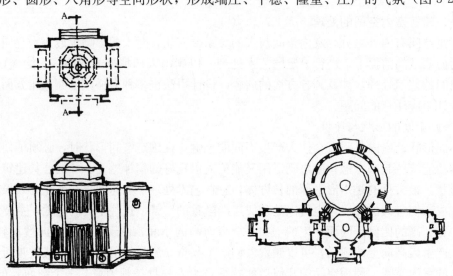

图3-28　正方形、圆形的空间形状

还有一些建筑，当室内空间需要表现活泼、开敞、轻松的气氛时，常选择一些不对称或不规则的空间形式，这种空间具有灵活、自由、亲切、流畅等特点，易于取得与相邻空间或自然环境相互流通、延伸与穿插的效果。如园林建筑、旅馆及各种文娱性质的公共建筑（图3-29）。

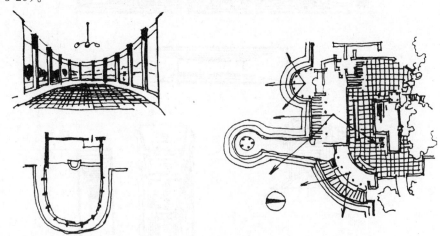

图3-29　不规则的空间形状

（二）空间的体量与尺度

适宜的空间尺度与体量是构成建筑形式美的重要因素，也是形成不同的建筑风格的原因之一。体量与尺度，不仅给人以大小的印象，而且能给人一定的艺术感染力。一般巨大的体量与尺度常使人感到雄伟、壮观；较小的体量与尺度常使人感到亲切、活泼。

一般情况下,室内空间的尺度与大小,主要是由功能要求确定的。根据功能要求确定的尺度,可称为功能尺度。但某些有特殊要求的建筑,空间的尺度又可能大大超过功能尺度。这种为了满足视觉要求的尺度,称为视觉尺度,它只与人的感觉有关,是为了追求某种精神效果而确定的一种尺度。平时我们所说的尺寸,主要是指功能尺度,而所谓的尺度或尺度感,则主要是指由视觉尺度所造成的一种感受。所以,所谓的空间尺度就是人们权衡空间的大小、粗细等感觉上的量度问题。一般情况下,房间的尺度首先应与房间的性格相一致,如住宅中的居室,过大的空间将难以造成亲切、宁静的气氛。居室的空间只要能够保证功能的合理性,即可获得恰当的尺度感。对于公共建筑来讲,过小或过低的空间将会使人感到局促或压抑,这样的尺度感也会有损于它的公共性。而出于功能要求,公共活动空间一般都具有较大的面积和高度,只要实事求是地按照功能要求来确定空间的大小和尺寸,一般都可获得与功能性质相适应的尺度感(图 3-30)。

室内空间尺度应符合人体的尺度要求,表现正确的尺度感,特别是室内一些人们经常接触到的构件的尺寸,如窗台、栏杆、踏步、台阶等,其尺寸均应符合人的使用要求,否则,不仅影响使用,而且也影响视觉要求(图 3-31)。

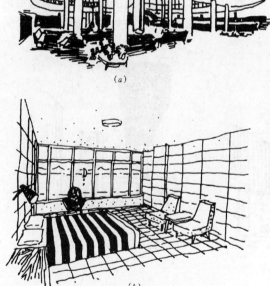

图 3-30 不同建筑的室内空间尺度
(a) 公建大厅;(b) 住宅卧室

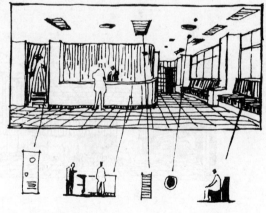

图 3-31 室内各种尺寸与人体尺度的关系

(三)空间的分割与联系

空间的分隔与联系是多方面、多层次的,可简单概括为两个方面,一是相邻空间之间的分隔与联系;二是空间内部根据需要再进行的分隔。

1. 相邻空间之间的分隔与联系

相邻空间包括室内空间之间以及室内与室外空间两种形式。它们之间的分隔与联系,常见的处理手法有两种:一种是"围"的手法,另一种是"透"的手法。"围"与"透"

的处理造成不同的空间效果，前者封闭、沉闷；后者开敞、舒展。采用何种形式，主要取决于房间的功能性质，同时也要考虑环境特点、民族习惯、地方风格、技术水平等。如在住宅建筑中，卧室应该封闭些，而起居室则可开敞些；园林建筑中有时为充分结合环境而将空间做成通透、开敞使室内外融为一体（图3-32）。

图3-32 开敞与通透的空间
(a) 居室；(b) 园林

在现代建筑中，由于新材料、新结构、新设备等物质技术条件的发展以及进一步强调人的行为活动，空间的围合手法越来越多，如打开墙壁，采用通透的墙面，以沟通室内外空间，选择轻盈通透的隔墙，以取得空间的渗透和流动，以及打破封闭的边角，开设转角窗等（图3-33）。

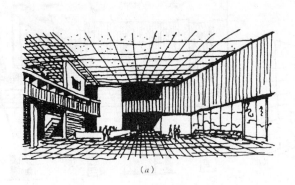 

图3-33 室内空间处理
(a) 落地玻璃窗；(b) 转角开窗

2. 空间内部的再分隔

空间内部的再分隔，主要是根据室内使用要求来创造所谓空间里的空间，这些空间有时只是一种感觉上的划分，可采用多种处理手法在室内水平方向和垂直方向上进行分隔以取得空间之间隔而不死的效果。如用门洞或不到顶的隔墙来分隔（图3-34）；用博古架、帷幕帘进行分隔（图3-35）；用家具或设备进行分隔（图3-36）；还可用降低或提高地面、顶棚的高度以及用不同的材料、色彩、质感或光线的明暗等来分隔空间（图3-37、图3-38）。

（四）空间的过渡

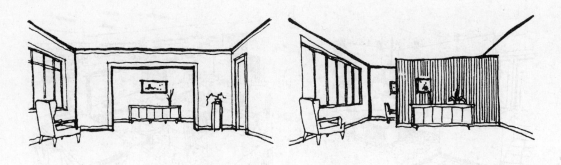

图 3-34　用门洞、隔墙分隔空间

图 3-35　用博古架、帷幕帘进行分隔

在空间处理中，过渡空间是为了衬托主体空间，或对两个主体空间的联系起到承上启下的作用，加强空间层次，增强空间感。当人们从外界进入建筑物的内部空间时，常经过门廊、雨篷、前厅，它们位于室内、外空间之间，起到内外空间的过渡作用，使人由室外到室内不致于产生过分突然和单调的感觉（图 3-39）。

室内两个大体量空间之间，如果简单地直接相连接，就可能使人产生单薄或突然的感觉，致使人们从前一个空间走进后一个空间时，印象淡薄。倘若在两个大空间之间插入

图 3-36 用家具或设备分隔空间

 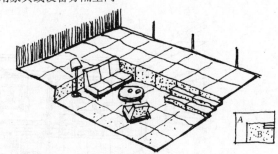

图 3-37 用降低或提高顶棚、地面来分隔空间

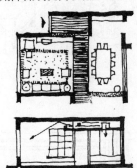

图 3-38 用不同材料分隔空间

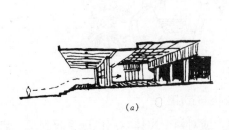 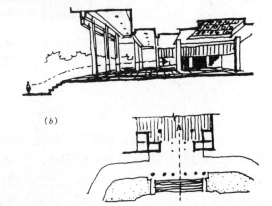

图 3-39 室内外过渡空间
(a) 雨篷和前厅；(b) 门廊和前厅

一个过渡性的空间,如过厅,就可加强空间的节奏感,又可借它来衬托主要空间(图3-40)。过渡空间的设置,必须视具体情况而定,如果到处设过渡空间,不仅浪费,而且还会使人感到累赘和繁琐。

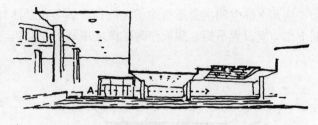

图 3-40 室内过渡空间的处理

以上介绍了一些在建筑室内空间处理中应注意的问题和处理手法。在实际设计中,内部空间的处理方式千变万化,绝非仅此一些,应根据实际情况,创造性地加以运用。

二、建筑室内空间利用

建筑室内空间的利用,涉及到建筑的平面及剖面设计,充分利用室内空间,不仅可以增加使用面积和节约投资,而且还可以起到改善室内空间的比例、丰富室内空间的艺术效果。利用室内空间的处理手法很多,常见的有以下几种:

(一)夹层空间的利用

一些公共建筑,由于功能要求空间的大小很不一致,如体育馆比赛厅、图书馆阅览室、宾馆大厅等,其空间高度都很大,而与此相联系的辅助用房都小得多,因此常采用在大厅周围布置夹层的办法来组织空间。这种处理有效地提高了大厅的利用率,又丰富了室内空间的艺术效果(图3-41)。

(二)房间上部空间的利用

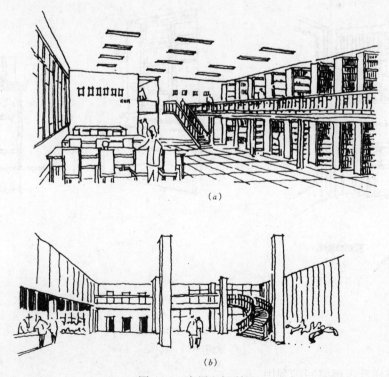

图 3-41 夹层空间利用
(a) 图书馆阅览室;(b) 某宾馆大厅

房间上部空间主要是指除了人们日常活动和家具布置以外的空间，如住宅中常利用房间上部空间设置吊柜、搁板作为贮藏之用（图3-42）。

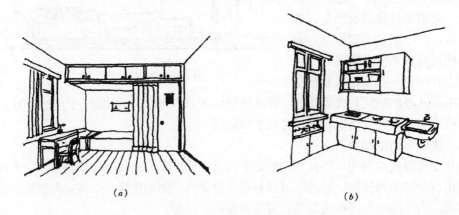

图3-42 房间上部空间利用
(a) 卧室中的吊柜；(b) 厨房中的贮藏柜

（三）结构空间的利用

在建筑物中，墙体厚度较大时，占用的室内空间较多，因此应充分利用墙体空间以节约面积。可利用墙体空间设置壁橱、窗台柜、散热器槽等（图3-43）。

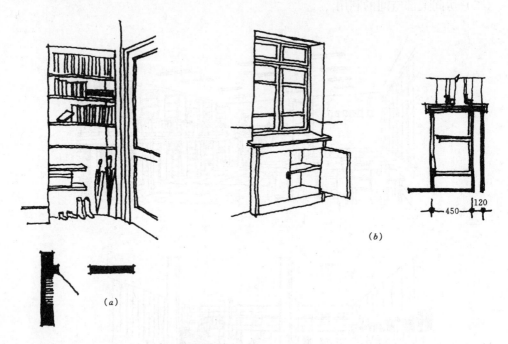

图3-43 墙体空间利用
(a) 壁橱；(b) 窗台柜

（四）楼梯及走道空间的利用

一般民用建筑楼梯间底层休息平台下至少有半层高，可采取降低平台下地面标高或增加第一梯段高度的方法来增加平台下的净空高度，可作为布置贮藏室、辅助用房以及室内外出入口之用。楼梯间顶层有一层半空间高度，可利用部分空间布置贮藏空间。有些建筑房间内设有小型楼梯，可利用梯段下部空间布置家具等。民用建筑的走道，其面积及宽度一般较小，因此其高度相应要求较低，但从简化结构考虑，走道与其他房间往往采用相同的层高，造成一定的浪费，空间比例关系也不够好，在设计中可在走道上部铺放设备管道及照明线路，再做吊顶，使空间得以充分利用（图3-44）。

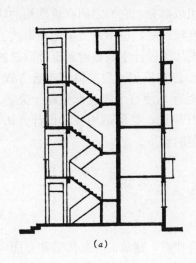
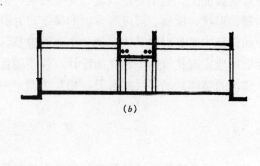
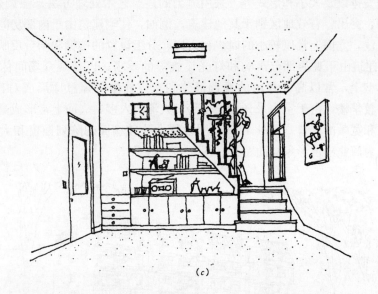

图3-44 楼梯及走道空间的利用
（a）楼梯上下空间；（b）走道上部空间；（c）楼梯下部空间

第四章　建筑的体型和立面设计

　　建筑的体型和立面设计是建筑外型设计的两个主要组成部分，它们之间有着密切的联系，贯穿于整个建筑设计始终，既不是内部空间被动地直接反映，也不是简单地在形式上进行表面加工，更不是建筑设计完成后的外形处理。建筑体型设计主要是对建筑外形总的体量、形状、比例、尺度等方面的确定，并针对不同类型建筑采用相应的体型组合方式；立面设计主要是对建筑体型的各个方面进行深入刻划和处理，使整个建筑形象趋于完善。为更好地完成建筑体型和立面设计，就要遵循一定的设计原则，灵活运用各种设计方法，从建筑的整体到局部反复推敲，相互协调，力争达到完美的地步。

第一节　建筑体型和立面设计的要求

一、反映建筑物功能要求和建筑个性特征

　　不同功能要求的建筑类型，具有不同的内部空间组合特点，建筑的外部体型和立面应该正确表现这些建筑类型的特征，如建筑体型的大小、高低、体型组合的简单或复杂、墙面门窗位置的安排以及大小和形式等。采用适当的建筑艺术处理方法来强调建筑的个性，使其更为鲜明、突出，有效地区别于其他建筑。例如，住宅建筑由于内部房间较小，通常体型上进深较浅，立面上常以较小的窗户和入口、分组设置的楼梯和阳台反映其特征（图4-1）。影剧院建筑由于观演部分声响和灯光设施等的要求，以及观众场间休息所需的空间，在建筑体型上，常以高耸封闭的舞台部分和宽广开敞的休息厅形成对比（图4-2）。学校建筑中的教学楼，由于室内采光要求较高，人流出入多，立面上常形成高大明快、成组排列的窗户和宽敞的入口（图4-3）。底层设置大片玻璃面的陈列橱窗和大量人流的明显出入口，成为商业建筑形象立面特征（图4-4）。

图 4-1　住宅

图 4-2 影剧院

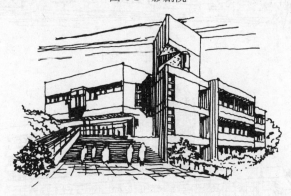

图 4-3 学校

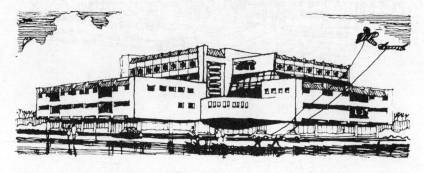

图 4-4 商店

二、反映结构材料与施工技术特点

建筑不同于一般的艺术品，它必须运用大量的材料并通过一定的结构施工技术等手段才能建成，因此，建筑体型及立面设计必然在很大程度上受到物质技术条件的制约，并反映出结构、材料和施工的特点。

建筑结构体系是构成建筑物内部空间和外部形体的重要条件之一。由于结构体系的不同，建筑将会产生不同的外部形象和不同的建筑风格。在设计中要善于利用结构体系本身所具有的美学表现力，根据结构特点，巧妙地把结构体系与建筑造型有机地结合起来，使建筑造型充分体现结构特点。如墙体承重的砖混结构，由于构件受力要求，窗间墙必须保留一定宽度，窗户不能开太大，形成较为厚重、封闭、稳重的外观形象（图 4-5）；钢筋混凝土框架结构，由于墙体只起围护作用，建筑立面门窗的开启具有很大的灵活性，即可形成大面积的独立窗，也可组成带形窗，甚至可以全部取消窗间墙面而形成完全通透的形式，显示出框架结构简洁、明快、轻巧的外观形象（图 4-6）；随着现代新结构、新材料、新技术的发展，特别是各种空间结构的大量运用，更加丰富了建筑物的外观形象，使建筑造型显现出千姿百态（图 4-7）。

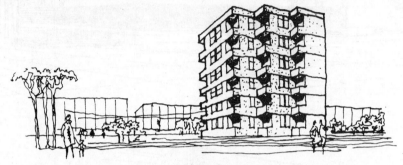

图 4-5　砖混结构住宅

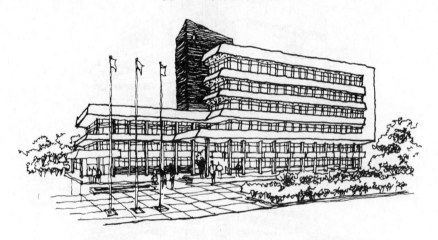

图 4-6　框架结构办公楼

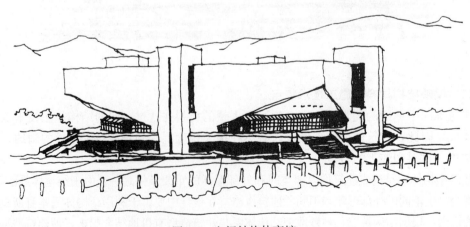

图 4-7　空间结构体育馆

材料和施工技术对建筑体型和立面也有一定的影响，如清水墙、混水墙、贴面砖墙和玻璃幕墙等形成不同的外形，给人不同的感受（图 4-8）。施工技术的工艺特点，也常形成特有的外观形象，尤其是现代工业化建筑，建成后，建筑上面所留下的施工痕迹，如构件的接缝、模板痕迹等，都使建筑物显示出工业化生产工艺的外形特点。图 4-9 是采用大型墙板的装配式建筑，利用构件本身的形体、材料、质感和墙面色彩的对比，使建筑体型和立面简洁新颖。

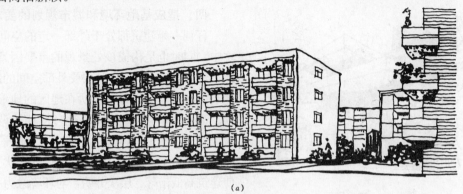

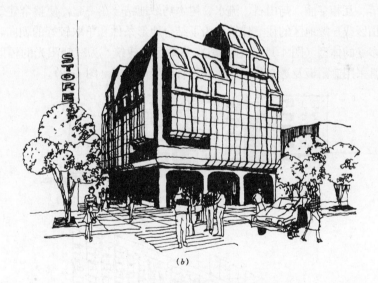

图 4-8 不同材料墙面的建筑
（a）清水砖墙住宅；（b）玻璃幕墙商店

图 4-9 某大板住宅立面

三、适应一定的社会经济条件

房屋建筑在国家基本建设投资中占有很大比例,因此在建筑体型和立面设计中,必须正确处理适用、安全、经济、美观几方面的关系。各种不同类型的建筑物,根据其使用性质和规模,严格掌握国家规定的建筑标准和相应的经济指标。在建筑标准、所用材料、造型要求和外观装饰等方面区别对待,防止片面强调建筑的艺术性,忽略建筑设计的经济性,应在合理满足使用要求的前提下,用较少的投资建造起简洁、明朗、朴素、大方的建筑物。

四、适应基地环境和城市规划的要求

任何一幢建筑都处于外部一定的空间环境之中,同时也是构成该处景观的重要因素。因此,建筑外形不可避免地要受外部空间的制约。建筑体型和立面设计要与所在地区的地形、气候、道路、原有建筑物等基地环境相协调,同时也要满足城市总体规划的要求。如风景区的建筑,在造型设计上应该结合地形的起伏变化,使建筑高低错落、层次分明,与环境融为一体。

图 4-10 流水别墅

图 4-10 为一别墅,建于山泉峡谷之中,造型多变,平台纵横错落、互相穿插,与山石、流水、树木巧妙地结合在一起,使整个建筑融于环境之中。又如,在山区或丘陵地区的住宅建筑,为了结合地形条件和争取较好的朝向,往往采用错层布置,产生多变的体型(图 4-11)。在南方炎热地区的建筑,为减轻阳光的辐射和满足室内的通风要求,常采用遮阳板及透空花格,形成特有的外形特征(图 4-12)。

图 4-11 山地住宅

图 4-12 炎热地区建筑上的遮阳

位于城市中的建筑物，一般由于用地紧张、受城市规划约束较多。建筑造型设计要密切结合城市道路、基地环境、周围原有建筑物的风格及城市规划部门的要求。图4-13是底层附设商店的沿街住宅建筑，由于基地和道路的相对方位的不同，结合住宅的朝向要求，采用不同组合的体型。

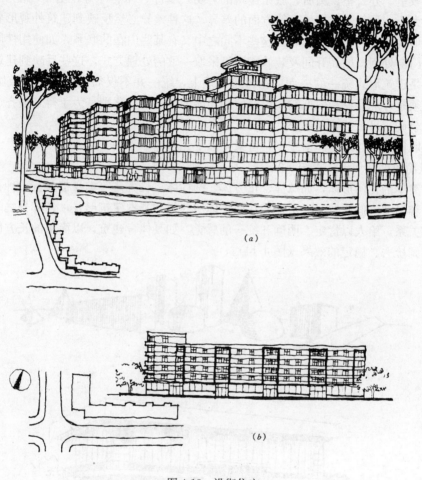

图4-13 沿街住宅
(a)基地两侧道路斜交；(b)基地位于路北

五、符合建筑美学原则

在建筑体型和立面设计中，除了要从功能要求，技术经济条件以及总体规划和基地环境等因素考虑外，还要符合一些建筑美学原则。建筑造型设计中的美学原则，是指建筑构图中的一些基本规律，如统一、均衡、稳定、对比、韵律、比例、尺度等。不同时代、不同地区、不同民族，尽管建筑形式千差万别，尽管人们的审美观各不相同，但这些建筑美的法则都是一致的，都是人们在长期的建筑创作历史发展中的总结。建筑构图规律既是指导建筑造型设计的原则，又是检验建筑造型美与不美的标准，在设计中应遵循这些建筑构图的基本规律，创造出完美的建筑体型与立面。下面将分别介绍建筑构图的一些基本规律。

(一) 统一与变化

统一与变化，即："统一中求变化""变化中求统一"的法则，它是一种形式美的根本规律，广泛适用于建筑以及建筑以外的其他艺术，具有广泛的普遍性和概括性。

任何建筑，无论它的内部空间还是外观形象，都存在着若干统一与变化的因素。如学校建筑的教室、办公室、厕所，旅馆建筑的客房、餐厅、休息厅等，由于功能要求不同，形成空间大小、形状、结构处理等方面的差异。这种差异必然反映到建筑外观形象上，这就是建筑形式变化的一面。同时，这些不同之中又有某些内在的联系，如使用性质不同的房间，在门窗处理、层高开间及装修方面可采取一致的处理方式，这些反映到建筑外观形态上，就是建筑形式统一的一面。在建筑处理上，统一并不仅局限在一栋建筑物的外形上，还必须是外部形象和内部空间以及使用功能的统一；变化则是为了得到整齐、简洁而又不致于单调、呆板的建筑形象。

为了取得建筑处理的和谐统一，可采用以下几种基本手法：

1. 以简单的几何形体求统一

任何简单的几何形体，如球体、正方体、圆柱体、长方体等本身都具有一种必然的统一性，并容易被人们所感受。由这些几何形体所获得的基本建筑形式，各部分之间具有严格的制约关系，给人以肯定、明确和统一的感觉。如某体育建筑，以简单的长方体为基本形体，达到统一、稳定的效果（图 4-14）。

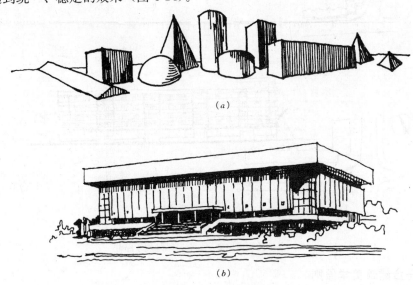

图 4-14 以简单几何形体求统一
(a) 建筑的基本形体；(b) 体育馆

2. 主从分明求统一

复杂体量的建筑，根据功能的要求，常包括有主要部分及附属部分。如果不加以区别对待，都竞相突出自己，或都处于同等重要的地位，不分主次，就会削弱建筑整体的统一，使建筑显得平淡、松散，缺乏表现力。在建筑体型设计中常可运用轴线处理，以低衬高（图 4-15）及体型变化（图 4-16）等手法来突出主体，取得主次分明、完整统一的建筑形象。

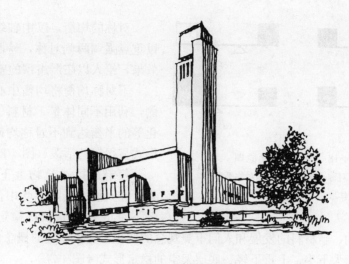

图 4-15 以低衬高

图 4-16 体型变化突出主体

3. 以协调求统一

将一幢建筑物的各部分在形状、尺度、比例、色彩、质感和细部都采用协调处理的手法也可求得统一感。图 4-17 为某公寓建筑，其开间、层高、窗洞、材料是调合统一的，而利用楼梯间错位变化的窗洞，打破了单调感，取得了有机的统一。

(二) 均衡与稳定

建筑由于各体量的大小和高低、材料的质感、色彩的深浅和虚实的变化不同，常表现出不同的轻重感。一般说，体量大的、实体的、材料粗糙及色彩暗的，感觉要重些；体量小的、通透的、材料光洁及色彩明快的，感觉要轻一些。在设计中，要利用、调整好这些因素使建筑形象获得安定、平稳的感觉。

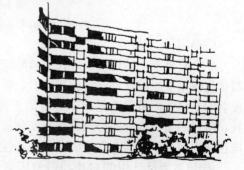

图 4-17 以协调求统一

建筑造型中的均衡是指建筑体型的左右、前后之间保持平衡的一种美学特征，它可给人以安定、平衡和完整的感觉。均衡必须强调均衡中心，图 4-18 中的支点表示均衡中心。均衡中心往往是人们视线停留的地方，因此建筑物的均衡中心位置必须要进行重点处理。根据均衡中心位置的不同，均衡的形式可分为对称均衡和不对称均衡。

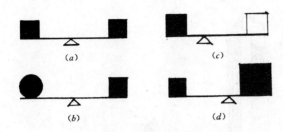

图 4-18 均衡的力学原理
(a) 绝对对称平衡；(b) 基本对称平衡；
(c)、(d) 不对称平衡

对称的均衡，以中轴线为中心，并加以重点强调两侧对称，易取得完整统一的效果，给人以庄严肃穆的感觉（图4-19）。

不对称均衡将均衡中心偏于建筑的一侧，利用不同体量、材料、色彩、虚实变化等的平衡达到不对称均衡的目的，这种形式显得轻巧活泼（图4-20）。

稳定是指建筑物上下之间的轻重关系。在人们的实际感受中，上小下大、上轻下重的处理能获得稳定感（图4-21）。随着现代新结构、新材料的发展和人们审美观念的变化，关于稳定的概念也随之发生了变化，创造出了上大下小、上重下轻、底层架空的稳定形式（图4-22）。

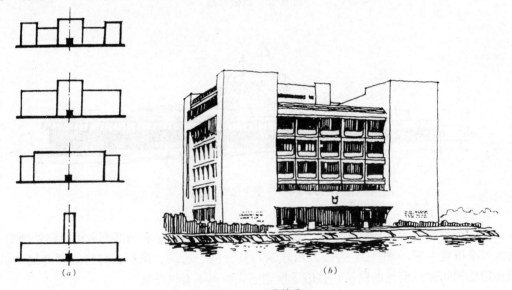

图 4-19 对称均衡
(a) 对称均衡示意；(b) 天津大学建筑系馆

（三）对比与微差

一个有机统一的整体，各种要素除按照一定秩序结合在一起外，必然还有各种差异，对比与微差所指的就是这种差异性。在体型及立面设计中，对比指的是建筑物各部分之间显著的差异，而微差则是指不显著的差异，即微弱的对比。对比可以借助相互之间的烘托、陪衬而突出各自的特点以求得变化；微差可以借彼此之间的连续性以求得协调。只有把这两方面巧妙地结合，才能获得统一性（图4-23）。

建筑造型设计中的对比与微差因素，主要有量的大小、长短、高低、粗细的对比，形的方圆、锐钝的对比，方向对比，虚实对比，色彩、质地、光影对比等。同一因素之间通过对比，相互衬托，就能产生不同的外观效果。对比强烈，则变化大，突出重点；对比小，则变化小，易于取得相互呼应、协调统一的效果。如巴西利亚的国会大厦（图4-24），体型处理运用了竖向的两片板式办公楼与横向体量的政府宫的对比，上院和下院一正一反两个碗状的议会厅的对比，以及整个建筑体型的直与曲、高与低、虚与实的对比，给人留

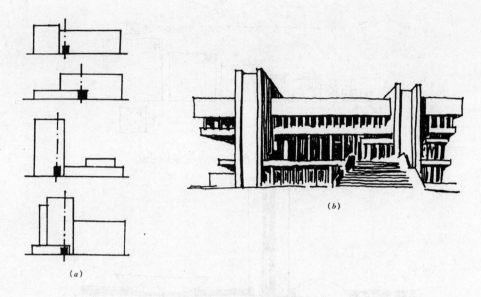

图 4-20 不对称均衡
(a) 不对称均衡；(b) 日本九州大学会堂

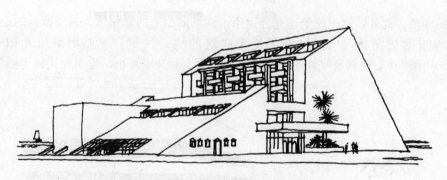

图 4-21 上小下大的稳定构图

图 4-22 上大下小的稳定构图

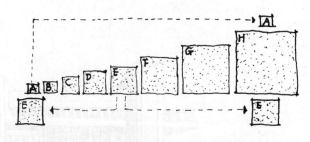

图 4-23 对比与微差——大小关系的变化

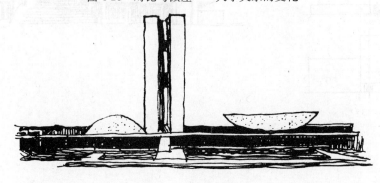

图 4-24 巴西国会大厦

下强烈的印象。此外,这组建筑还充分运用了钢筋混凝土的雕塑感、玻璃窗洞的透明感以及大型坡道的流畅感,从而协调了整个建筑的统一气氛。再如坦桑尼亚国会大厦(图 4-25),由于功能特点及气候条件,实墙面积很大而开窗极小,虚实对比极为强烈。

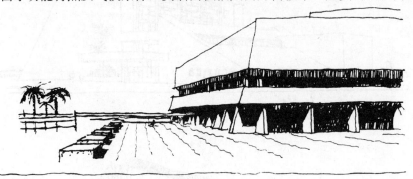

图 4-25 坦桑尼亚国会大厦

(四)韵律

所谓韵律,常指建筑构图中有组织的变化和有规律的重复。变化与重复形成有节奏的韵律感,从而可以给人以美的感受。建筑造型中,常用的韵律手法有连续韵律、渐变韵律、起伏韵律和交错韵律等(图 4-26)。建筑物的体型、门窗、墙柱等的形状、大小、色彩、质感的重复和有组织的变化,都可形成韵律来加强和丰富建筑形象。

1. 连续的韵律

这种手法在建筑构图中,强调一种或几种组成部分的连续运用和重复出现的有组织排列所产生的韵律感。如图 4-27 所示,建筑外观上利用环梁和连续排列的相同折板构件形

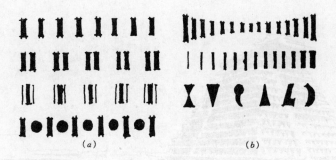

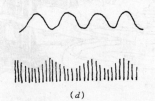

图 4-26 韵律的类型
(a) 连续韵律;(b) 渐变韵律;(c) 交错韵律;(d) 起伏韵律

图 4-27 连续的韵律

成连续的韵律,加强了立面的效果。

2. 渐变的韵律

这种韵律是将某些组成部分,如体量的大小、高低,色彩的冷暖、浓淡,质感的粗细、轻重等,作有规律的增减,以造成统一和谐的韵律感。如图 4-28 所示,建筑体型由下向上逐层缩小,取得渐变的韵律。

3. 交错的韵律

此种韵律是指在建筑构图中,运用各种造型因素,如体型的大小、空间的虚实、细部的疏密等手法,作有规律的纵横交错、相互穿插的处理,形成一种丰富的韵律感。如图 4-29 所示,在立面处理上,利用规则的凹入小窗构成交错的韵律,具有生动的图案效果。

4. 起伏的韵律

这种手法也是将某些组成部分作有规律的增减变化而形成的韵律感,但它与渐变的韵

图 4-28　渐变的韵律

图 4-29　交错的韵律

律有所不同,它是在体型处理中,更加强调某一因素的变化,使体型组合或细部处理高低错落,起伏生动。如图 4-30 所示,某公共建筑屋顶结构,利用筒壳结构高低变化,起伏波动,形成一种起伏的韵律感。

(五) 比例

比例是指长、宽、高三个方向之间的大小关系。所谓推敲比例就是指通过反复比较而寻求出这三者之间最理想的关系。建筑体型中,无论是整体或局部,还是整体与局部之间、局部与局部之间都存在着比例关系。如整幢建筑与单个房间长、宽、高之比,门窗或整个立面的高宽比,立面中的门窗与墙面之比,门窗本身的高宽比等。良好的比例能给人以和谐、完美的感受;反之,比例失调就无法使人产生美感。

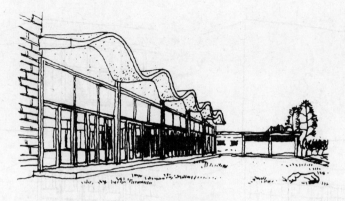

图 4-30 起伏的韵律

在建筑的外观上，矩形最为常见，建筑物的轮廓、门窗、开间等都形成不同的矩形，如果这些矩形的对角线有某种平行或垂直、重合的关系，将有助于形成和谐的比例关系。如图 4-31 所示，以对角线相互重合、垂直及平行的方法，使窗与窗、窗与墙面之间保持相同的比例关系。

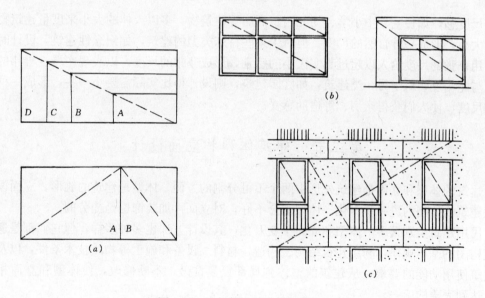

图 4-31 以相似比例求得和谐统一
(a) 对角线相互重合；(b) 对角线相互平行；(c) 对角线相互垂直

（六）尺度

尺度所研究的是建筑物的整体与局部给人感觉上的大小印象和真实大小之间的关系。抽象的几何形体本身并没有尺度感，比例也只是一种相对的尺度，只有通过与人或人所常见的某些建筑构件，如踏步、栏杆、门等或其他参照物，如汽车、家具设备等来作为尺度标准进行比较，才能体现出建筑物的整体或局部的尺度感（图 4-32）。

一般说来，建筑外观给人感觉上的大小印象，应和它的真实大小相一致。如果两者一致则意味着建筑形象正确地反映了建筑物的真实大小；如果不一致，则表明建筑形象歪曲了建筑物的真实大小，失掉了应有的尺度感。对于大多数建筑，在设计中应使其具有真

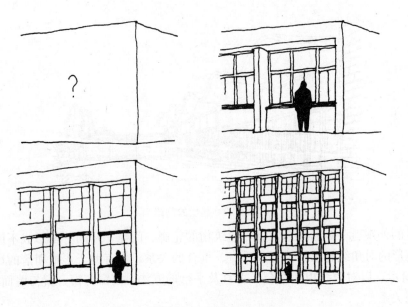

图 4-32 建筑物的尺度感

实的尺度感,如住宅、中小学、幼儿园、商店等建筑物,多以人体的大小来度量建筑物的实际大小,形成一种自然的尺度。但对于某些特殊类型的建筑,如纪念性建筑,设计时往往运用夸张的尺度给人以超过真实大小的感觉,形成夸张的尺度,以表现庄严、雄伟的气氛。与此相反,对于另一类建筑,如庭园建筑,则设计得比实际需要小一些,形成一种亲切的尺度,使人们获得亲切、舒适的感受。

第二节 建筑体型和立面设计

建筑的体型和立面是建筑外形中两个不可分割的方面。体型是建筑的雏形,立面设计则是建筑物体型的进一步深化。体型组合不好,对立面再加装饰也是徒劳的。

民用建筑类别繁多,体型和立面千变万化,其设计方法也多种多样,但它们都是遵循建筑构图的基本规律,利用建筑结构、构造、材料、设备和施工等物质技术条件,以及结合建筑使用功能的要求,从建筑的整体到局部反复推敲,不断修改,使体型和立面相协调,达到完美的统一。

一、建筑体型设计

(一) 建筑体型的组合

不论建筑体型的简单与复杂,它们都是由一些基本的几何形体组合而成,基本上可以归纳为单一体型和组合体型两大类(图 4-33)。设计中,采用哪种形式的体型,并不是按建筑物的规模大小来区别的,如中小型建筑,不一定都是单一体型;大型公共建筑也不一定都是组合体型,而应视具体的功能要求和设计者的意图来确定。

1. 单一体型

所谓单一体型是指整幢房屋基本上是一个比较完整的、简单的几何形体。采用这类体型的建筑,特点是平面和体型都较为完整单一,复杂的内部空间都组合在一个完整的体型中。平面形式多采用对称的正方形、三角形、圆形、多边形、风车形和"Y"形等单一几

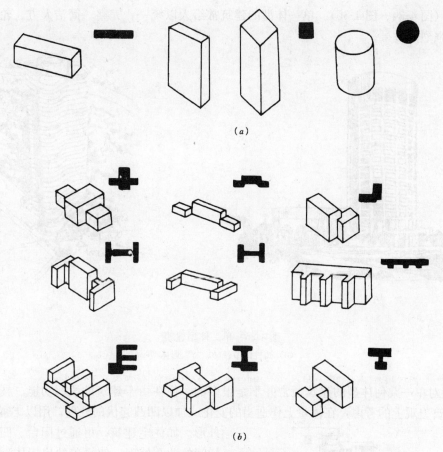

图 4-33 常见外部体型
(a) 单一体型；(b) 组合体型

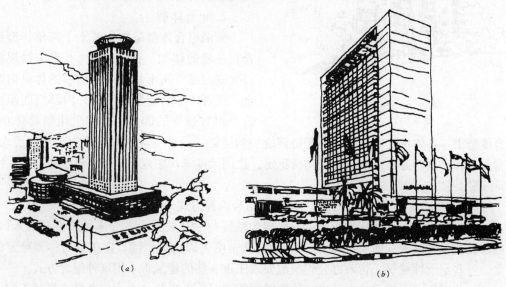

图 4-34 单一长方体体型的建筑
(a) 柱状；(b) 板状

何形状（图 4-34、图 4-35）。单一体型的建筑常给人以统一、完整、简洁大方、轮廓鲜明和印象强烈的效果。

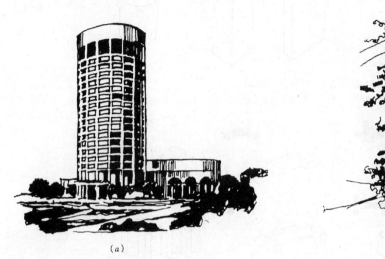
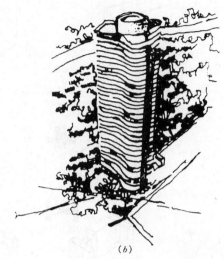

图 4-35　单一体型建筑
(a) 圆柱体型；(b) "Y" 形体型

绝对单一几何体型的建筑通常并不是很多的，往往由于建筑地段、功能、技术等要求或建筑美观上的考虑，在体量上作适当的变化或加以凹凸起伏的处理，用以丰富房屋的外形。如住宅建筑，可通过阳台、凹廊和楼梯间的凹凸处理，使简单的房屋体型产生韵律变化，有时结合一定的地形条件还可按单元处理成前后或高低错落的体型（图 4-36）。

2. 组合体型

所谓组合体型是指由若干个简单体型组合在一起的体型（图 4-37）。当建筑物规模较大或内部空间不易在一个简单的体量内组合，或者由于功能要求需要，内部空间组成若干相对独立的部分时，常采用组合体型。

图 4-36　单元式住宅

组合体型中，各体量之间存在着相互协调统一的问题，设计中应根据建筑内部功能要求、体量大小和形状，遵循统一变化、均衡稳定、比例尺度等构图规律进行体量组合设计（图 4-38～图 4-41）。

组合体型通常有对称的组合和不对称的组合两种方式。

(1) 对称式　对称式体型组合具有明确的轴线与主从关系，主要体量及主要出入口，一般都设在中轴线上（图 4-42）。这种组合方式常给人以比较严谨、庄重、匀称和稳定的感觉。一些纪念性建筑、行政办公建筑或要求庄重一些的建筑常采用这种组合方式。

(2) 非对称式　根据功能要求、地形条件等情况，常将几个大小、高低、形状不同的体量较自由灵活地组合在一起、形成不对称体型（图 4-43）。非对称式的体型组合没有显

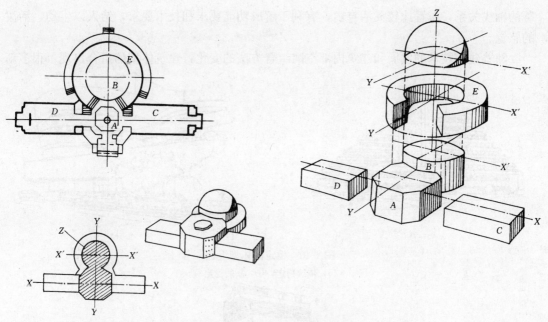

图 4-37 北京天文馆体型组合
A—门厅；B—天象厅；C—展览厅；D—电影厅；E—陈列廊

图 4-38 运用统一规律的体型组合

图 4-39 运用对比规律的体型组合

著的轴线关系，布置比较灵活自由，有利于解决功能要求和技术要求，给人以生动、活泼的感觉。

随着建筑技术的发展和建筑内部空间组合方法的变化，建筑体型的组合出现了很多新

图 4-40　稳定的体型组合
(a) 传统稳定；(b) 新的稳定

图 4-41　主从关系的体型组合

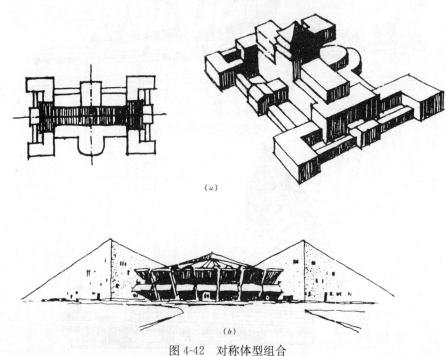

图 4-42　对称体型组合
(a) 中国美术馆；(b) 列宁纳巴德航空港

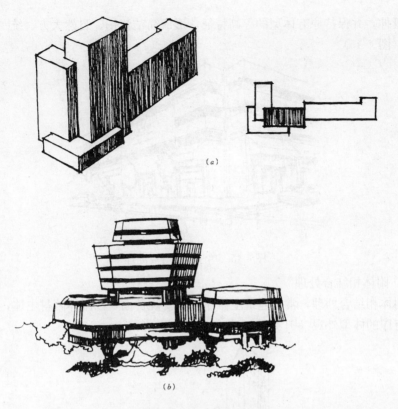

图 4-43 非对称体型组合
(a) 中国民航大楼；(b) 深圳科学馆

的组合形式，使建筑面貌发生了很大变化（图 4-44）。

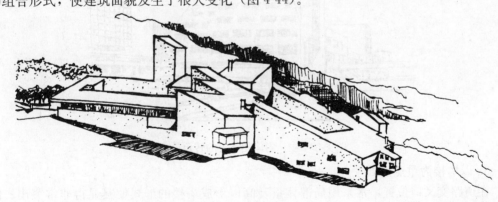

图 4-44 新的体型组合

(二) 建筑体型的转折与转角处理

建筑体型的组合往往也受到特定的地形条件限制，如丁字路口、十字路口或任意角落的转角地带等，设计时应结合地形特点，顺其自然做相应的转折与转角处理，做到与环境相协调。体型的转折与转角处理常采用如下手法：

1. 单一体型等高处理

这种处理手法，一般是顺着自然地形、道路的变化，将单一的几何式建筑体型进行曲折变形和延伸，并保持原有体型的等高特征，形成简洁流畅、自然大方、统一完整的建筑外观体型（图4-45）。

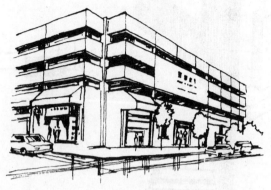

图4-45　单一体型等高处理

2. 主、附体相结合处理

主、附体相结合处理，常把建筑主体作为主要观赏面，以附体陪衬主体，形成主次分明、错落有序的体型外观（图4-46）。

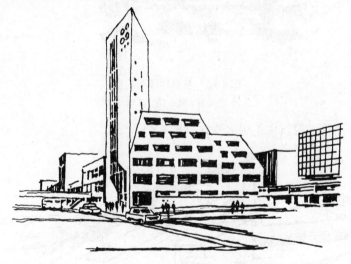

图4-46　主、附体相结合的转角处理

3. 以塔楼为重点的处理

在道路交叉口位置，常采用局部体量升高以形成塔楼的形式使其显得非常突出、醒目，以形成建筑群布局的高潮，控制整个建筑物及周围道路、广场（图4-47）。

除以上几种处理手法外，还有许多种其他的转折与转角处理，如单元体组合的转折、转角处理，高低起伏地形的特殊处理等，在体型组合上更为复杂。应结合具体情况，灵活处理以取得完美的建筑体型。

（三）体量的连接

由不同大小、高低、形状、方向的体量组成的复杂建筑体型，都存在着体量间的联系和交接问题。如果连接不当，对建筑体型的完整性以及建筑使用功能、结构的合理性等都有很大影响。各体量间的连接方式多种多样，组合设计中常采用以下几种方式

(图 4-48)：

1. 直接连接

即不同体量的面直接相连，这种方式具有体型简洁、明快、整体性强的特点，内部空间联系紧密。

2. 咬接

各体量之间相互穿插，体型较复杂，组合紧凑，整体性强，较易获得有机整体的效果。

3. 以走廊或连接体连接

这种方式的特点是各体量间相对独立而又互相联系，体型给人以轻快、舒展的感觉。

图 4-47　高层塔楼

二、建筑立面设计

建筑立面是表示建筑物四周的外部形象，它是由许多部件组成的，如门窗、墙柱、阳台、雨篷、屋顶、檐口、台基、勒脚、花饰等。建筑立面设计就是恰当地确定这些部件的尺寸大小、比例关系、材料质感和色彩等，运用节奏、韵律、虚实对比等构图规律设计出体型完整、形式与内容统一的建筑立面。它是对建筑体型设计的进一步深化。在立面设计中，不能孤立地处理每个面，因为人们观赏建筑时，并不是只观赏某一个立面，而要求的是一种透视效果。应考虑实际空间的效果，使每个立面之间相互协调，形成有机统一的整体。

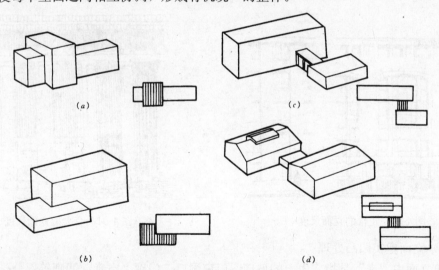

图 4-48　建筑各体量间连接方式
(a) 直接连接；(b) 咬接；(c) 以走廊连接；(d) 以连接体连接

建筑立面设计的步骤，通常先根据初步确定的房屋内部空间组合的平、剖面关系，如建筑的大小、高低、门窗位置等，描绘出建筑各个立面的基本轮廓，然后以此为基础，推敲立面各部分总的比例关系、几个立面之间的统一、相邻立面间的连接和协调，再着重分析各个立面上墙面的处理、门窗的调整安排,最后对入口、门廊、建筑装饰等进一步作重点及细部处理。从整体到局部,从大面到细部,反复推敲逐步深入。

完整的立面设计,并不只是美观问题,它与平、剖面设计一样,同样也有使用要求、结构构造等功能和技术方面的问题。但是从建筑的平、立、剖面来看,立面设计中涉及的造型与构图问题,通常较为突出。下面着重叙述有关建筑美观的一些问题。

(一)立面的比例尺度处理

比例适当和尺度正确,是使立面完整统一的重要方面。立面各部分之间比例以及墙面的划分都必须根据内部功能特点,在体型组合的基础上,考虑结构、构造、材料、施工等因素,仔细推敲、设计与建筑性格相适应的建筑立面、比例效果。图4-49为某住宅立面比例关系,建筑开间、窗面积相同,由于不同的处理,取得了不同的比例效果。

图4-49 某住宅立面比例关系的处理

立面的尺度恰当,可正确反映出建筑物的真实大小,否则便会出现失真现象。建筑立面常借助于门窗、踏步、栏杆等的尺度,反映建筑物的正确尺度感。图4-50为北京火车站候车厅局部立面,层高为一般建筑的2倍,由于采用了拱形大窗,并加以适当划分,从而获得了应有的尺度感。图4-51为人民大会堂立面,采取了夸大尺度的处理手法,使人感到建筑高大、雄伟、肃穆、庄重。

图4-50 正常的立面尺度

图4-51 夸大的立面尺度

(二)立面虚实凹凸处理

建筑立面中"虚"是指立面上的玻璃、门窗洞口、门廊、空廊、凹廊等部分,能给人以轻巧、通透的感觉;"实"是指墙面、柱面、檐口、阳台、栏板等实体部分,给人以封闭、厚重坚实的感觉。根据建筑的功能、结构特点,巧妙地处理好立面的虚实关系,可取得不同的外观形象。以虚为主的手法,可获得轻巧、开朗的感觉,如图4-52;以实为主,则能给人以厚重、坚实的感觉,如图4-53;若采用虚实均匀分布的处理手法,将给人以平静安全的感受,如图4-54。

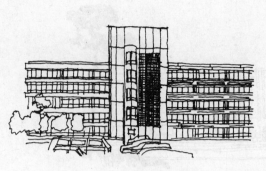
图 4-52 以虚为主的处理

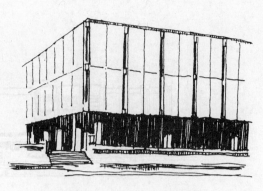
图 4-53 以实为主的处理

图 4-54 虚实均匀的处理

建筑立面上的凸凹部分，如凸出的阳台、雨篷、挑檐、凸柱等，凹进的凹廊、门洞等，通过凹凸关系的处理，可加强光影变化，增强建筑物的体积感，突出重点，丰富立面效果。如住宅中常利用阳台、凹廊来形成凹凸虚实变化（图 4-55）。

（三）立面的线条处理

建筑立面上由于体量的交接，立面的凹凸起伏以及色彩和材料的变化，结构与构造的需要，常形成若干方向不同、大小不等的线条，如水平线、垂直线等。恰当运用这些不同类型的线条，并加以适当的艺术处理，将对建筑立面韵律的组织、比例尺度的权衡带来不同的效果。以水平线条为主的立面，常给人以轻快、舒展、宁静与亲切的感觉（图4-56）；以竖线条为主的立面形式，则给人以挺拔、高耸、庄重、向上的气氛（图 4-57）。

图 4-55 建筑立面凹凸虚实处理

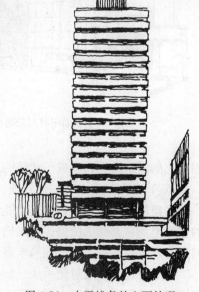
图 4-56 水平线条的立面处理

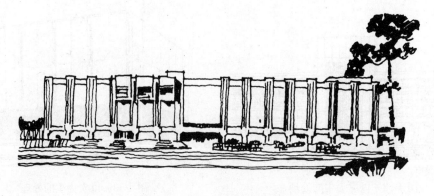

图 4-57 垂直线条的立面处理

（四）立面的色彩与质感处理

色彩和质感都是材料表面的某种属性，建筑物立面的色彩与质感对人的感受影响极大，通过材料色彩和质感的恰当选择和配置，可产生丰富、生动的立面效果。不同的色彩给人以不同的感受，如暖色使人感到热烈、兴奋；冷色使人感到清晰、宁静；浅色给人以明快；深色又使人感到沉稳。运用不同的色彩处理还可以表现出不同的建筑性格、地方特点及民族风格。立面色彩处理中应注意以下问题：

（1）色彩处理要注意和谐统一且富有变化。一般建筑外形可采取大面积基调色为主，局部运用其他色彩形成对比而突出重点。

（2）色彩运用应符合建筑性格。如医院建筑常采用白色或浅色基调，给人以安定感；商业建筑则常用暖色调，以增加热烈气氛。

（3）色彩运用要与环境相协调，与周围相邻建筑、环境气氛相适应。

（4）色彩处理应考虑民族文化传统和地方特色。

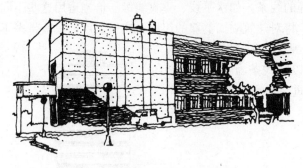

图 4-58 立面中材料质感的处理

建筑立面设计中，材料的运用、质感的处理也是极其重要的。表面的粗糙与光滑都能使人产生不同的心理感受，如粗糙的混凝土和毛石面显得厚重、坚实；光滑平整的面砖、金属及玻璃材料表面，使人感觉轻巧、细腻。立面处理应充分利用材料质感的特性，巧妙处理，有机结合，加强和丰富建筑的表现力。图 4-58 为北京东方歌舞团排练楼，采用材料质感强烈对比的两块墙面，形成了建筑的形象特征。

（五）立面的重点与细部处理

在建筑立面处理中，根据功能和造型需要，对需要引人的注意的一些部位，如建筑物的主要出入口、商店橱窗、房屋檐口等需进行重点处理，以吸引人们的视线，同时也能起到画龙点睛的作用，以增强和丰富建筑立面的艺术处理。

重点处理常采用对比手法。如图 4-59（a）所示，将建筑入口大幅度内凹，与大面积实墙面形成强烈的对比，增加了入口的吸引力。又如图 4-59（b）所示，利用外伸大雨篷

图 4-59　建筑入口重点处理

增强光影、明暗变化起到了醒目的作用。

　　局部和细部都是建筑整体中不可分割的组成部分，如建筑入口一般包括踏步、雨篷、大门、花台等局部，而其中每一部分都包括许多细部的做法。在造型设计上，要首先以大局着手，仔细推敲，精心设计，才能使整体和局部达到完善统一的效果。图 4-60 为建筑立面上的细部处理。

图 4-60　建筑立面的细部处理
(a) 建筑入口；(b) 檐口

第五章 民用建筑构造概论

建筑构造是一门研究建筑物的构成，以及各组成部分的组合原理和构造方法的科学。建筑构造设计是对建筑设计中平面、立面和剖面的继续和深入，提供适用、安全、经济、美观、切实可行的构造措施。因此，建筑构造设计的主要任务就是根据建筑物的使用功能、技术经济、艺术造型等要求，提供合理的构造方案，解决建筑设计中的各种技术问题。

建筑构造组合原理是研究如何使建筑物的构件或配件最大限度地满足使用功能的要求，并根据使用要求进行构造方案设计的理论。构造方法则是在理论指导下，如何运用不同的建筑材料去有机地组成各种构配件，以及构配件之间牢固结合的具体办法。

建筑构造具有很强的实践性和综合性，它涉及到建筑材料、建筑结构、建筑设备、建筑物理、建筑施工等多方面知识。因此，在进行构造设计时，应综合考虑外力、自然气候（风、雨、雪、太阳辐射、冰冻等）和各种人为因素（噪声、撞击、火灾等）的影响，全面、综合地运用有关技术知识，才有可能提出理想的构造方案和可行的构造措施，以满足适用、安全、经济、美观的要求。

第一节 民用建筑的构件组成与作用

一幢建筑物一般由基础、墙和柱、楼层和地层、楼梯、屋顶、门窗等组成，这些组成部分在建筑上通常被称为构件或配件。它们处在不同的位置，有着不同的作用，其中有的起承重作用，确保建筑物的安全；有的起围护作用，保证建筑物的正常使用和耐久性；而有些构件既有承重作用又有围护作用（图 5-1）。

基础： 基础是建筑物最下部的承重构件。它埋在地下，承受建筑物的全部荷载，并把这些荷载传给地基。因此，基础必须具有足够的强度和稳定性，并能抵御地下水、冰冻等各种有害因素的侵蚀。

墙和柱： 在建筑物基础的上部是墙或柱。墙和柱都是建筑物的竖向承重构件，是建筑物的重要组成部分。墙的作用主要是承重、围护和分隔空间。作为承重构件，它承受着屋顶和楼板层等传

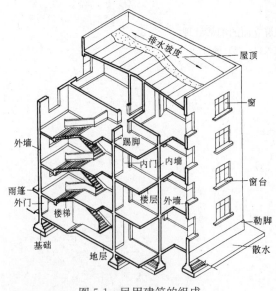

图 5-1 民用建筑的组成

来的荷载，并把这些荷载传给基础。作为围护构件，外墙抵御自然界各种因素对室内的侵袭，内墙起着分隔空间的作用。因此，对墙体的要求根据其功能的不同，分别应具有足够的强度和稳定性，以及保温、隔热、隔声、防火、防水等能力。

为了扩大建筑空间，提高空间的灵活性，以及结构的需要，有时用柱来代替墙体作为建筑物的竖向承重构件。因此，柱必须具有足够的强度和稳定性。

楼层和地层： 在墙或柱上架梁、搁板即形成楼层。楼层即楼板层，它是楼房建筑中水平方向的承重构件，并在竖向将整幢建筑物按层高划分为若干部分。楼层承受家具、设备和人体等荷载以及本身的自重，并把这些荷载传给墙和柱。同时，楼层还对墙身起水平支撑作用，增强建筑的刚度和整体性。因此，楼板层必须具有足够的强度和刚度，以及隔声能力，对经常遇水的房间还应有防潮和防水的能力。

地层，又称地坪，它是底层空间与土壤之间的分隔构件，它承受底层房间的使用荷载。因此，作为地层应有一定的承载能力，还应具有防潮、防水和保温的能力。

楼梯： 楼梯是楼房建筑中的垂直交通设施，供人和物上下楼层和紧急疏散之用。因此，楼梯应有适当的坡度、足够的通行宽度和疏散能力，同时还要满足防火、防滑等要求。

屋顶： 屋顶是建筑物最上部的承重和围护构件。作为承重构件，它承受着建筑物顶部的各种荷载，并将荷载传给墙或柱。作为围护构件，它抵御着自然界中雨、雪、太阳辐射等对建筑物顶层房间的影响。因此，屋顶应具有足够的强度和刚度，并要有防水、保温、隔热等能力。

门窗： 门和窗都是建筑物的非承重构件。门的作用主要是供人们出入和分隔空间，有时也兼有采光和通风作用。窗的作用主要是采光和通风，有时也有挡风、避雨等围护作用。根据建筑使用空间的要求不同，门和窗还应有一定的保温、隔声、防火、防风沙等能力。

建筑物中，除了以上基本组成构件以外，还有许多为人们使用或建筑物本身所必须的其他构件和设施，例如：烟道、垃圾井、阳台、雨篷、台阶等。

第二节 建筑的保温与隔热

建筑的保温与隔热是建筑设计的重要内容之一。寒冷地区的建筑物要考虑保温，炎热地区的建筑物则需隔热。另外，在其他地区有空调要求的建筑，如宾馆、实验室、医院用房等也要考虑建筑的保温与隔热问题。

一、建筑保温

寒冷地区的冬季，室内温度高于室外，热量总是通过各种方式从高温一侧向低温一侧传递，使室内热量减少，温度降低（图5-2）。为保证室内有一个稳定、舒适的温度，就必须通过采暖或空调来补充热量，使供热和散热达到平衡。建筑保温构造设计是保证建筑保温质量和合理使用投资的重要环节。合理的构造设计，不仅能保证建筑物的使用质量和耐久性能，而

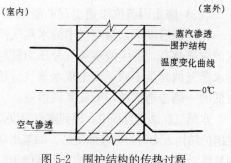

图 5-2 围护结构的传热过程

且能节约能源，降低采暖、空调设备的投资，以及使用中的维修和管理费用。

热量通过围护构件从高温一侧向低温一侧传递过程中遇到的阻力，称为热阻。其单位是：$m^2 \cdot K/W$，对单一材料的热阻（R），它与材料的厚度（δ）和材料的导热系数（λ）有关。导热系数是指在稳态条件下，1m 厚的物体，两侧表面温差为 1K，1s 内通过 $1m^2$ 面积传递的热量。它们之间的关系是：$R=\delta/\lambda$。对由两种以上材料组成的围护结构，其总传热阻为各层材料的热阻之和，即 $R_0=R_1+R_2+\cdots+R_n$。传热阻 R_0 越大，围护构件传出的热量就越少，保温能力就越好；反之，传热阻小，热量损失就多，保温能力差。因此，对有保温要求的围护结构，必须提高其传热阻，减少热量损失，通常可采取以下措施：

（一）增加围护结构的厚度

由 $R=\delta/\lambda$ 可以看出，围护结构的热阻与其厚度成正比，增加厚度，可以提高围护结构的热阻。但增加厚度要增加结构自身的重量，增加材料用量，增加结构占用的面积。

（二）选用导热系数小的材料

要增加围护结构的热阻，选用导热系数小的材料，是行之有效的措施。如选用轻质混凝土、膨胀珍珠岩、膨胀蛭石、泡沫塑料、岩棉、玻璃棉等。工程中有单一材料保温构造和复合保温构造之分。

单一材料的保温构造比较简单，施工方便，如轻质混凝土等材料，它们具有密度轻、导热系数较小、有一定强度和耐久性的特点，是较为理想的保温材料。但是，大多数导热系数小的材料，自身强度低，承载能力差，难以同时完成保温和承重双重任务，而需要采用多层材料的复合保温构造。用导热系数小的轻质材料起保温作用，用强度高的材料负责承重，让不同性质的材料各自发挥其功能（图 5-3）。

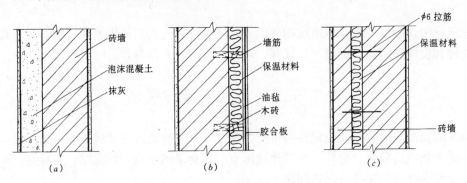

图 5-3 复合保温墙构造示意

（三）防止因蒸汽渗透出现的凝结水

在一定温度下，湿空气中的水蒸气产生的压力，称为水蒸气分压力。温度越高，水蒸气的含量越高，产生的水蒸气分压力就越大。在冬季，室内温度高于室外，围护结构两侧的水蒸气的含量不同，而出现水蒸气分压力差，这时，水蒸气分子便从压力高的一侧向压力低的一侧渗透扩散，形成蒸汽渗透。

水蒸气在渗透过程中，遇到露点温度就会凝结成水，称为凝聚水，也称结露。当蒸汽凝结在围护结构表面时，称表面凝结。如果出现在围护结构内部，则称内部凝结。表面凝结会使室内装修变质破坏，严重时影响到人体健康。内部凝结会使保温材料的空隙中充水，从而降低保温能力和影响材料的使用寿命。因此，设计中必须重视蒸汽渗透和内部凝结问题。

为防止内部凝结，常在保温层靠高温一侧，即蒸汽渗入的一侧，加设一道隔蒸汽层。隔蒸汽材料常用沥青、卷材、隔汽涂料等防水材料。其做法如图 5-4 所示。

（四）防止空气渗透

当围护结构两侧出现压力差时，空气便从高压一侧通过围护结构流向低压一侧，这种现象称为空气渗透。空气渗透可由室内外温差（热压）引起，也可由风压引起。热空气由室内流向室外，造成热量损失，风压则使冷空气向室内渗透，使室内变冷。为避免因空气渗透引

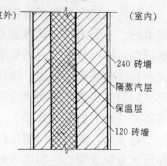

图 5-4　隔蒸汽措施

起的热量损失，应减少和密实围护结构中的缝隙，如砌墙的砂浆应饱满，门窗的制作和安装采取密实措施等。

（五）避免热桥造成的热损失

出于结构需要，外围护结构中常存在一些导热系数大的构件。如在砖墙中存在的钢筋混凝土柱、梁等，这些部分的保温能力差，热量损失严重，它的内表面温度要比主体部分低，这些保温性能差的部分，通常称为"热桥"。

在严寒地区，为防止热桥部位散热过多或内表面出现凝聚水，应采取局部保温措施，如图 5-5 所示。

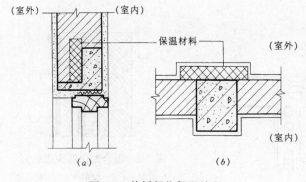

图 5-5　热桥部位保温处理
(a) 过梁部分；(b) 柱子部分

二、建筑隔热

炎热地区的夏季，太阳的热辐射强烈，围护结构的隔热能力直接影响室内的气候条件，室内过热，将影响人们正常的工作、生活以及人体健康。在设计中除加强自然通风外，往往对围护结构作隔热处理，一般采取以下措施：

（1）做浅色且平滑的外表面，增加反射，减少围护结构对太阳辐射热的吸收。

（2）外围护结构内部设置通风间层，利用风压和热压的作用，间层内空气不停地进行热交换，从而降低室内温度。

（3）窗洞口上部加设遮阳措施，避免太阳光直接射入室内。

第三节　建　筑　节　能

一、建筑节能的意义

建筑能耗包括直接能耗（即日常使用能耗）和间接能耗（建筑制品的生产、运输、施工安装过程的能耗）。我国建筑的能耗量大面广，约占全国总能耗的 30%～40%，是耗能大户。而且，随着城乡建设的不断发展，以及人民生活水平的提高，建筑能耗将日益增

加。因此，建筑节能是整体节能工作的重点。

目前，建筑节能成为世界建筑界共同关注的课题，并由此形成关于"建筑节能"定义的争论，一般来讲，其概念有三个基本层次：最初仅强调"节能"，即为了达到节能的目标可以牺牲部分热舒适的要求；后来强调"在建筑中保持能源"，即减少建筑中能量的散失；目前较普遍的称为"提高建筑中的能源利用效率"，即积极主动的高效用能。我国建筑界对第三层次的节能概念有较一致的看法，即在建筑中合理地使用和有效地利用能源，不断提高能源的利用效率。

近年来，随着我国国民经济的迅速发展，国家对环境保护、节约能源、改善居住条件等问题愈加重视，法制逐步健全，相应制定了多项技术法规和标准规范，如：《采暖通风与空气调节设计规范》GBJ 19—87；《民用建筑热工设计规范》GB 50176—93；《民用建筑节能设计标准（采暖居住建筑部分）》JGJ 26—95等等。这些标准规范的颁布实施，对于改善环境、节约能源、提高投资的经济和社会效益，起到了重要作用。

二、建筑节能技术措施

（一）墙体节能技术

根据地方气候特点及房间使用性质，外墙可以采用的保温构造方案是多种多样的，大致可分为以下几种类型：

1. 单设保温层（图5-6）
2. 封闭空气间层保温
3. 保温与承重相结合（图5-7）
4. 混合型构造（图5-8）

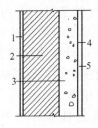

图5-6 单设保温层构造示例
1—外粉刷；2—砖砌体；3—保温层；4—隔汽层；5—内粉刷

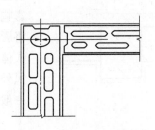

图5-7 空心砖砌块保温与承重结合构造示例

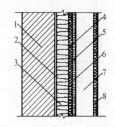

图5-8 混合型保温构造示例
1—混凝土；2—胶粘剂；3—聚氨酯泡沫塑料；4—木纤维板；5—塑料薄膜；6—铝箔纸板；7—空气间层；8—胶合板涂油漆

（二）屋面节能技术

屋面的节能措施是多种多样的，它与建筑屋顶的构造形势和保温隔热材料性质有关。节能屋面形式通常有实体材料层节能屋面、通风保温隔热屋面、植被屋面和蓄水屋面等。在大量性民用建筑当中，实体材料层保温隔热屋面又可分为一般保温隔热屋面和倒置式屋面。

（三）门窗节能技术

玻璃门窗不仅传热量大，而且由于其热阻远小于其他围护结构，造成冬季窗户表面温度过低，对靠近门窗口的人体进行冷辐射，形成"辐射吹风感"，严重地影响室内热环境的舒适。就建筑设计而言，门窗的保温设计主要从控制窗墙面积比、提高气密性减少冷风渗透、提高窗户的保温能力几个方面考虑。

第六章 基础与地下室

在建筑工程中，位于建筑的最下部位，直接作用于土层上并埋入地下的承重构件称为基础。基础下面支承建筑总荷载的那部分土层称为地基。

第一节 地基与基础概述

一、地基与基础的关系

基础是建筑物的重要组成部分，它承受建筑物的全部荷载，并将它们传给地基。而地基则不是建筑物的组成部分，它只是承受建筑物荷载的土壤层。

建筑物的全部荷载是通过基础传给地基的。地基承受荷载的能力有一定的限度，地基每平方米所能承受的最大压力，称为地基允许承载力（也叫地耐力）。允许承载力主要应根据地基本身土的特性确定，同时也与建筑物的结构构造和使用要求等因素有一定的关系。当基础对地基的压力超过允许承载力时，地基将出现较大的沉降变形，甚至地基土层会滑动挤出而破坏。为了保证房屋的稳定和安全，必须满足基础底面的平均压力不超过地基承载力。地基承受由基础传来的压力是由上部结构至基础顶面的竖向力和基础自重及基础上部土层组成。而全部荷载是通过基础的底面传给地基的。因此，当荷载一定时，加大基础底面积可以减少单位面积地基上所受到的压力。如以 f 表示地基承载力，N 代表建筑的总荷载，A 代表基础的底面积，则可列出如下关系式：

$$A \geq \frac{N}{f}$$

从上式可以看出，当地基承载力不变时，建筑总荷载愈大，基础底面积也要求愈大。或者说，当建筑总荷载不变时，地基承载力愈小，基础底面积将愈大。在建筑设计中，要根据总荷载和建筑地点的地基承载力确定基础底面积。

二、地基的分类

地基按土层性质不同分为天然地基和人工地基两大类。

天然地基是指具有足够承载能力的天然土层，可以直接在天然土层上建造基础。岩石、碎石、砂石、黏性土等，一般均可作为天然地基。人工地基是指天然土层的承载力不能满足荷载要求，即不能在这样的土层上直接建造基础，必须对这种土层进行人工加固以提高它的承载力。进行人工加固的地基叫做人工地基。人工地基较天然地基费工费料，造价较高，只有在天然土层承载力差、建筑总荷载大的情况下方可采用。

三、地基与基础的设计要求

（一）地基承载能力和均匀程度的要求

建筑物的建造地址尽可能选在地基土的地耐力较高且分布均匀的地段，如岩石类、碎石类等。若地基土质不均匀，会给基础设计增加困难。若处理不当将会使建筑物发生不均匀沉降，而引起墙身开裂，甚至影响建筑物的使用。

（二）地基强度和耐久性的要求

基础是建筑物的重要承重构件，它对整个建筑的安全起着保证作用。因此，基础所用的材料必须具有足够的强度，才能保证基础能够承担建筑物的荷载并传递给地基。

基础是埋在地下的隐蔽工程，由于它在土中经常受潮，而且建成后检查和加固也很困难，所以在选择基础的材料和构造形式等问题时，应与上部结构的耐久性相适应。

（三）基础工程应注意经济问题

基础工程约占建筑总造价的10%～40%，降低基础工程的投资是降低工程总投资的重要因素。因此，在设计中应选择较好的土质地段，对需要特殊处理的地基和基础，尽量使用地方材料，并采用恰当的形式及构造方法，从而节省工程投资。

四、基础的埋置深度

（一）基础埋置深度的定义

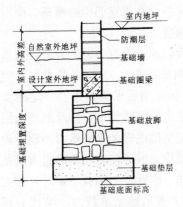

图6-1 基础埋置深度

基础埋深是从室外地坪算起的。室外地坪分自然地坪和设计地坪，自然地坪是指施工地段的现有地坪，而设计地坪是指按设计要求工程竣工后室外场地经垫起或干挖后的地坪。基础埋置深度是指设计室外地坪到基础底面的距离（图6-1）。

根据基础埋置深度的不同，基础分为浅基础和深基础。一般情况下，基础埋置深度不超过5m时叫浅基础；超过5m的叫深基础。在确定基础的埋深时，应优先选用浅基础。它的特点为：构造简单，施工方便，造价低廉且不需要特殊施工设备。只有在表层土质极弱或总荷载较大或其他特殊情况下，才选用深基础。但基础的埋置深度也不能过小，至少不能小于500mm，因为地基受到建筑荷载作用后可能将四周土挤走，使基础失稳，或地面受到雨水冲刷、机械破坏而导致基础暴露，影响建筑的安全。

（二）基础埋置深度的选择

决定基础埋置深度的因素很多，主要应根据三个方面综合考虑确定，即土层构造情况、地下水位情况和冻结深度情况。

1. 地基土层构造的影响

建筑物必须建造在坚实可靠的地基土层上。根据地基土层分布不同，基础埋深一般有6种典型情况（图6-2）：

（1）地基土质分布均匀时，基础应尽量浅埋，但也不得低于500mm（图6-2a）。

（2）地基土层的上层为软土，厚度在2m以内，下层为好土时，基础应埋在好土层内，此时土方开挖量不大，既可靠又经济（图6-2b）。

（3）地基土层的上层为软土，且高度在2～5m时，荷载小的建筑（低层、轻型）仍可将基础埋在软土内，但应加强上部结构的整体性，并增大基础底面积。若建筑总荷载较大（高层、重型）时，则应将基础埋在好土上（图6-2c）。

（4）地基土层的上层软土厚度大于5m时，对于建筑总荷载较小的建筑，应尽量利用表层的软弱土层为地基，将基础埋在软土内。必要时应加强上部结构，增大基础底面积或

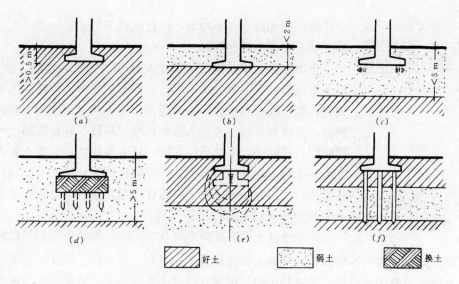

图 6-2 基础埋深与土质关系

进行人工加固。否则,是采用人工地基还是把基础埋至好土层内,应进行经济比较后确定(图 6-2d)。

(5) 地基土层的上层为好土,下层为软土,此时,应力争把基础埋在好土里,适当提高基础底面,以有足够厚度的持力层,并验算下卧层的应力和应变,确保建筑的安全(图 6-2e)。

(6) 地基土层由好土和软土交替组成,低层轻型建筑应尽可能将基础埋在好土内;总荷载大的建筑可采用打端承桩穿过软土层,也可将基础深埋到下层好土中,两方案可经技术经济比较后选定(图 6-2f)。

2. 地下水位的影响

地基土含水量的大小对承载力影响很大,所以地下水位高低直接影响地基承载力。如粘性土遇水后,因含水量增加,体积膨胀,使土的承载力下降。而含有侵蚀性物质的地下水,对基础会产生腐蚀。故建筑物的基础应争取埋置在地下水位以上(图 6-3a)。

当地下水位很高,基础不能埋置在地下水位以上时,应将基础底面埋置在最低地下水位 200mm 以下,不应使基础底面处于地下水位变化的范围之内,从而减少和避免地下水的浮力和影响等(图 6-3b)。

埋在地下水位以下的基础,其所用材料应具有良好的耐水性能,如选用石材、混凝土等。当地下水含腐蚀性物质时,基础应采取防腐蚀措施。

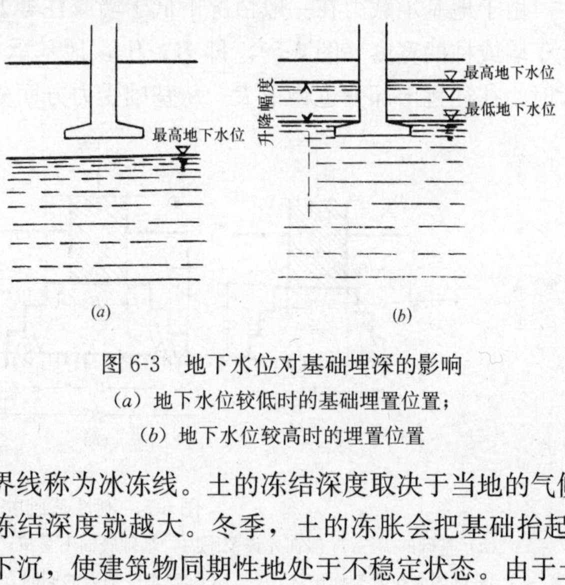

图 6-3 地下水位对基础埋深的影响
(a) 地下水位较低时的基础埋置位置;
(b) 地下水位较高时的埋置位置

3. 土的冻结深度的影响

地面以下的冻结土与非冻结土的分界线称为冰冻线。土的冻结深度取决于当地的气候条件。气温越低,低温持续时间越长,冻结深度就越大。冬季,土的冻胀会把基础抬起;春天,气温回升,土层解冻,基础就会下沉,使建筑物同期性地处于不稳定状态。由于土

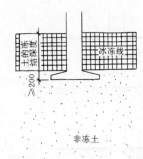

图 6-4 冻土深度对基础埋深的影响

中各处冻结和融化并不均匀，使建筑物产生变形，如发生门窗变形、墙身开裂的情况等。

土壤冻胀现象及其严重程度与地基土的颗粒粗细、含水量、地下水位高低等因素有关。碎石、卵石、粗砂、中砂等土壤颗粒较粗，颗粒间孔隙较大，水的毛细作用不明显，冻而不胀或冻胀轻微，其埋深可以不考虑冻胀的影响。粉砂、轻粉质黏土等土壤颗粒细，孔隙小，毛细作用显著，具有冻胀性，此类土壤称为冻胀土。冻胀土中含水量越大，冻胀就越严重；地下水位越高，冻胀越强烈。因此，如地基土有冻胀现象，基础应埋置在冰冻线以下大约200mm的地方（图6-4）。

严寒地区土的冻结深度可达2～3m，对于低层和荷载较小的建筑，如将基础埋置在冻层以下，势必大幅度提高工作量和工程造价。因此，这类建筑如室内有采暖和自身刚度较好、体量较小时，可将基础埋于冻层内并采取相应的措施。

4. 其他因素对基础埋深的影响

基础的埋深除与地基构造、地下水位、冻结深度等因素有关外，还需考虑周围环境与具体工程特点，如相邻基础的深度、拟建建筑物是否有地下室、设备基础、地下管沟等。

第二节 基础构造

基础的类型很多，主要根据建筑物的结构类型、体量高度、荷载大小、地质水文和地方材料供应等因素来确定。

一、基础的类型

（一）按所用材料及受力特点分类

1. 刚性基础

由于地基承载力在一般情况下低于墙或柱等上部结构的抗压强度，故基础底面宽度要大于墙或柱的宽度（图6-5）。即 $B > B_0$，地基承载力愈小，基础底面宽度愈大。当 B 很大时，往往挑出部分也将很大。从基础受力方面分析，挑出的基础相当于一个悬臂梁，它

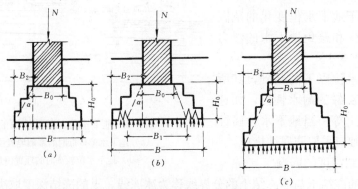

图 6-5 刚性基础的受力特点

(a) 基础的 B_2/H_0 值在允许范围内，基础底面不受拉；(b) 基础宽度加大，B_2/H_0 大于允许范围，基础因受拉开裂而破坏；(c) 在基础宽度加大的同时，增加基础高度，使 B_2/H_0 值在允许范围内

的底面将受拉。当拉应力超过材料的抗拉强度时，基础底面将出现裂缝以至破坏。有些材料，如砖、石、混凝土等，它的抗压强度高，但抗拉抗剪强度却很低，用这些材料建造基础时，为保证基础不被拉力或冲切破坏，基础就必须具有足够的高度。也就是说，对基础的挑出长度 B_2 与高度 H_0 之比（通称宽高比）进行限制，即一般不能超过允许宽高比，详见表 6-1。

在此情况下，宽 B_2 与高 H_0 所夹的角，称为刚性角。

刚性基础台阶宽高比的允许值　　　　　　　　　　　　　　表 6-1

基础材料	质量要求	台阶宽高比的允许值		
		$p_k \leqslant 100$	$100 < p_k \leqslant 200$	$200 < p_k \leqslant 300$
混凝土基础	C15 混凝土	1:1.00	1:1.00	1:1.25
毛石混凝土基础	C15 混凝土	1:1.00	1:1.25	1:1.50
砖基础	砖不低于 MU10、砂浆不低于 M5	1:1.50	1:1.50	1:1.50
毛石基础	砂浆不低于 M5	1:1.25	1:1.50	—
灰土基础	体积比为 3:7 或 2:8 的灰土，其最小干密度：粉土 1.55t/m³　粉质黏土 1.50t/m³　黏土 1.45t/m³	1:1.25	1:1.50	—
三合土基础	体积比 1:2:4～1:3:6（石灰:砂:骨料），每层约虚铺 220mm，夯至 150mm	1:1.50	1:2.00	—

注：1. p_k 为荷载效应标准组合基础底面处的平均压力值（kPa）；
　　2. 阶梯形毛石基础的每阶伸出宽度，不宜大于 200mm；
　　3. 当基础由不同材料叠合组成时，应对接触部分作抗压验算；
　　4. 基础底面处的平均压力值超过 300kPa 的混凝土基础，尚应进行抗剪验算。

凡受刚性角限制的基础称为刚性基础。刚性基础常用于建筑物荷载较小、地基承载能力较好、压缩性较小的地基上，一般用于建造中小型民用建筑以及墙承重的轻型厂房等。

2. 柔性基础

当建筑物的荷载较大，地基承载力较小时，基础底面 B 必须加宽。如果仍采用砖、石、混凝土材料作基础，势必加大基础的深度，这样既增加了土方工作量，又使材料的用量增加，对工期和造价都十分不利。如果在混凝土基础的底部配以钢筋，利用钢筋来承受拉应力（图 6-6），使基础底部能够承受较大的弯矩，这时，基础宽度的加大不受刚性角

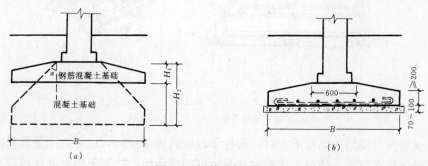

图 6-6　钢筋混凝土基础
（a）混凝土与钢筋混凝土的比较；（b）钢筋混凝土基础

的限制，故称钢筋混凝土基础为柔性基础。

（二）按构造形式分类

1. 独立基础

当建筑物上部采用框架结构或单层排架结构承重，且柱距较大时，基础常采用方形或矩形的单独基础，这种基础称独立基础或柱式基础（图6-7）。独立基础是柱下基础的基本形式，常用的断面形式有阶梯形、锥形、杯形等，其优点是减少土方工程量，便于管道穿过，节约基础材料。但基础与基础之间无构件连接件，整体刚度较差，因此适用于土质均匀、荷载均匀的骨架结构建筑中。

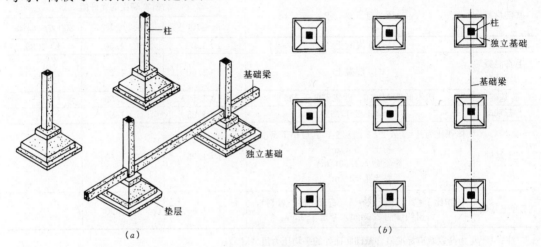

图6-7 柱下独立基础
(a) 示意；(b) 平面

当建筑物上部为承重墙结构，基础要求埋深较大时，也可采用独立基础。其构造方法是墙下设承台梁，梁下每隔3~4m设一柱墩。

2. 条形基础

当建筑物为墙承重结构时，基础沿墙身设置成长条形的基础称为条形基础。这种基础纵向整体性好，可减缓局部不均匀下沉，多用于砖混结构（图6-8）。常选用砖、石、灰土、三合土等材料。

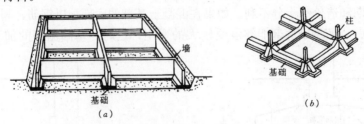

图6-8 条形基础
(a) 墙下条形基础；(b) 柱下条形基础

当建筑物为骨架结构以柱承重时，若柱子较密或地基较弱，也可选用条形基础，将各柱下的基础连接在一起，使整个建筑物具有良好的整体性。柱下条形基础还可以有效地防止不均匀沉降。

3. 井格基础

当地基条件较差或上部荷载较大时，为提高建筑物的整体刚度，避免不均匀沉降，常将独立基础沿纵向和横向连接起来，形成十字交叉的井格基础（图 6-9）。

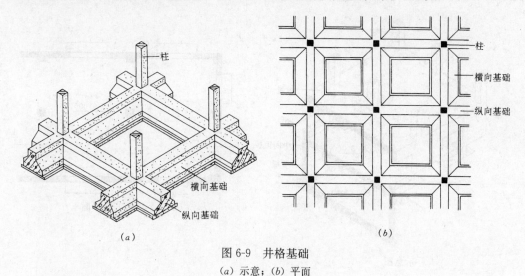

图 6-9 井格基础
(a) 示意；(b) 平面

4. 满堂基础

满堂基础包括筏式基础和箱形基础。

(1) 筏式基础 当上部荷载较大，地基承载力较低，柱下交叉条形基础或墙下条形基础的底面积占建筑物平面面积较大比例时，可考虑选用整片的筏板承受建筑物的荷载并传给地基，这种基础形似筏子，称筏式基础（图 6-10）。

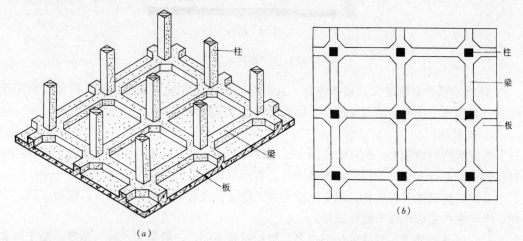

图 6-10 筏式基础
(a) 示意；(b) 平面

筏式基础按结构形式分为板式结构和梁板式结构两类，前者板的厚度较大，构造简单；后者板的厚度较小，但增加了双向梁，构造较复杂。

筏式基础具有减少基底压力，提高地基承载力和调整地基不均匀沉降的能力，广泛应用于地基承载能力较差或上部荷载较大的建筑中。

(2) 箱形基础 当建筑物荷载很大，或浅层地质情况较差，基础需埋深时，为增加建筑物的整体刚度，不致因地基的局部变形影响上部结构时，常采用钢筋混凝土将基础四周的墙、顶板、底板整浇成刚度很大的盒状基础，叫箱形基础（图6-11）。

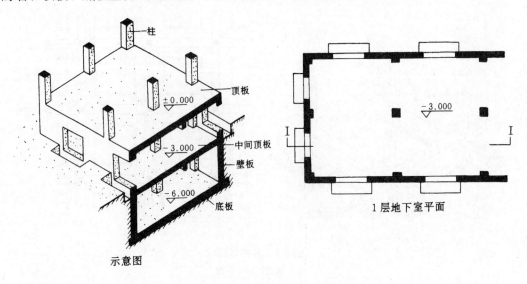

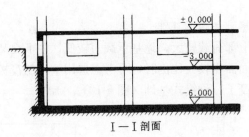

图6-11 箱形基础

箱形基础具有刚度大、整体性好、且内部空间可用作地下室等特点。因此，常用于高层公共建筑、住宅建筑以及需设1层或多层地下室的建筑中。

5. 桩基础

当建筑物荷载较大，地基的软弱土层厚度在5m以上，基础不能埋在软弱土层内，或对软弱土层进行人工处理困难和不经济时，常采用桩基础。

采用桩基础能节省材料，减少挖填土方工程量，改善工人的劳动条件，缩短工期。因此，近年来桩基础采用量逐年增加。

（1）桩基的类型 桩基的种类很多，根据材料不同，一般分为木桩、钢筋混凝土桩和钢桩等；根据断面形式不同分为圆形、方形、环形、六角形及工字形等；根据施工方法不同，分为打入桩，压入桩、振入桩及灌入桩等；根据受力性能不同，又可以分为端承桩和摩擦桩等。

端承桩是将桩尖直接支承在岩石或硬土层上，用桩尖支承建筑物的总荷载并通过桩尖将荷载传给地基。这种桩适用于坚硬土层较浅，荷载较大的工程。

摩擦桩则是用桩挤实软弱土层，靠桩壁与土壤的摩擦力承担总荷载。这种桩适用于坚硬土层较深、总荷载较小的工程（图 6-12）。

（2）桩基的组成　桩基是由桩身和承台梁（或板）组成的（图 6-13）。桩基是按设计的点位将桩身置入土中的，桩的上端灌注钢筋混凝土承台梁，承台梁上接柱或墙体，以便使建筑荷载均匀地传递给桩基。在寒冷地区，承台梁下一般铺设 100～200mm 左右厚的粗砂或焦渣，以防止土壤冻胀引起承台梁的反拱破坏。

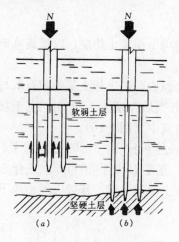

图 6-12　桩基受力类型
(a) 摩擦桩；(b) 端承桩

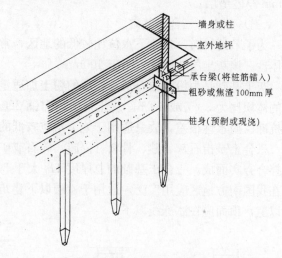

图 6-13　桩基的组成

二、刚性基础构造

刚性基础常采用砖、石、灰土、三合土、混凝土等材料，根据这些材料的力学性质要求，在基础设计时，应严格控制基础的挑出宽度 b 与高度 h 之比，以确保基础底面不产生较大的拉应力。

（一）毛石基础

我国石材产量丰富，毛石基础是由石材和砂浆砌筑而成，由于石材抗压强度高、抗冻、抗水、抗腐蚀性能均较好，同时由于石材之间的连接砂浆也是耐水材料，所以毛石基础可以用于地下水位较高、冻结深度较深的底层或多层民用建筑中。

毛石基础的剖面形式多为阶梯形（图 6-14）。基础顶面要比墙或柱每边宽出 100mm，基础的宽度、每个台阶的高度均不宜小于 400mm，每个台阶挑出的宽度不应大于 200，以确保符合宽高比不大于 1:1.5 或 1:1.25（表 6-1）的限制。当基础底面宽度小于 700mm 时，毛石基础应做成矩形截面。

（二）砖基础

砖基础中的主要材料为普通黏土砖，它具有取材容易、价格低廉、制作方便等特点。由于砖的强

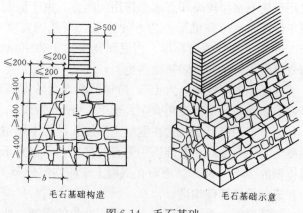

图 6-14　毛石基础

度、耐久性均较差，故砖基础多用于地基土质好、地下水位较低、5层以下的砖混结构建筑中。

砖基础常采用台阶式、逐级向下放大的做法，称之为大放脚。为了满足刚性角的限制，其台阶的宽高比应小于1∶1.5（表6-1）。一般采用每2皮砖挑出1/4砖或每2皮砖挑出1/4砖与每1皮砖挑出1/4砖相间的砌筑方法（图6-15）。砌筑前基槽底面要铺20mm厚砂垫层。

（三）灰土与三合土基础

为了节约材料，在地下水位比较低的地区，常在砖基础下作灰土垫层，以提高基础的整体性。该灰土层的厚度不小于100mm。

灰土基础是由粉状的石灰与松散的粉土加适量水拌合而成，用于灰土基础的石灰与粉土的体积比为3∶7或4∶6，灰土每层均需铺220mm，夯实后厚度为150mm。由于灰土的抗冻、耐水性很差，故只适用于地下水位较低的低层建筑中（图6-16）。

三合土是指石灰、砂、骨料（碎砖、碎石或矿渣），按体积比1∶3∶6或1∶2∶4加水拌合夯实而成。三合土基础的总厚度H_0大于300mm，宽度B大于600mm。三合土基础在我国南方地区应用广泛，适用于4层以下建筑。与灰土基础一样，基础应埋在地下水位以上，顶面应在冰冻线以下。

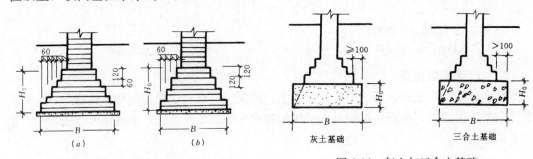

图6-15　砖基础构造
(a) 2皮砖与1皮砖间隔挑出1/4砖；
(b) 2皮砖挑出1/4砖

图6-16　灰土与三合土基础

（四）混凝土基础

混凝土基础具有坚固、耐久、耐腐蚀、耐水等特点，与前几种基础相比刚性角较大，可用于地下水位较高和有冰冻作用的地方。由于混凝土可塑性强、基础的断面形式可以做成矩形、阶梯形和锥形。为方便施工，当基础宽度小于350mm时，多做成矩形；大于350mm时，多作成阶梯形。当底面宽度大于2000mm时，还可以做成锥形，锥形断面能节省混凝土，从而减轻基础自重。

混凝土的刚性角α为45°，阶梯形断面台阶宽高比应小于1∶1或1∶1.5，使得锥形断面的斜面与水平面夹角β应大于45°（图6-17）。

为了节约混凝土，常在混凝土中加入粒径不超过300mm的毛石。这种做法称为毛石混凝土。毛石混凝土基础所用毛石的尺寸，不得大于基础宽度的1/3，毛石的体积一般为总体积的20%～30%。毛石在混凝土中应均匀分布。

三、柔性基础构造

钢筋混凝土柔性基础由于不受刚性角的限制，所以基础可尽量浅埋，这种基础相当于

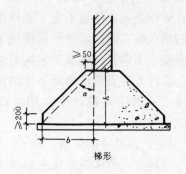 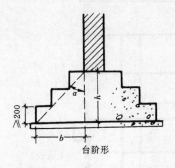

图 6-17　混凝土基础

一个受均布荷载的悬臂梁,所以它的截面高度向外逐渐减少,但最薄处的厚度不应小于 200mm。截面如做成阶梯形,每步高度为 300～500mm。基础中受力钢筋的数量应通过计算确定,但钢筋直径不宜小于 8mm。混凝土的强度等级不宜低于 C15。

为了使基础底面均匀传递对地基的压力,常在基础下部用强度等级为 C7.5 或 C10 的混凝土做垫层,其厚度宜为 60～100mm。有垫层时,钢筋距基础底面的保护层厚度不宜小于 35mm;不设垫层时,钢筋距基础底面不宜小于 70mm,以保护钢筋免遭锈蚀(图 6-18)。

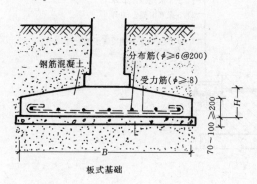 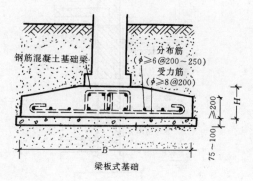

图 6-18　钢筋混凝土基础

第三节　地下室的防潮与防水

建筑物下部的地下使用空间叫地下室,它是在限定的占地面积中争取到的使用空间。高层建筑的基础很深,利用这个深度建造 1 层或多层地下室,既可提高建设用地的利用率,又不需要增加太多投资。适用于设备用房、储藏库房、地下商场、餐厅、车库,以及战备防空等多种用途(图 6-19)。

一、地下室类型

按使用功能分,有普通地下室和防空地下室;按顶板标高位置分,有半地下室和全地下室;按结构材料分,有砖墙地下室和混凝土墙地下室。

二、地下室的防潮与防水构造

由于地下室的墙身,底板长期受到地潮或地下水的浸蚀,由于水的作用,轻则引起室

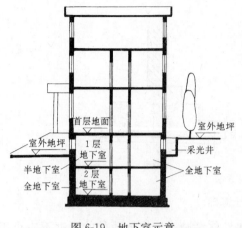

图 6-19 地下室示意

内墙面灰皮脱落，墙面上生霉，影响人体健康；重则进水，使地下室不能使用或影响建筑物的耐久性。因此，如何保证地下室在使用时不受潮、不渗漏，是地下室构造设计的主要任务。设计人员必须根据地下水的情况和工程的要求，对地下室设计采取相应的防潮、防水措施。

（一）地下室的防潮

当地下水的常年水位和最高水位都在地下室地面标高以下时（图 6-20a），仅受到土层中地潮的影响，这时只需做防潮处理。对于砖墙，其构造要求是：墙体必须采用水泥砂浆砌筑，灰缝要饱满；在墙面外侧设垂直防潮层。做法是在墙体外表面先抹一层 20mm 厚的水泥砂浆找平层，再涂一道冷底子油和两道热沥青，然后在防潮层外侧回填低渗透土壤，如粘土、灰土等，并逐层夯实。土层宽 500mm 左右，以防地面雨水或其他地表水的影响。

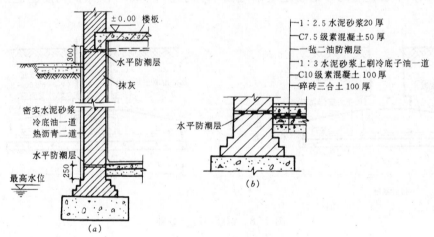

图 6-20 地下室防潮处理
(a) 墙身防潮；(b) 地坪防潮

另外，地下室的所有墙体都必须设两道水平防潮层。一道设在地下室地坪附近（具体位置视地坪构造而定，如图 6-20（b）所示；另一道设置在室外地面散水以上 150～200mm 的位置，以防地下潮气沿地下墙身或勒脚处侵入室内。凡在外墙穿管、接缝等处，均应嵌入油缝防潮。

对于地下室地面，一般主要借助混凝土材料的憎水性能来防潮，但当地下室的防潮要求较高时，其地层也应做防潮处理。一般设在垫层与地面面层之间，且与墙身水平防潮层在同一水平地面上。

当地下室使用要求较高时，可在围护结构内侧加涂防潮涂料，以消除或减少潮气渗入。

（二）地下室防水

当设计最高地下水位高于地下室地面时，地下室的底板和部分外墙将浸在水中。在水的作用下，地下室的外墙受到地下水的侧压力，底板则受到浮力作用，而且地下水位高出地下室地面愈高，侧压力和浮力就越大，渗水也越严重。因此，地下室外墙与底板应做好防水处理。

目前，采用的防水方案有材料防水和自防水两大类。

1. 材料防水

材料防水是在外墙和底板表面敷设防水材料，借材料的高效防水特性阻止水的渗入，常用卷材、涂料和防水水泥砂浆等。

（1）卷材防水能适应结构的微量变形和抵抗地下水的一般化学侵蚀，比较可靠，是一种传统的防水做法。防水卷材有高聚物改性沥青卷材（包括APP塑性卷材和SBS弹性卷材）和合成高分子卷材（如三元乙丙-丁基橡胶防水卷材、氯化聚乙烯-橡塑共混防水卷材等），并采用与卷材相适应的胶结材料胶合而成的防水层。

高分子卷材具有重量轻、使用范围广、抗拉强度高、延伸率大、对基层伸缩或开裂的适用性强等特点，而且是冷作业，施工操作简捷，不污染环境。但目前价格偏高，且不宜用于地下水含矿物油或有机溶液的地方。

高聚物改性沥青卷材具有一定的抗拉强度和延伸性，价格较低，但应采用热熔法施工。防水卷材的铺贴厚度应符合表6-2。

防水卷材厚度 表6-2

防水等级	设防道数	合成高分子防水卷材	高聚物改性沥青防水卷材
1级	三道或三道以上设防	单层：不应小于1.5mm；双层：每层不应小于1.2mm	单层：不应小于4mm；双层每层不应小于3mm
2级	二道设防		
3级	一道设防	不应小于1.5mm	不应小于4mm
	复合设防	不应小于1.2mm	不应小于3mm

按防水材料的铺贴位置不同，分外包防水和内包防水两类。外包防水是将防水材料贴在地下室外墙的迎水面，即外墙的外侧和底板的下面，在外围形成封闭的防水层，防水效果好（图6-21）。内包防水是将防水材料贴于背水一面，其优点是施工简便，便于维修，但防水效果较差，多用于修缮工程。

卷材外包防水构造对地下室地坪的防水处理：先在混凝土垫层上将油毡铺满整个地下室，在其上浇筑细石混凝土或水泥砂浆保护层以便浇筑钢筋混凝土底板。地坪防水油毡须留出足够的长度以便与墙面垂直防水油毡搭接。对墙体的防水处理：先在外墙外面抹20mm厚的1：2.5水泥砂浆找平层，涂刷冷底子油一道，再按一层油毡一层沥青胶顺序粘贴好防水层。油毡须从底板上包上来，沿墙身由下而上连续密封粘贴，在设计水位以上500~1000mm处收头。然后，在防水层外侧砌厚为120mm的保护墙以保护防水层均匀受压，在保护墙与防水层之间缝隙中灌以水泥砂浆。保护墙下干铺油毡一层，并沿其长度方向每隔3~5m设一通高竖向断缝，以保证紧压防水层。

（2）涂料防水系指在施工现场以刷涂、刮涂、滚涂等方法将无定型液态冷涂料在常温下涂敷于地下室结构表面的一种防水做法。目前，涂料以经乳化或改性的沥青材料为主，

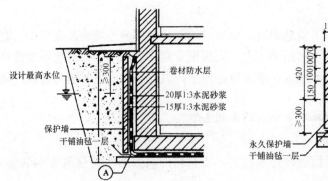 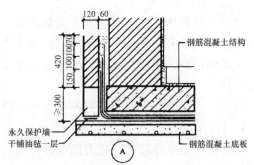

图 6-21　地下室卷材外防水做法

也有用高分子合成材料制成的，固化后的涂料薄膜能防止地下无压水（渗流水、毛细水）及压力不大（水头小于 1.5m）的有压水侵入。一般为多层敷设。为增强防水效果，可夹铺1~2层纤维制品（玻璃纤维、玻璃丝网格布）。涂料的防水质量、耐老化性能均较油毡防水层好，故目前在地下室防水工程中应用广泛。

（3）水泥砂浆防水是采用合格材料，通过严格多层次交替操作形成的多防线整体防水层或掺入适量的防水剂以提高砂浆的密实性。但是由于目前水泥砂浆防水以手工操作为主，质量难以控制，加之砂浆干缩性大，故仅适用于结构刚度大、建筑物变形小、面积小的工程。

2. 混凝土防水

为满足结构和防水的需要，地下室的地坪与墙体材料一般多采用钢筋混凝土。这时，以采用防水混凝土材料为佳。防水混凝土的配制和施工与普通混凝土相同。所不同的是借不同的骨料级配，以提高混凝土的密实性；或在混凝土内掺入一定量的外加剂，以提高混凝土自身的防水性能。骨料级配主要是采用不同粒径的骨料进行配料，同时提高混凝土中水泥砂浆的含量，使砂浆充满于骨料之间，从而堵塞因骨料间直接接触而出现的渗水通道，达到防水目的。

掺外加剂是在混凝土中掺入加气剂或密实剂以提高其抗渗性能。目前，常采用的外加

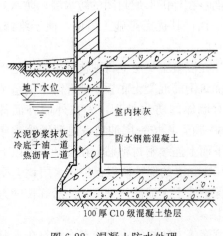

图 6-22　混凝土防水处理

防水剂的主要成分有氯化铝、氯化钙及氯化铁，系淡黄色液体。它掺入混凝土中能与水泥水化过程中的氢氧化钙反应，生成氢氧化铝、氢氧化铁等不溶于水的胶体，并与水泥中的硅酸二钙铝酸三钙合成复盐晶体，这些胶体与晶体填充于混凝土的孔隙内，从而提高其密实性，使混凝土具有良好的防水性能。骨料级配防水混凝土的抗渗等级可达 35MPa；外加剂防水混凝土外墙、底板均不宜太薄。一般外墙厚为 200mm 以上，底板厚应在 150mm 以上，否则会影响抗渗效果。为防止地下水对混凝土的侵蚀，在墙外侧应抹水泥砂浆，然后涂刷沥青（图 6-22）。

第七章 墙 体

第一节 墙的类型与要求

一、墙的类型

墙体的类型如图 7-1 所示。依据墙体在建筑中的位置不同,有外墙和内墙之分。外墙位于建筑物的四周,起分隔室内、室外空间和挡风、阻雨、保温、隔热等作用。内墙是指建筑物内部的墙体,起分隔空间的作用。

墙还有纵墙、横墙之分。沿建筑物长轴方向布置的墙称为纵墙,沿短轴方向布置的墙体称为横墙。外横墙又称为山墙。另外,窗与窗、窗与门之间的墙称为窗间墙;窗洞口下部的墙称为窗下墙;屋顶上部的墙称为女儿墙等。

根据墙的受力情况不同,有承重墙和非承重墙之分。凡直接承受楼板、屋顶等传来荷载的墙为承重墙;不承受这些外来荷载的墙称为非承重墙。

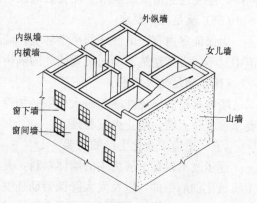

图 7-1 墙的位置和名称

在非承重墙中,虽不承受外来荷载,但承受自身重量。下部有基础的墙称为自承重墙。仅起建筑底部分隔空间作用。自身重量由楼板或梁来承担的墙称为隔墙。框架结构中,填充在柱子之间的墙又称为填充墙。悬挂在建筑物结构外部的轻质外墙称为幕墙,有金属幕、玻璃幕等。幕墙和外填充墙,虽不承受楼板和屋顶的荷载,但承受着风荷载,并把风荷载传递给骨架结构。

按墙体采用的材料不同;有砖墙、石墙、土墙、混凝土墙,以及利用工业废料的各种砌块墙等。砖是传统的建筑材料,应用很广;石墙在产石地区应用,有很好的经济效益,但有一定的局限性;土墙是就地取材、造价低廉的地方性做法,有夯土墙和土坯墙等,目前已较少应用;利用工业废料发展各种墙体材料,是对传统墙体改革的新课题,正进一步研究、推广和应用。

按墙体不同的构造方式,有实体墙、空体墙和复合墙三种。实体墙和空体墙都是由单一材料组砌而成的,空体墙内部的空腔可以靠组砌形成,如空斗墙,也可用本身带孔的材料组合而成,如空心砌块墙等。复合墙是由两种或两种以上材料组成的,目的是为了在满足基本要求的情况下,提高墙体的保温、隔声或其他功能方面的要求。

根据施工方式的不同,墙体分为块材墙、板筑墙和板材墙三种。块材墙是用砂浆等胶结材料将砖、石、混凝土砌块等组砌而成,如实砌砖墙。板筑墙是在施工现场立模板,现浇而成的墙体,如现浇钢筋混凝土墙。板材墙是预先制成墙板,在施工现场安装、拼接而成的墙体，如预制混凝土大板墙。

二、墙的设计要求

因墙体的作用不同，在选择墙体材料和确定构造方案时，应根据墙体的性质和位置，分别满足以下设计要求。

（一）满足强度和稳定性的要求

强度是指墙体承受荷载的能力，它与墙体采用的材料、墙体尺寸、构造和施工方式有关。稳定性与墙的高度、长度和厚度有关。高度和长度是对建筑物的层高、开间或进深尺寸而言的。在墙体设计中，应根据建筑物的层数、层高、房间的大小、荷载的大小等，选择墙体材料经过计算确定厚度以及结构布置方案。

（二）满足保温、隔热等热工方面的要求

作为围护结构的外墙，在寒冷地区要具有良好的保温能力，以减少室内热量的损失，同时，还应避免出现凝聚水。在炎热地区，还应有一定的隔热能力，以防室内过热。

（三）满足隔声要求

为保证室内有一个良好的声学环境，墙体必须具有足够的隔声能力。设计中要满足规范中对不同类型建筑、不同位置墙体的隔声标准要求。

（四）满足防火要求

墙体材料的燃烧性能和耐火极限必须符合防火规范的规定，有些建筑还应按防火规范要求设置防火墙，防止火灾蔓延。

（五）适应工业化生产的需要

逐步改革以黏土砖为主的墙体材料，是建筑工业化的一项内容，可为生产工业化、施工机械化创造条件，以及大大降低劳动强度和提高施工的工效。

此外，还应根据实际情况，考虑墙体的防潮、防水、防射线、防腐蚀及经济等各方面的要求。

第二节 砖 墙

砖墙是由砖和砂浆按一定的规律和砌筑方式合成的砖砌体。砖砌体的抗压强度取决于砖与砂浆的材料强度。

一、砖墙材料

1. 砖 砖按照材料和制作方法不同有烧结普通砖、烧结多孔砖、蒸养（压）灰砂砖等。

（1）烧结普通砖 以黏土、页岩、煤矸石或粉煤灰为原料，经成型、干燥、焙烧而成的无孔洞或孔洞率小于15%的实心砖。分烧结黏土砖、烧结页岩砖、烧结煤矸石砖、烧结粉煤灰砖。砖的标准尺寸为：240mm×115mm×53mm，若加上砌筑灰缝厚约10mm，则4块砖长、8块砖宽或16砖厚均约1m，因此，每立方米砖砌体需砖数4×8×16＝512（块）。砖的外观尺寸允许有一定偏差。砖即具有一定的强度，又因其多孔而具有一定的保温隔热性能，因此大量用来做墙体材料、柱、拱、烟囱、沟道及基础。但其中的实心黏土砖属墙体材料革新中的淘汰产品，正在被多孔砖、空心砖或空心砌块等新型墙体材料所取代。

（2）烧结多孔砖、空心砖　以黏土、页岩、煤矸石为主要原料，经成型、干燥、焙烧而成，大面有孔，孔多而小，孔洞率在15%以上，为烧结多孔砖，如图7-2所示，常用于砌筑6层以下的承重墙。孔洞率在30%以上，也大而少，孔洞平行于大面和条面，与砂浆接合面上有深度为1mm以上的凹线槽，称为烧结空心砖，如图7-3所示。这种砖只能用于非承重墙。目前，多孔砖外形尺寸一般为 240mm×115mm×90mm、240mm×175mm×115mm、240mm×115mm×115mm、190mm×190mm×90mm。多孔砖的强度等级有：MU30、MU25、MU20、MU15、MU10 五个级别。

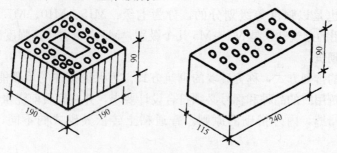

图 7-2　两种烧结多孔砖的外观

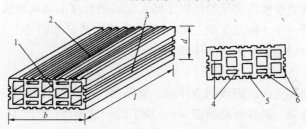

图 7-3　烧结空心砖
1—顶面；2—大面；3—条面；4—肋；5—线槽；6—外壁；
l—长度；b—宽度；d—高度

（3）蒸养（压）砖　以石灰和含硅材料（砂、粉煤灰、煤矸石、炉渣和页岩等）加水拌合，经压制成型，蒸汽养护或蒸压养护而成。

灰砂砖　主要原料为石灰与砂子。其规格与烧结普通砖相同。抗压强度分为MU25、MU20、MU15、MU10 四个强度等级。灰砂砖表面光滑，与砂浆粘结力差。砌筑时应控制砖含水率（7%～12%），宜用混合砂浆。

粉煤灰砖　主要原料为粉煤灰与石灰。强度等级有：MU20、MU15、MU10、MU7.5 四个等级。粉煤灰可用于墙体和基础部分，但用于基础或用于易受冻融和干湿交替作用的部位必须使用一等砖（强度等级不低于 10 级）与优等砖（不低于 15 级）。不得用于长期受热 200℃以上部位，受急冷急热和有酸性介质侵蚀的部位。

炉渣砖　呈黑灰色。强度等级有：MU20、MU15、MU10 三个等级。可用于一般建筑物的内墙和非承重外墙，其他使用要点同灰砂砖与粉煤灰砖。

2. 砂浆

砂浆是砌块的胶结材料。砖块需经砂浆砌筑成墙体，使它传力均匀，砂浆还起着嵌缝作用，能提高防寒、隔热和隔声的能力。

砌筑墙体常用的砂浆有水泥砂浆、混合砂浆和石灰砂浆。水泥砂浆由水泥、砂加水拌合而成，属水硬性材料，强度高，但可塑性和保水性较差，适合砌筑潮湿环境下的砌体，如地下室、砖基础等。石灰砂浆由石灰膏、砂加水拌合而成。由于石灰膏为塑性掺合料，所以石灰砂浆的可塑性很好，但它的强度较低，且属于气硬性材料，遇水强度即降低，所以适宜砌筑次要的民用建筑的地面以上的砌体。混合砂浆由水泥、石灰膏、砂加水拌合而成。既有较高的强度，也有良好的可塑性和保水性，故民用建筑地面以上砌体中被广泛采用。

砂浆的强度也是以强度等级划分的，分为七级：M15、M10、M7.5、M5、M2.5、M1、M0.4。常用的砌筑砂浆是 M1～M5 几个级别，M5 以上属于高强度砂浆。

二、砖墙的砌筑

砖在墙体中的排列方式，称为砖墙的砌筑方式。为保证砌体的承载能力，以及保温、隔声等要求，砌筑用砖的品种和标号必须符合设计要求，并在砌筑前浇水湿润，砂浆要饱满，并遵守上下错缝，内外搭砌的原则。普通粘土砖依其砌式的不同，可组合成多种墙体。

（一）实砌砖墙

在砌筑中，把垂直于墙面砌筑的砖叫丁砖，把砖的长度沿墙面砌筑的砖叫做顺砖。实体砖墙通常采用一顺一丁、梅花丁或三顺一丁的砌筑方式，如图 7-4（a）、（b）、（c）所示。多层砖混结构中的墙面常采用实体墙。

（二）空斗墙

空斗墙是用普通黏土砖组砌成的空体墙。墙厚为一砖，砌筑方式常用一眠一斗、一眠二斗或一眠多斗，每隔一块斗砖必须砌 1～2 块丁砖。这里所讲的眠砖是指垂直于墙面的平砌砖，斗砖是平行于墙面的侧砌砖，丁砖是垂直于墙面的侧砌砖，如图 7-5（d）所示。

空斗墙自重轻，造价低，可用作 3 层以下民用建筑的承重墙，但以下情况不宜采用：

(1) 土质软弱，且有可能引起不均匀沉降时。
(2) 门窗洞口面积超过墙面积的 50% 以上时。
(3) 建筑物有振动荷载时。
(4) 建筑物处在有抗震要求的地区时。

三、砖墙的厚度

砖墙的厚度除了要满足承载能力、保温、隔热、隔声等方面要求外，还应符合砖的规格。对普通黏土砖墙，其厚度依砖的规格可以有：半砖墙，厚 115mm；1 砖墙，厚 240mm；$1\frac{1}{2}$ 砖墙，厚 365mm；2 砖墙，厚 490mm；以及 3/4 砖墙，厚 178mm，如图 7-5 所示。

四、砖墙的细部构造

（一）门窗过梁

过梁是用来支承门窗洞口上部砌体的重量以及楼板等传来荷载的承重构件，并把这些荷载传给两端的窗间墙。过梁的形式很多，常采用的有以下三种：

1. 砖砌平拱

砖砌平拱是用竖砖砌筑而成的，它利用灰缝上大下小，使砖向两边倾斜，相互挤压形

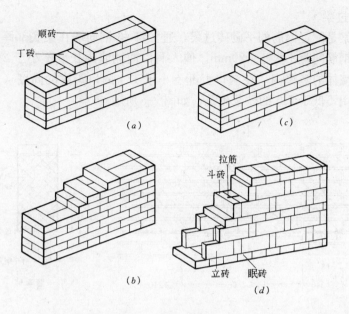

图 7-4 砖墙的砌筑方式
(a) 一顺一丁；(b) 梅花丁；(c) 三顺一丁；(d) 一眠二斗

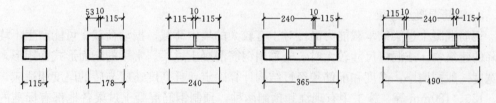

图 7-5 墙厚与砖规格的关系

成拱的作用来承担荷载，如图 7-6 所示。砖砌平拱的高度多为 1 砖，灰缝上部宽度不大于 15mm，下部宽度不应小于 5mm，两端下部伸入墙内 20～30mm，中部起拱高度为洞口跨度的 1/50。

砖砌平拱过梁的优点是不用钢筋，水泥用量少，但洞口跨度一般不超过 1.0m（当拱高为 $1\frac{1}{2}$ 砖时可达 1.4m）。当过梁上有集中荷载或建筑受振动荷载时不宜采用。

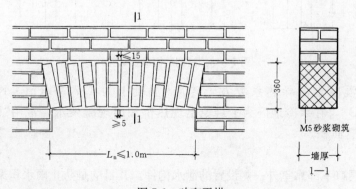

图 7-6 砖砌平拱

2. 钢筋砖过梁

钢筋砖过梁是配置钢筋的平砌砖过梁，通常将 $\phi6$ 钢筋埋在梁底部厚度为 30mm 的水泥砂浆层内。钢筋间距不大于 120mm，伸入洞口两侧墙内长度不小于 240mm，并设 90°直弯钩，埋在墙体的竖缝内。在洞口上部不小于 1/4 洞口跨度的高度（且不应小于 5 皮砖）范围内，用不低于 M5 的砂浆砌筑，如图 7-7 所示。

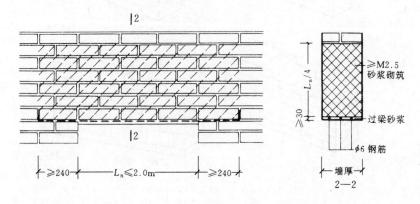

图 7-7　钢筋砖过梁

钢筋砖过梁用于洞口跨度不超过 2m 的清水砖墙上，可获得与建筑立面统一的效果。

3. 钢筋混凝土过梁

钢筋混凝土过梁的承载能力高，对于有较大的集中荷载、振动荷载、可能产生不均匀沉降的建筑物，或洞口尺寸较大时，应采用钢筋混凝土过梁。常用的断面形式为矩形，它的宽度一般同墙厚，高度和配筋须经过结构计算确定，且高度还应与砖的厚度相适应，如 60、120、180mm 等，施工中有现浇和预制两种，预制钢筋混凝土过梁各地都有标准的做法，供设计者选用，如图 7-8 所示。

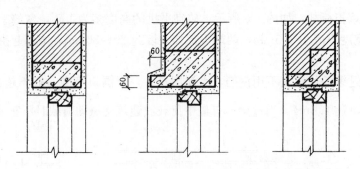

图 7-8　预制钢筋混凝土过梁

由于钢筋混凝土的导热系数大于砖墙[混凝土为 $1.74W/(m·K)$，砖砌体为 $0.81W/(m·K)$]，在寒冷地区为了避免出现热桥和出现凝聚水，常用"L"形过梁，以减少混凝土外露面积。

（二）窗台

窗台是窗洞口下部靠室外一侧设置的泄水构件。其目的是防止雨水积聚在窗下，侵入墙身和向室内渗透。窗台须向外形成一定的坡度，以利排水。

窗台有悬挑和不悬挑两种，悬挑的窗台可以用砖、混凝土板等构成。有时结合室内装修，窗台内部也要作一些处理，如安装水磨石或木窗台板等，如图 7-9 所示。

此外，做窗台排水坡度抹灰时，一定要将灰浆嵌入窗下槛灰口内，以防雨水顺缝渗入室内。

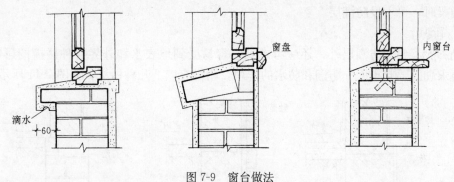

图 7-9　窗台做法

（三）墙脚

墙脚一般是指基础以上，室内地面以下的这段墙体。外墙的墙脚又称勒脚。墙脚所处的位置，常受到地表水和土壤中水的侵蚀，致使墙身受潮，饰面层发霉脱落，影响室内卫生环境和人体健康。因此，在构造上必须采取必要的防护措施。

1. 墙身防潮

墙身防潮的做法是在墙身一定部位铺设防潮层，以防止地表水或土壤中的水对墙身产生不利的影响。

（1）防潮层的位置：当地面垫层采用混凝土等不透水材料时，防潮层的位置应设在地面垫层范围以内，通常在－0.060m 标高处设置。同时，至少要高于室外地坪 150mm，以防雨水溅湿墙身。当地面垫层为碎石等透水材料时，防潮层的位置应平齐或高于室内地面 60mm。当地面出现高差时，应在墙身内设置高低两道水平防潮层，并在靠土壤一侧设垂直防潮层，如图 7-10 所示。

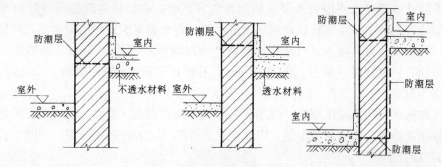

图 7-10　墙身防潮层的位置

（2）防潮层的做法：墙身防潮层一般有卷材防潮层、防水砂浆防潮层和细石钢筋混凝土防潮层等。卷材防潮层具有一定的韧性、延伸性和良好的防潮效果。但由于卷材削弱了上下砖砌体的粘结力，不宜用于有抗震要求的建筑中。防水砂浆防潮层是在 1∶2.5 水泥砂浆中加入 3‰～5‰水泥用量的防水剂制成，厚度通常为 20mm，它克服了卷材防潮层的缺点,但也由于砂浆属刚性材料,易开裂,故不宜用于地基会产生不均匀变形的建筑中。细石钢筋混凝土防潮层,常用60mm厚,内配置钢筋。由于它抗裂性能好,且能与砌体结合在一起,故多用于整体刚度要求较高的建筑中。

如果墙脚采用不透水材料(如混凝土、料石等)组成,或在防潮层位置处有钢筋混凝土地圈梁时,可不设防潮层。

2. 勒脚

勒脚除了要做防潮层外,还应考虑到它容易受到地表水和外界各种碰撞的影响。因此,要求勒脚要起牢固、防潮和防水的作用。勒脚有以下几种做法,如图 7-11 所示。

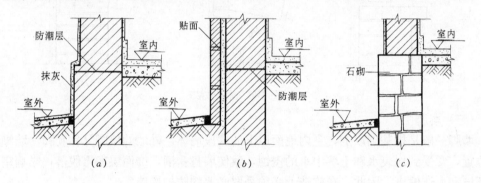

图 7-11 勒脚构造做法
(a) 抹灰;(b) 贴面;(c) 石材砌筑

(1) 对一般建筑,可采用具有一定强度和防水性能的水泥砂浆抹面,如水刷石、斩假石等。

(2) 标准较高的建筑,可在外表面镶贴天然石材或人工石材,如花岗石、水磨石等。

(3) 整个墙脚用强度高,耐久性和防水性好的材料砌筑,如条石、混凝土等(上两种处理也可高至窗台)。

3. 明沟和散水

为了防止屋顶落水或地表水侵入勒脚而危害基础,必须将建筑物周围的积水及时排离。其做法有两种,一是在建筑物四周设排水沟,将水有组织地导向集水井,然后流入排水系统,这种做法称为明沟。二是在建筑物外墙四周做坡度为3‰~5‰的护坡,将积水排离建筑物,护坡宽度一般为600~1000mm,并要比屋顶挑出檐口宽出200mm左右,这种做法称为散水。

明沟和散水可用混凝土现浇,或用砖石等材料铺砌而成。散水与外墙的交接处应设缝分开,并用有弹性的防水材料嵌缝,以防建筑物外墙下沉时将散水拉裂,如图7-12所示。

(四)墙身加固

对多层砖混结构的承重墙,由于砖砌体为脆性材料,其承载能力有限,为了提高抗震能力和承担荷载,需对墙身采取加固措施,以提高墙身的刚度和稳定性,来满足设计要求。

1. 增加壁柱和门垛

当建筑物窗间墙上有集中荷载,而墙厚又不足以承担其荷载时,或墙体的长度,高度超过一定的限度时,常在墙身适当的位置加设凸出于墙面的壁柱,突出尺寸一般为

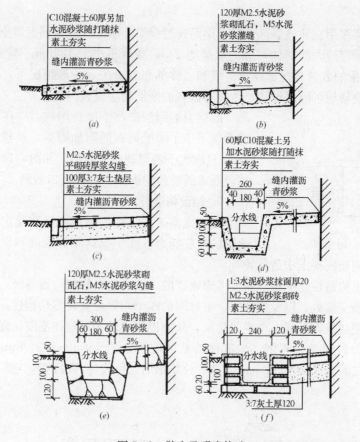

图 7-12 散水及明沟构造

120mm×370mm、240mm×370mm、240mm×490mm 等，如图 7-13（a）所示。

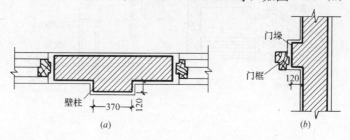

图 7-13 壁柱与门垛
(a) 壁柱；(b) 门垛

当墙上开设的门窗洞口处在两墙转角处，或丁字墙交接处，为了保证墙体的承载能力及稳定性和便于门框的安装，应设门垛，门垛尺寸不应小于 120mm，如图 7-13（b）所示。

2. 设置圈梁

圈梁是沿建筑物外墙四周及部分内墙设置的连续闭合的梁。由于圈梁将楼板箍在一起，可大大提高建筑物的空间刚度和整体性，增强墙体的稳定性，提高建筑物的抗震能力，同时也可减少因地基不均匀沉降而引起的墙身开裂。圈梁有钢筋砖圈梁和钢筋混凝土圈梁两种。

钢筋砖圈梁多用在非抗震区，结合钢筋砖过梁沿外墙形成。钢筋混凝土圈梁其宽度一般同墙厚，对墙厚较大的墙体可分为墙厚的2/3，高度不小于120mm。常见的有180mm和240mm。圈梁的数量与抗震设防等级和墙体的布置有关，一般情况下，檐口和基础处必须设置，其余楼层可隔层设置，防震等级高的则需层层设置。

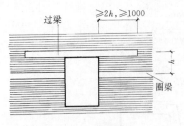

图 7-14 附加圈梁

圈梁当遇到洞口，不能封闭的，应在洞口上部或下部设置不小于圈梁截面的附加圈梁，其搭接长度不小于1m，且应大于两梁高差的2倍，如图7-14所示。但对有抗震要求的建筑物圈梁不宜被洞口截断。

3. 加设构造柱

为了提高砖混结构的整体刚度和稳定性，以增加建筑物的抗震能力，除了提高砌体强度和设置圈梁外，必要时还应加设钢筋混凝土构造柱。

钢筋混凝土构造柱是从构造角度考虑设置的。结合建筑物的防震等级，一般在建筑物的四角，内外墙交接处，以及楼梯间、电梯间的四个角等位置设置构造柱。构造柱应与圈梁紧密连接，使建筑物形成一个空间骨架，从而提高建筑物的整体刚度，提高墙体的应变能力，使建筑物做到裂而不倒。构造柱的截面应不小于180mm×240mm，主筋不小于4φ10，墙与柱之间沿墙高每500mm设2φ6拉结钢筋，每边伸入墙内不小于1m，如图7-15所示。

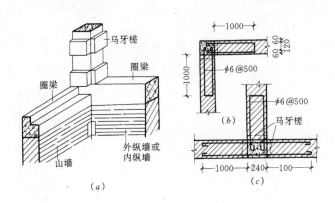

图 7-15 构造柱

(a) 构造柱马牙槎示意；(b)、(c) 墙与柱的拉筋处理

构造柱在施工时，应先砌墙，并留马牙槎，随着墙体的上升，逐段浇注钢筋混凝土构造柱，构造柱混凝土标号一般为C20。

(五) 变形缝

变形缝有伸缩缝、沉降缝、防震缝三种，分别是为了防止温度变化、地基不均匀沉降及地震引起的建筑物裂缝或破坏而设置的。变形缝固然因其功能不同，缝的宽度不同，但构造设计的要点基本相同，即要求在产生位移和变形时不受阻，不被破坏，并不破坏建筑物和建筑饰面层。同时，应根据其部位和需要分别采取防水、防火、保温、防虫害等措施。

1. 伸缩缝

伸缩缝又叫温度缝，是为避免由于温度变化引起材料的热胀、冷缩导致构件开裂，而沿建筑物竖向位置设置的缝隙。伸缩缝要求建筑物的墙体、楼板层、屋顶等地面以上构件全部分开。基础埋在地下，温度变化小，可不分开。

伸缩缝的间距与结构类型和材料有关，砌体建筑伸缩缝最大间距见表7-1，钢筋混凝土结构伸缩缝的最大间距见表7-2中有关规定。

砌体房屋伸缩缝的最大间距（m） 表7-1

屋盖或楼盖类别		间距
整体式或装配整体式钢筋混凝土结构	有保温层或隔热层的屋盖、楼盖	50
	无保温层或隔热层的屋盖	40
装配式无檩体系钢筋混凝土结构	有保温层或隔热层的屋盖、楼盖	60
	无保温层或隔热层的屋盖	50
装配式有檩体系钢筋混凝土结构	有保温层或隔热层的屋盖	75
	无保温层或隔热层的屋盖	60
瓦材屋盖、木屋盖或楼盖、轻钢屋盖		100

注：1. 对烧结普通砖、多孔砖、配筋砌块砌体房屋取表中数值；对石砌体、蒸压灰砂砖、蒸压粉煤灰砖和混凝土砌块房屋取表数值乘以0.8的系数。当有实践经验并采取有效措施时，可不遵守本表规定；
2. 在钢筋混凝土屋面上挂瓦的屋盖应按钢筋混凝土屋盖采用；
3. 按本表设置的墙体伸缩缝，一般不能同时防止由于钢筋混凝土屋盖的温度变形和砌体干缩变形引起的墙体局部裂缝；
4. 层高大于5m的烧结普通砖、多孔砖、配筋砌块砌体结构单层房屋，其伸缩缝间距可按表中数值乘以1.3；
5. 温差较大且变化频繁地区和严寒地区不采暖的房屋及构筑物墙体的伸缩缝的最大间距，应按表中数值予以适当减小；
6. 墙体的伸缩缝应与结构的其他变形缝相重合，在进行立面处理时，必须保证缝隙的伸缩作用。

钢筋混凝土结构伸缩缝最大间距（m） 表7-2

结构类别		室内或土中	露天
排架结构	装配式	100	70
框架结构	装配式	75	50
	现浇式	55	35
剪力墙结构	装配式	65	40
	现浇式	45	30
挡土墙、地下室墙壁等类结构	装配式	40	30
	现浇式	30	20

注：1. 装配整体式结构房屋的伸缩缝间距宜按表中现浇式的数值取用；
2. 框架-剪力墙结构或框架-核心筒结构房屋的伸缩缝间距可根据结构的具体布置情况取表中框架结构与剪力墙结构之间的数值；
3. 当屋面无保温或隔热措施时，框架结构、剪力墙结构的伸缩缝间距宜按表中露天栏的数值取用；
4. 现浇挑檐、雨篷等外露结构的伸缩缝间距不宜大于12m。

墙身伸缩缝按墙厚不同，可做成平缝、错缝或企口缝等形式。为防止外界或其他因素对室内环境的影响，外墙伸缩缝内应填具有防水、防腐蚀的弹性材料，如沥青麻丝、塑料条、橡胶条、金属调节片等。对内墙和外墙内侧的伸缩缝，从室内美观的角度考虑，通常以装饰性木板或金属调节板遮挡。木盖板一边固定在墙上，另一边悬托着，以便于左右变形。外墙伸缩缝的处理如图 7-16 所示，内墙和外墙内侧的变形缝处理如图 7-17 所示。

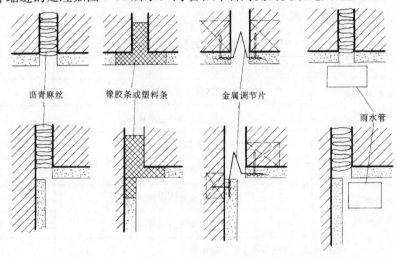

图 7-16　外墙伸缩缝处理

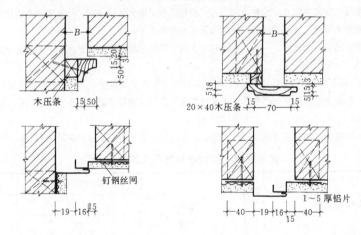

图 7-17　内墙和外墙内侧的变形缝处理

2. 沉降缝

沉降缝是为了防止建筑物各部分由于不均匀沉降引起破坏而设置的缝隙。凡遇到下列情况时，均应考虑设置沉降缝：

(1) 当建筑物建造在不同的地基上，又难以保证不出现不均匀沉降时。

(2) 同一建筑物相邻部分高度相差很大，或荷载相差悬殊，或结构形式不同时。

(3) 相邻基础的结构形式，基础宽度和埋深相差较大时。

(4) 新建建筑物和原有建筑物相连时。

(5) 建筑物平面复杂，高度变化较多，有可能产生不均匀沉降时。

沉降缝是为了满足建筑物各部分不均匀沉降在竖直方向上的自由变形。因此，建筑物从基础到屋顶都要断开，沉降缝的宽度与地基情况和建筑物的高度有关，见表 7-3。

沉降缝宽度　　　　　　　　　　表 7-3

地基性质	建筑物高度（H）或层数	缝宽（mm）
一般地基	$H<5m$	30
	$H=5\sim10m$	50
	$H=10\sim15m$	70
软弱地基	2～3 层	50～80
	4～5 层	80～120
	6 层以上	≥120
湿陷性黄土地基	—	≥30～70

注：沉降缝两侧结构单元层数不同时，由于高层部分的影响，低层结构的倾斜往往很大。因此，沉降缝的宽度应按高层部分的高度确定。

沉降缝可兼有伸缩缝的作用，其构造与伸缩缝基本相同，但外墙沉降缝通常用金属调节板盖缝，并允许建筑物两个独立单元在竖向能自由变形，而不致破坏。沉降缝的做法如图 7-18 所示。

3. 防震缝

防震缝是为了防止建筑物各部分在地震时相互撞击引起破坏而设置的缝隙。通过防震缝将建筑物划分成若干体型简单、结构刚度均匀的独立单元。对以下情况，需考虑设置防震缝：

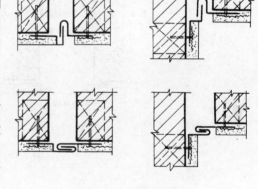

图 7-18　沉降缝构造

（1）建筑平面复杂，有较大突出部分时。
（2）建筑物立面高差在 6m 以上时。
（3）建筑物有错层，且错开距离较大时。
（4）建筑物相邻部分结构刚度、质量相差较大时。

防震缝应沿建筑物全高设置，并用双墙使各部分结构封闭。通常基础可不分开，但对于平面复杂的建筑，或与沉降缝合并考虑时，基础也应分开。

防震缝的宽度应根据建筑物的高度和抗震设计烈度来确定。在多层砖混结构中，一般取 50～70mm，在多层钢筋混凝土框架结构中，建筑物高度在 15m 及 15m 以下时取 70mm，当超过 15m 时：设计烈度 7 度，建筑物每增高 4m，缝宽在 70mm 的基础上增加 20mm；设计烈度 8 度，建筑物每增高 3m，缝宽在 70mm 的基础上增加 20mm；设计烈度 9 度，建筑物每增高 2m，缝宽在 70mm 的基础上增加 20mm。

对高层建筑，由于建筑物高度大，震害也更加严重。总的说是避免设缝。当必须设缝时，则应考虑相邻结构在地震作用下的结构变形，平移所引起的最大侧向位移。根据规范规定，高层建筑防震缝的宽度可按表 7-4 确定。

高层建筑防震缝最小宽度　　　　　表 7-4

结构类型	设防烈度		
	7 度	8 度	9 度
框架结构	$\dfrac{H}{200}$	$\dfrac{H}{120}$	—
框架-剪力墙结构	$\dfrac{H}{250}$	$\dfrac{H}{150}$	$\dfrac{H}{100}$
剪力墙结构	$\dfrac{H}{350}$	$\dfrac{H}{250}$	$\dfrac{H}{150}$

注：表中 H 为相邻结构单元中较低的屋面高度。

　　防震缝的构造要求与伸缩缝相同，但不应做错口或企口缝，如图 7-19 所示。由于防震缝的宽度比较大，构造上更应注意盖缝的牢固、防风、防水等措施。

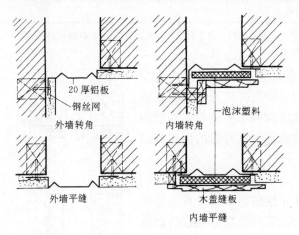

图 7-19　防震缝构造

第三节　隔　墙

　　隔墙是建筑物的非承重构件，起水平方向分隔空间的作用，隔墙自重要轻，并便于拆卸。根据所处的条件不同，还应具有隔声、防水、防火等要求。隔墙按其构造形式分为骨架隔墙、块材隔墙和板材隔墙三种主要类型。

一、骨架隔墙

骨架隔墙又称为立筋式隔墙。它由轻骨架和面层两部分组成。

1. 骨架

骨架的种类很多，常用的是木骨架和型钢骨架。近年来，为了节约木材和钢材，各地出现了不少利用地方材料和工业废料以及轻金属制成的骨架，如石膏骨架、石棉水泥骨架、菱苦土骨架、轻钢和铝合金骨架等。

木骨架是由上槛、下槛、墙筋、横撑或斜撑组成，上、下槛截面尺寸一般为 (40～50)mm×(70～100)mm，墙筋之间沿高度方向每隔 1.2m 左右设一道横撑或斜撑。墙筋间距为 400～600mm，当饰面为抹灰时，取 400mm，饰面为板材时取 500 或 600mm。木骨架具有自重轻、构造简单、便于拆装等优点，但防水、防潮、防火、隔声性能较差，并且耗费大量木材。

轻钢骨架是由各种形式的薄壁型钢加工制成的,也称轻钢龙骨。它具有强度高、刚度大、重量轻、整体性好,易于加工和大批量生产以及防火、防潮性能好等优点。常用的轻钢有 0.6～1.0mm 厚的槽钢和工字钢,截面尺寸一般为 50mm×(50～150)mm×(0.63～0.8)mm。轻钢骨架和木骨架一样,也是由上下槛、墙筋、横撑或斜撑组成。

骨架的安装过程是先用射钉将上、下槛固定在楼板上,然后安装木龙骨或轻钢龙骨(即墙筋和横撑)竖龙骨(墙筋)的间距为 400～600mm。

2. 面层

骨架的面层有抹灰面层和人造板面层,抹灰面层常用木骨架,即传统的板条抹灰隔墙。人造板材可用木骨架或轻钢骨架。隔墙的名称就是依据不同的面层材料而定的。

(1) 板条抹灰隔墙:它是先在木骨架的两侧钉灰板条,然后抹灰。灰板条的尺寸一般为 1200mm×24mm×6mm,板条间留缝 7～10mm,以便让底灰挤入板条间缝背面咬住板条。有时为了使抹灰与板条更好地连接,常将板条间距加大,然后钉上钢丝网,再做抹灰面层,形成钢丝网板条抹灰隔墙,如图 7-20 所示。由于钢丝网变形小,强度高,与砂浆的粘结力大,因而抹灰层不易开裂和脱落,有利于防潮和防火。

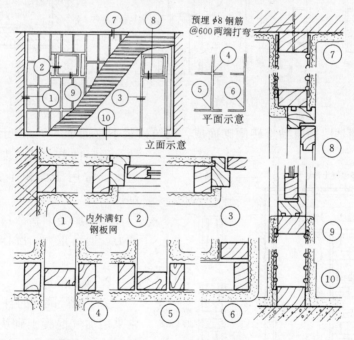

图 7-20 板条抹灰隔墙

(2) 人造板材面层骨架隔墙:它是骨架两侧镶钉胶合板、纤维板、石膏板或其他轻质薄板构成的隔墙,面板可用镀锌螺钉、自攻螺钉或金属夹子固定在骨架上,如图 7-21 所示。为提高隔墙的隔声能力,可在面板间填岩棉等轻质有弹性的材料。

二、块材隔墙

块材隔墙是指用普通黏土砖和各种轻质砌块砌筑的隔墙。

1. 普通砖隔墙

普通砖隔墙有 1/2 砖厚、1/4 砖厚两种。

半砖墙是用普通黏土砖顺砌而成,当砌筑砂浆为 M2.5 时,墙高不宜超过 3.6m,长度不宜超过 5m;当采用 M5 砂浆砌筑时,高度不宜超过 4m,长度不宜超过 6m。顶部与楼板相接处用立砖斜砌,填塞墙与楼板间的空隙。在构造上,为保证墙体的稳定性,隔墙两端应与承重墙牢固连接,并沿墙身高度每隔 1.2m 设一道 30mm 厚水泥砂将层,内放 2ϕ6 钢筋。隔墙上有门时,需预埋木砖、钢件或带有木楔的混凝土预制块,以便固定门框,如图 7-22 所示。

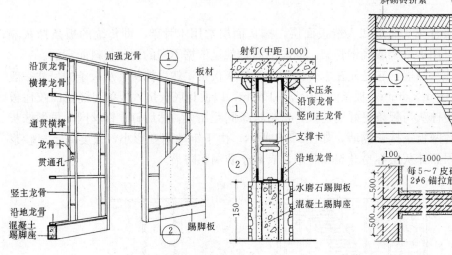

图 7-21 轻钢骨架隔墙

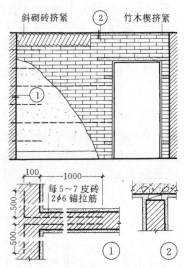

图 7-22 1/2 砖隔墙构造

1/4 砖隔墙是用普通黏土砖侧砌而成,砌筑砂浆不宜低于 M5。由于 1/4 砖墙厚度薄,稳定性差,其高度和长度都不宜过大。常用于面积不大且无门窗的部位。

砖隔墙坚固耐久,有一定的隔声能力,但自重大,湿作业量多,不宜拆装。

2. 砌块隔墙

为了减轻隔墙的自重和节约用砖,常采用加气混凝土砌块、粉煤灰硅酸盐砌块、水泥炉渣空心砖等砌筑隔墙。隔墙的厚度随砌块尺寸而定,一般为 90~120mm。砌块墙重量轻、孔隙率大、隔热性能好,但吸水性强。因此,砌筑时应在墙下砌 3~5 皮黏土砖。砌块墙厚度较薄,也需采取措施,加强其稳定性,砌块墙构造如图 7-23 所示。

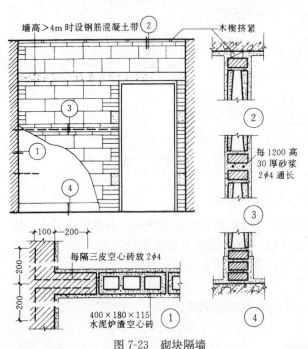

图 7-23 砌块隔墙

三、板材隔墙

板材隔墙常采用的预制条板有加气混凝土条板、碳化石灰板、石膏珍珠岩板以及各种复合板等，为减轻自重常做成空心板。条板厚度大多为 60～100mm，宽度为 600～1000mm，长度略小于房间净高。安装时，条板下部先用小木楔顶紧，然后用细石混凝土堵严，板缝用胶粘剂粘接，并用胶泥刮缝，平整后再做表面装修，如图 7-24 所示。

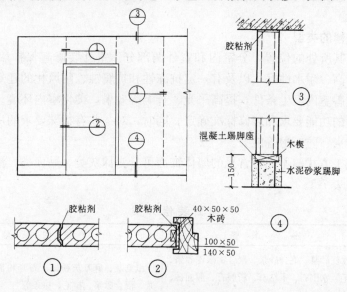

图 7-24 轻质空心条板隔墙

由于板材隔墙采用的是轻质大型板材，施工中直接拼装而不依赖骨架，因此，它具有自重轻、安装方便、施工速度快，工业化程度高的特点。

第四节 墙 体 饰 面

墙体饰面是指墙体工程完成以后，为满足使用功能、耐久及美观等要求，而在墙面进行的装设和修饰层，即墙面装修层。

一、饰面装修的作用

（一）保护墙体，提高墙体的耐久性

建筑物墙体要受到风、雨、雪、太阳辐射等自然因素和各种人为因素的影响。对于常用的砖墙和混凝土墙，由于材料本身存在很多微小空隙，吸水性很强，会使这些影响更为严重。对墙面进行装修处理，可以提高墙体对水、火、酸、碱、氧化、风化等不利因素的抵抗能力，同时还可以保护墙体不直接受到外力的磨损、碰撞和破坏，从而提高墙体的坚固性和耐久性，延长其使用寿命。

（二）密实和平整墙体，改善环境条件

对墙面进行装修处理，会增加墙厚，并可利用饰面材料堵塞墙身空隙，因而可提高墙体的保温、隔热和隔声能力，而且平整光滑、浅色的室内装修，不仅便于保持清洁，改善卫生条件，还可增加光线的反射，提高室内照度。选择恰当的材料作室内饰面，还会收到良好的声响效果。

（三）美化环境，提高建筑的艺术效果

墙面装修不仅可以改变建筑物的外观，而且对丰富室内空间，提高其艺术性，也有很大影响。不同材料的质地、色彩和形式，会给人不同的视觉感受，设计中可以通过正确合理地选材，并对材料表面纹理的粗细、凹凸、对光的吸收、反射程度，以及不同的加工方式所产生的各种感观上的效果，进行恰当处理和巧妙组合，创造出优美、和谐、统一而又丰富的空间环境。

二、饰面装修的类型

墙体饰面依其所处的位置，分室内和室外两部分。室外装修起保护墙体和美观的作用，应选用强度高、耐水性好，以及有一定抗冻性和抗腐蚀、耐风化的建筑材料。室内装修主要是为了改善室内卫生条件，提高采光、音响等效果，美化室内环境。内装修材料的选用应根据房间的功能要求和装修标准确定。同时，对一些有特殊要求的房间，还要考虑材料的防水、防火、防辐射等能力。

按材料和施工方式的不同，常见的墙体饰面可分为抹灰类、贴面类、涂料类、裱糊类和铺钉类等，见表7-5。

饰面装修分类　　　　　　　　　　表7-5

类　别	室　外　装　修	室　内　装　修
抹灰类	水泥砂浆、混合砂浆、聚合物水泥砂浆、拉毛、水刷石、干粘石、斩假石、假面砖、喷涂、滚涂等	纸筋灰、麻刀灰粉面、石膏粉面、膨胀珍珠岩灰浆、混合砂浆、拉毛、拉条等
贴面类	外墙面砖、陶瓷锦砖、水磨石板、天然石板等	釉面砖、人造石板、天然石板等
涂料类	石灰浆、水泥浆、溶剂型涂料、乳液涂料、彩色胶砂涂料、彩色弹涂等	大白浆、石灰浆、油漆、乳胶漆、水溶性涂料、弹涂等
裱糊类	—	塑料墙纸、金属面墙纸、木纹壁纸、花纹玻璃、纤维布、纺织面墙纸及锦缎等
铺钉类	各种金属饰面板、石棉水泥板、玻璃	各种木夹板、木纤维板、石膏板及各种装饰面板等

三、饰面装修构造

饰面装修一般由基层和面层组成，基层即支托饰面层的结构构件或骨架，其表面应平整，并应有一定的强度和刚度。饰面层附着于基层表面起美观和保护作用，它应与基层牢固结合，且表面须平整均匀。通常将饰面层最外表面的材料，作为饰面装修构造类型的命名。

（一）抹灰类

抹灰类墙面是指用石灰砂浆、水泥砂浆、水泥石灰混合砂浆、聚合物水泥砂浆、膨胀珍珠岩水泥砂浆，以及麻刀灰、纸筋灰、石膏灰等作为饰面层的装修做法。它主要的优点在于材料的来源广泛、施工操作简便和造价低廉。但也存在着耐久差、易开裂、湿作业量大、劳动强度高、工效低等缺点。一般抹灰按质量要求分为普通抹灰、中级抹灰和高级抹灰三级。

为保证抹灰层与基层连接牢固，表面平整均匀，避免裂缝和脱落，在抹灰前应将基层表面的灰尘、污垢、油渍等清除干净，并洒水湿润。同时还要求抹灰层不能太厚，并分层完成。普通标准的抹灰一般由底层和面层组成，装修标准较高的房间，当采用中级或高级抹灰时，还要在面层与底层之间加一层或多层中间层，如图7-25所示。墙面抹灰层的平均总厚度，施工规范中规定不得大于以下规定：

外墙：普通墙面——20mm，勒脚及突出墙面部分——25mm。

内墙：普通抹灰——18mm，中级抹灰——20mm，高级抹灰——25mm。

石墙：墙面抹灰——35mm。

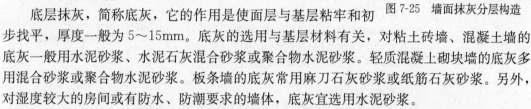

图7-25 墙面抹灰分层构造

底层抹灰，简称底灰，它的作用是使面层与基层粘牢和初步找平，厚度一般为5～15mm。底灰的选用与基层材料有关，对粘土砖墙、混凝土墙的底灰一般用水泥砂浆、水泥石灰混合砂浆或聚合物水泥砂浆。轻质混凝土砌块墙的底灰多用混合砂浆或聚合物水泥砂浆。板条墙的底灰常用麻刀石灰砂浆或纸筋石灰砂浆。另外，对湿度较大的房间或有防水、防潮要求的墙体，底灰宜选用水泥砂浆。

中层抹灰的作用在于进一步找平，减少由于底层砂浆开裂导致的面层裂缝，同时也是底层和面层的粘结层，其厚度一般为5～10mm。中层抹灰的材料可以与底灰相同，也可根据装饰要求选用其他材料。

面层抹灰，也称罩面，主要起装饰作用，要求表面平整、色彩均匀、无裂纹等。根据面层采用的材料不同，除一般装修外，还有水刷石、干粘石、水磨石、斩假石、拉毛灰、彩色抹灰等做法，见表7-6。

常用抹灰做法说明　　　　　　　　　　　　　表7-6

抹灰名称	做 法 说 明	适 用 范 围
纸筋灰墙面（一）	1. 喷内墙涂料 2. 2厚纸筋灰罩面 3. 8厚1:3石灰砂浆 4. 13厚1:3石灰砂浆打底	砖基层的内墙
纸筋灰墙面（二）	1. 喷内墙涂料 2. 2厚纸筋灰罩面 3. 8厚1:3石灰砂浆 4. 6厚TG砂浆打底扫毛，配比：水泥：砂：TG胶：水=1:6:0.2:适量 5. 涂刷TG胶浆一道，配比：TG胶：水：水泥=1:4:1.5	加气混凝土基层的内墙
混合砂浆墙面	1. 喷内墙涂料 2. 5厚1:0.3:3水泥石灰混合砂浆面层 3. 15厚1:1:6水泥石灰混合砂浆打底找平	内墙
水泥砂浆墙面（一）	1. 6厚1:2.5水泥砂浆罩面 2. 9厚1:3水泥砂浆刮平扫毛 3. 10厚1:3水泥砂浆打底扫毛或划出纹道	砖基层的外墙或有防水要求的内墙

续表

抹灰名称	做 法 说 明	适 用 范 围
水泥砂浆墙面（二）	1. 6厚1：2.5水泥砂浆罩面 2. 6厚1：1：6水泥石灰砂浆刮平扫毛 3. 6厚2：1：8水泥石灰砂浆打底扫毛 4. 喷一道108胶水溶液 　　配比：108胶：水＝1：4	加气混凝土基层的外墙
水刷石墙面（一）	1. 8厚1：1.5水泥石子（小八厘）或10厚1：1.25水泥石子（中八厘）罩面 2. 刷素水泥浆一道（内掺水重的3%～5%108胶） 3. 12厚1：3水泥砂浆打底扫毛	砖基层外墙
水刷石墙面（二）	1. 8厚1：1.5水泥石子（小八厘） 2. 刷素水泥浆一道（内掺3%～5%108胶） 3. 6厚1：1：6水泥石灰砂浆刮平扫毛 4. 6厚2：1：8水泥石灰砂浆打底扫毛	加气混凝土基层的外墙
斩假石墙面（剁斧石）	1. 斧剁斩毛两遍成活 2. 10厚1：1.25水泥石子（米粒石内掺30%石屑）罩面赶平压实 3. 刷素水泥浆一道（内掺水重的3%～5%108胶） 4. 12厚1：3水泥砂浆打底扫毛或划出纹道	外墙
水磨石墙面	1. 10厚1：1.25水泥石子罩面 2. 刷素水泥浆一道（内掺水重3%～5%108胶） 3. 12厚1：3水泥砂浆打底扫毛	墙裙、踢脚等处

在室内抹灰中，对人群活动频繁、易受碰撞的墙面，或有防水、防潮要求的墙身，常做墙裙对墙身进行保护。墙裙高度一般为1.5m，有时也做到1.8m以上。常见的做法有水泥砂浆抹灰、水磨石、贴瓷砖、油漆、铺钉胶合板等。同时，对室内墙面、柱面及门窗洞口的阳角，宜用1：2水泥砂浆做护角，高度不小于2m，每侧宽度不应小于50mm，如图7-26所示。

此外，在室外抹灰中，由于抹灰面积大，为防止面层裂纹和便于操作，或立面处理的需要，常对抹灰面层做线脚分隔处理。面层施工前，先做不同形式的木引条，待面层抹完后取出木引条，即形成线脚，如图7-27所示。

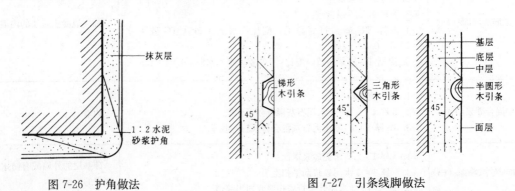

图7-26 护角做法　　　　　　图7-27 引条线脚做法

(二)贴面类

贴面类是指利用各种天然石材或人造板、块,通过绑、挂或直接粘贴于基层表面的饰面做法。这类装修具有耐久性好、施工方便、装饰性强、质量高、易于清洗等优点。常用的贴面材料有陶瓷面砖、陶瓷锦砖,以及水磨石、水刷石、剁斧石等水泥预制板和天然的花岗石、大理石板等。其中,质地细腻、耐候性差的材料常用于室内装修,如瓷砖、大理石板等。而质感粗放、耐候性较好的材料,如陶瓷面砖、陶瓷锦砖、花岗石板等,多用作室外装修。

1. 陶瓷面砖、陶瓷锦砖类装修

对陶瓷面砖、陶瓷锦砖等尺寸小、重量轻的贴面材料,可用砂浆直接粘贴在基层上。在做外墙面时,其构造多采用10~15mm厚1:3水泥砂浆打底找平,用8~10mm厚1:1水泥细砂浆粘贴各种装饰材料。粘贴面砖时,常留13mm左右的缝隙,以增加材料的透气性,并用1:1水泥细砂浆勾缝。在内墙面时,多用10~15mm厚1:3水泥砂浆或1:1:6水泥石灰混合砂浆打底打平,用8~10mm厚1:0.3:3水泥石灰砂浆粘贴各种贴面材料。

2. 天然或人造石板类装修

这类贴面材料的平面尺寸一般为500mm×500mm,600mm×600mm,600mm×800mm等,厚度一般为20mm。由于每块板重量较大,不能用砂浆直接粘贴,而多采用绑或挂的做法。

(1) 绑扎法

天然石板墙面的构造做法,应先在墙身或柱内预埋中距500mm左右、双向的φ8"Ω"形钢筋,在其上绑扎φ6~φ10的钢筋网,再用16号镀锌铁丝或铜丝穿过事先在石板上钻好的孔眼,将石板绑扎在钢筋网上。固定石板用的横向钢筋间距应与石板的高度一致,当石板就位、校正、绑扎牢固后,在石板与墙或柱面的缝隙中,用1:2.5水泥砂浆分层灌缝,每次灌入高度不应超过200mm。石板与墙柱间的缝宽一般为30mm。天然石板的安装如图7-28所示。

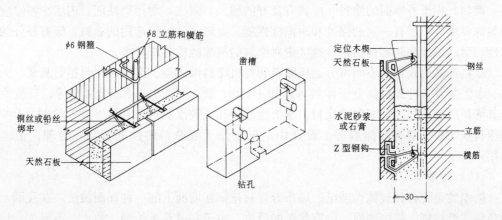

图7-28 天然石板墙面装修

人造石板装修的构造做法与天然石板相同,但不必在板上钻孔,而是利用板背面预留的钢筋挂钩,用铜丝或镀锌铁丝将其绑扎在水平钢筋上,就位后再用砂浆填缝,如图7-29

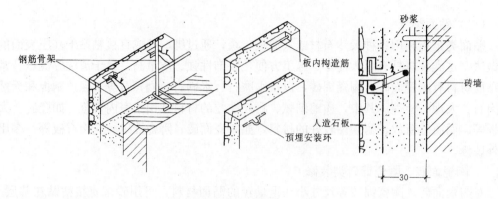

图 7-29 人造石板墙面装修

所示。

(2) 干挂法

在需要铺贴饰面石材的部位预留木砖、金属型材或者直接在饰面石材上用电钻钻孔，打入膨胀螺栓，然后用螺栓固定，或用金属型材卡紧固定，最后进行勾缝和压缝处理。

近几年，为节省钢材，降低石板类墙面装修的造价，在构造做法上，各地出现了不少合理的构造方式。如用射钉枪按规定部位，将钢钉打入墙身或柱内，然后在钉头上直接绑扎石板。

(三) 涂料类

涂料类是指利用各种涂料涂敷于基层表面，形成完整牢固的膜层，起到保护墙面和美观的一种饰面做法，是饰面装修中最简便的一种形式。与传统的墙面装修相比，尽管大多数涂料的使用年限较短，但由于它具有造价低、装饰性好、工期短、工效高、自重轻，以及施工操作、维修、更新都比较方便等特点，是一种最有发展前途的装饰材料。

建筑中涂料的品种很多，选用时应根据建筑物的使用功能、墙体周围环境、墙身不同部位，以及施工和经济条件等，选择附着力强、耐久、无毒、耐污染、装饰效果好的涂料。例如，用于外墙面的涂料，应具有良好的耐久、耐冻、耐污染性能。内墙涂料除应满足装饰要求外，还有一定的强度和耐擦洗性能。炎热多雨地区选用的涂料，应有较好的耐水性、耐高温性和防霉性。寒冷地区则对涂料的抗冻融性要求较高。

涂料按其成膜物的不同可分无机涂料和有机涂料两大类。无机涂料包括石灰浆、大白浆、水泥浆及各种无机高分子涂料等，如 JH80-1 型、JHN84-1 和 F832 型等。有机涂料依其稀释剂的不同，分溶剂型涂料、水溶性涂料和乳胶涂料等，如 812 建筑涂料、106 内墙涂料及 PA-1 型乳胶涂料等。设计中，应充分了解涂料的性能特点，合理、正确地选用。

(四) 裱糊类

裱糊类是将各种装饰性墙纸、墙布等卷材裱糊在墙面上的一种饰面做法，在我国，利用各种花纸裱糊、装饰墙面，已有悠久的历史。由于普通花纸怕潮、怕火、不耐久，且脏了不能清洗，所以在现代建筑中已不再应用。但也随之出现了种类繁多的新型复合墙纸、墙布等裱糊用装饰材料。这些材料不仅具有很好的装饰性和耐久性，而且不怕水、不怕火、耐擦洗、易清洁。

凡是用纸或布作衬底，加上不同的面层材料，生产出的各种复合型的裱糊用装饰材料，习惯上都称为墙纸或壁纸。依面层材料的不同，有塑料面墙纸（PVC 墙纸）、纺织物面墙纸、金属面墙纸及天然木纹面墙纸等。墙布是指可以直接用作墙面装饰材料的各种纤维织物的总称。包括印花玻璃纤维墙面装饰布和锦缎等材料。

墙纸或墙布的裱贴，是在抹灰的基层上进行，它要求基层表面平整、阴阳角顺直。裱糊前应将基层表面的污垢、尘土清除干净，并用 1:1 的 108 胶水溶液作为底胶涂刷基层，粘贴墙纸一般用 108 胶，并在 108 胶中掺入羧甲基纤维素配制成的胶粘剂。加纤维素的作用，一是使胶有保水性，二是便于涂刷。粘贴玻璃纤维布一般都用其配套产品，也可采用 801 墙布胶粘剂。对于有对花要求的墙纸或墙布，在粘贴时，其剪裁长度应比墙身高度多出 100~150mm，以适应对花的要求。

（五）铺钉类

铺钉类是指利用天然板条或各种人造薄板借助于钉、胶粘等固定方式对墙面进行的饰面做法。选用不同材质的面板和恰当的构造方式，可以使这类墙面具有质感细腻，美观大方，或给人以亲切感等不同的装饰效果。同时，还可以改善室内声学等环境效果，满足不同的功能要求。

铺钉类装修构造做法与骨架隔墙的做法类似，是由骨架和面板两部分组成，施工时先在墙面上立骨架（墙筋），然后在骨架上铺钉装饰面板。

骨架有木骨架和金属骨架，木骨架截面一般为 50mm×50mm，金属骨架多为槽形冷轧薄钢板。木骨架一般借助于墙中的预埋防腐木砖固定在墙上，木砖尺寸为 60mm×60mm×60mm，中距 500mm，骨架间距还应与墙板尺寸相配合。金属骨架多用膨胀螺栓固定在墙上。为防止骨架和面板受潮，在固定骨架前，宜先在墙面上抹 10mm 厚混合砂浆，然后刷二遍防潮防腐剂（热沥青），或铺一毡两油防潮层。

常见的装饰面板有硬木条（板）、竹条、胶合板、纤维板、石膏板、钙塑板及各种吸声墙板等。面板在木骨架上用圆钉或木螺钉固定，在金属骨架上一般用自攻螺钉固定面板。

图 7-30~图 7-33 为几种常见的铺钉类墙面的装饰构造。

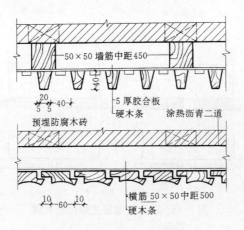

图 7-30 硬木条墙面装修构造

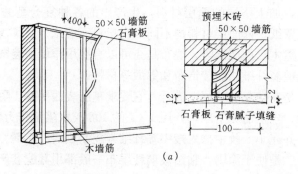

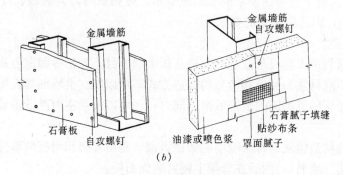

图 7-31 石膏板墙面装修构造
(a) 木骨架；(b) 金属骨架

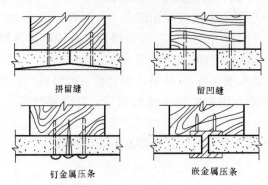

图 7-32 石膏板接缝形式

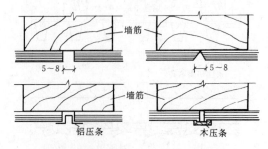

图 7-33 胶合板墙面装修接缝处理

第八章 楼 地 层

楼板层是建筑物中用来分隔空间的水平构件，它沿着竖向将建筑物分隔成若干部分。同时，楼板层又是承重构件，承受自重和使用荷载，并将其传递给墙或柱，它对墙体也起水平支撑作用。

地坪层是建筑物中与土层相接触的水平构件，承受作用在它上面的各种荷载，并将荷载直接传给地基。

阳台和雨篷也是建筑物中的水平构件。阳台是楼板层延伸至室外的部分，用作室外活动。雨篷设置在建筑物外墙出入口的上方，用以遮挡雨雪。

第一节 楼地层的设计要求与组成

一、楼地层的设计要求

根据楼地层所处位置和使用功能不同，设计时应满足以下要求：

(1) 具有足够的强度和刚度，在荷载作用下不破坏，以保证安全和正常使用。

(2) 满足防火要求，正确地选择材料和构造做法，使其燃烧性能和耐火极限符合防火规范的规定。

(3) 满足设备管线敷设、防潮、防水和保温隔热等方面的要求。

(4) 楼板层应具有一定的隔声能力，避免楼层间的相互干扰。对隔声要求较高的房间，应对楼板层做必要的构造处理，以提高其隔绝撞击声的能力。

此外，还应考虑经济、美观和建筑工业化等方面的要求。

二、楼地层的组成

(一) 楼板层的组成

楼板层主要由面层、结构层和顶棚层三个基本层次组成。为了满足不同的使用要求，必要时还应设附加层（图8-1）。

1. 面层

面层是楼板层上表面的铺筑层，也是室内空间下部的装修层，又称楼面或地面。面层是楼板层中与人和家具设备直接接触的部分，对结构层起着保护作用，使结构层免受损坏，同时，也起装饰室内的作用。

2. 结构层

结构层位于面层和顶棚层之间，是楼板层的承重部分，称为楼板。结构层承受整个楼板层的全部荷载，并对楼板层的隔声、防火等起主要作用。

楼板按其材料不同有木楼板、砖拱小梁楼板和钢筋混凝土楼板等。其中，钢筋混凝土楼板的强度高，刚度大，耐久性和耐火性好，并具有良好的可塑性，便于工业化生产和施工，是目前在我国应用最广泛的楼板形式。

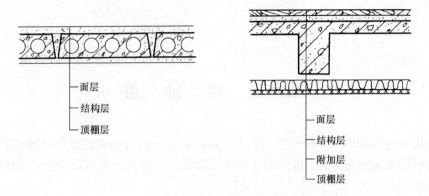

图 8-1　楼板层的组成

3. 顶棚层

顶棚层是楼板层下表面的构造层，也是室内空间上部的装修层，又称天花、天棚或平顶。顶棚的主要功能是保护楼板、装饰室内以及保证室内的使用条件。

4. 附加层

附加层通常设置在面层和结构层之间，或结构层和顶棚之间，主要有管线敷设层、隔声层、防水层、保温或隔热层等。管线敷设层是用来敷设水平设备暗管线的构造层；隔声层是为隔绝撞击声而设的构造层；防水层是用来防止水渗透的构造层；保温或隔热层是改善热工性能的构造层。

（二）地坪层的组成

地坪层主要由面层、垫层和基层三个基本构造层组成，为满足使用和构造要求，必要时可在面层和垫层之间增设附加层，如防潮层、防水层、管线敷设层、保温隔热层等（图8-2）。

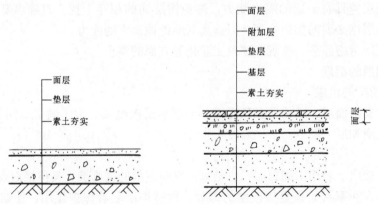

图 8-2　地坪层的组成

1. 面层

面层是地层上表面的铺筑层，也是室内空间下部的装修层，又称地面。它起着保证室内使用条件和装饰室内的作用。

2. 垫层

垫层是位于面层之下用来承受并传递地面荷载的部分。通常采用 C15 混凝土来作垫层,其厚度一般为60~100mm。混凝土垫层属于刚性垫层,有时也可采用灰土、三合土等非刚性垫层。

3. 基层

基层位于垫层之下,用以承受垫层传下来的荷载。通常是将土层夯实来作基层(即素土夯实);又称地基。当建筑标准较高或地面荷载较大以及室内有特殊使用要求时,应在素土夯实的基础上,再铺设灰土层、三合土层、碎砖石或卵石灌浆层等,以加强地基。

第二节 钢筋混凝土楼板

钢筋混凝土楼板按施工方式不同,有现浇整体式、预制装配式和装配整体式三种类型。

一、现浇整体式钢筋混凝土楼板

现浇钢筋混凝土楼板是在施工现场将整个楼板浇筑成整体。这种楼板的整体性好,并有利于抗震,但现场湿作业量大,劳动强度高,施工速度较慢,施工工期较长,主要适用于平面布置不规则,尺寸不符合模数要求或管道穿越较多的楼面,以及对整体刚度要求较高的高层建筑。随着高层建筑的日益增多,以及施工技术的不断革新和工具式钢模板的发展,现浇钢筋混凝土楼板的应用逐渐增多。

现浇钢筋混凝土楼板按其支承条件不同,可分为板式楼板、梁式楼板、无梁楼板,此外,还有压型钢板混凝土组合楼板。

(一)板式楼板

将楼板现浇成一块平板,并直接支承在墙上,这种楼板称为板式楼板。板式楼板底面平整,便于支模施工,是最简单的一种形式,适用于平面尺寸较小的房间(如住宅中的厨房、卫生间等)以及公共建筑的走廊。

(二)梁板式楼板

对平面尺寸较大的房间或门厅,若仍采用板式楼板,会因板跨较大而增加板厚。这不仅使材料用量增多,板的自重加大,而且使板的自重在楼板荷载中所占的比重增加。为此,应采取措施控制板的跨度,通常可在板下设梁来增加板的支点,从而减小板跨。这时,楼板上的荷载先由板传给梁,再由梁传给墙或柱。这种由板和梁组成的楼板称为梁板式楼板(图8-3)。

梁板式楼板通常在纵横两个方向都设置梁,有主梁和次梁之分。主梁和次梁的布置应整齐有规律,并应考虑建筑物的使用要求、房间的大小形状以及荷载作用情况等。一般主梁沿房间短跨方向布置,次梁则垂直于主梁布置。对短向跨度不大的房间,可只沿房间短跨方向布置一种梁即可。梁应避免搁置在门窗洞口上。在设有重质隔墙或承重墙的楼板下部也应布置梁。另外,梁的布置还应考虑经济合理性。一般主梁的经济跨度为5~8m,主梁的高度为跨度的1/14~1/8,主梁的宽度为高度的1/3~1/2。主梁的间距即次梁的跨度,一般为4~6m,次梁的高度为跨度的1/18~1/12,次梁的宽度为高度的1/3~1/2。次梁的间距即板的跨度,一般为1.7~2.7m,板的厚度一般为60~80mm。

对平面尺寸较大且平面形状为方形或近于方形的房间或门厅,可将两个方向的梁等间距布置,并采用相同的梁高,形成井字形梁,无主梁和次梁之分,这种楼板称为井字梁式

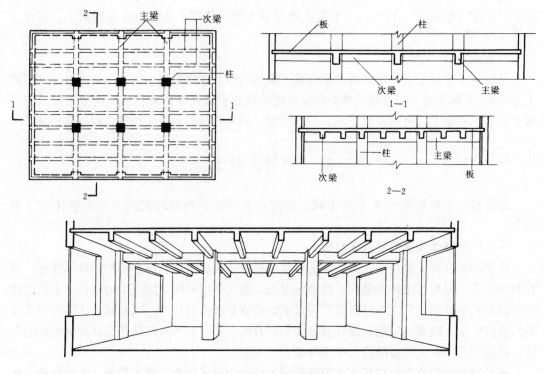

图 8-3 梁板式楼板

楼板或井式楼板（图 8-4），它是梁板式楼板的一种特殊布置形式。井式楼板的梁通常采用正交正放或正交斜放的布置方式，由于布置规整，故具有较好的装饰性，一般多用于公共建筑的门厅或大厅。

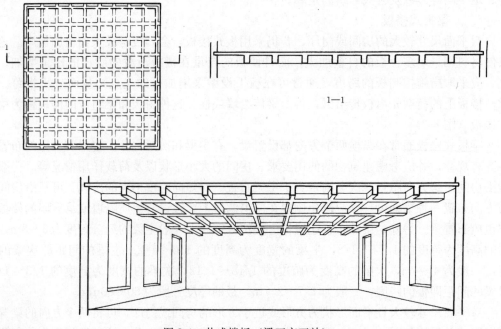

图 8-4 井式楼板（梁正交正放）

(三) 无梁楼板

对平面尺寸较大的房间或门厅，也可以不设梁，直接将板支承于柱上，这种楼板称为无梁楼板（图 8-5）。无梁楼板分无柱帽和有柱帽两种类型，当荷载较大时，为避免楼板太厚，应采用有柱帽无梁楼板，以增加板在柱上的支承面积。无梁楼板的柱网一般布置成方形或矩形，以方形柱网较为经济，跨度一般不超过 6m，板厚通常不小于 120mm。

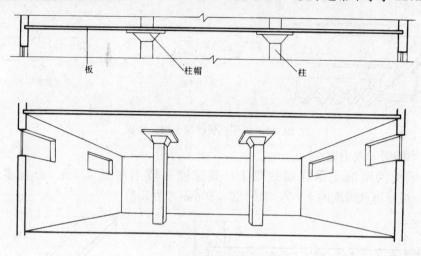

图 8-5 无梁楼板（有柱帽）

无梁楼板的底面平整，增加了室内的净空高度，有利于采光和通风，但楼板厚度较大。这种楼板适用于荷载较大的商店、仓库等建筑。

(四) 压型钢板混凝土组合楼板

压型钢板混凝土组合楼板是在型钢梁上铺设压型钢板，以压型钢板作衬板来现浇混凝土，使压型钢板和混凝土浇筑在一起共同作用。压型钢板用来承受楼板下部的拉应力，同时也是浇筑混凝土的永久性模板，此外，还可利用压型钢板的空隙敷设管线。这种楼板不仅具有钢筋混凝土楼板的强度高、刚度大和耐久性好等优点，而且比钢筋混凝土楼板自重轻，施工速度快，承载能力更好，适用于大空间建筑和高层建筑。但其耐火性和耐锈蚀的性能不如钢筋混凝土楼板，且用钢量大，造价较高。压型钢板混凝土组合楼板在国际上应用已较普遍，目前在我国由于受用钢量和造价的限制使用还较少。

压型钢板混凝土组合楼板是由压型钢板、现浇混凝土和钢梁三部分组成。压型钢板有单层和双层之分。双层压型钢板通常是由两层截面相同的压型钢板组合而成，也可由一层压型钢板和一层平钢板组成。采用双层压型钢板的楼板承载能力更好，两层钢板之间形成的空腔便于设备管线敷设（图 8-6）。

二、预制装配式钢筋混凝土楼板

预制钢筋混凝土楼板是将楼板在预制厂或施工现场预制，然后在施工现场装配而成。这种楼板可节省模板，改善劳动条件，提高劳动生产率，加快施工速度，缩短工期，但楼板的整体性较差。预制钢筋混凝土楼板应用较普遍。

(一) 预制钢筋混凝土楼板的类型

1. 实心平板

实心平板的上下表面平整，制作简单，但板跨受到限制，板的隔声效果较差，一般用

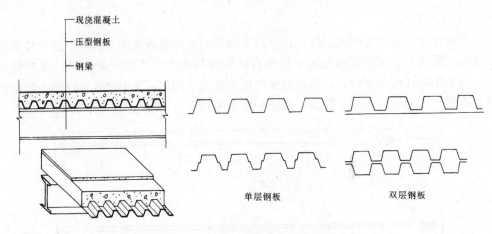

图 8-6 压型钢板混凝土组合楼板

于跨度较小的房间或走廊。

实心平板的两端支承在墙或梁上，其跨度一般不超过 2.5m，板宽多为 500～1000mm，板厚可取跨度的 1/30，常用 50～80mm（图 8-7）。

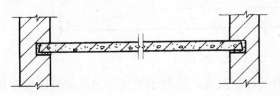 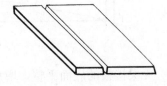

图 8-7 实心平板

2. 槽形板

槽形板是由板和肋两部分组成，是一种梁板结合的构件。肋设于板的两侧以承受板的荷载，为便于搁置和提高板的刚度，在板的两端常设端肋封闭，跨度较大的板，为提高刚度，还应在板的中部增设横肋。槽形板有预应力和非预应力两种。

由于主要由板两侧的肋来承受板的荷载，故槽形板的板厚较薄，而跨度可以较大，特别是预应力板，一般槽形板的板厚为 30～35mm，板宽为 600～1200mm，肋高为 150～300mm，板跨为 3～7.2m。槽形板的自重较轻，用料省，亦便于在楼板上临时开洞，但隔声性能差。

槽形板的搁置方式有两种：一种是正置，即肋向下搁置。这种搁置方式，板的受力合理，但板底不平，有碍观瞻，也不利于室内采光，通常需要设吊顶棚来解决美观和隔声等问题，也可直接用于观瞻要求不高的房间（图 8-8a）。另一种是倒置，即肋向上搁置。这种搁置方式可使板底平整，但板受力不甚合理，材料用量稍多，且常需另做面板。为提高板的隔声能力，可在槽内填充隔声材料（图 8-8b）。

3. 空心板

空心板是将平板沿纵向抽孔而成。孔的断面形式有圆形、方形、长方形和长圆形等，由于圆形孔制作时抽芯脱模方便且刚度好，故应用最普遍。空心板也有预应力和非预应力两种，一般多用预应力板。

空心板的厚度一般为 110～240mm，视板的跨度而定，宽度为 500～1200mm，跨度为 2.4～7.2m，较为经济的跨度为 2.4～4.2m。

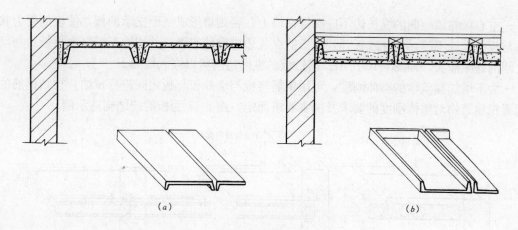

图 8-8 槽形板
(a) 正置槽形板；(b) 倒置槽形板

空心板上下表面平整，隔声效果较实心平板和槽形板好，是预制板中应用最广泛的一种类型。但空心板上不能任意开洞，故不宜用于管道穿越较多的房间（图 8-9）。

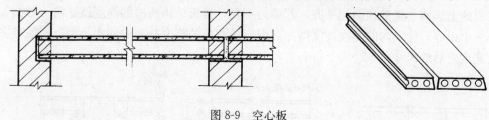

图 8-9 空心板

（二）预制钢筋混凝土楼板的细部构造

1. 板的搁置构造

板的搁置方式有两种：一种是板直接搁置在墙上，形成板式结构；另一种是板搁置在梁上，梁支承于墙或柱上，形成梁式结构。板的搁置方式视结构布置方案而定。

（1）板在墙上的搁置：板在墙上必须具有足够的搁置长度，一般不宜小于 100mm。为使板与墙有较好的连接，在板安装时，应先在墙上铺设水泥砂浆即坐浆，厚度不小于 10mm，板安装后，板端缝内须用细石混凝土或水泥砂浆灌实。若采用空心板，在板安装前，应在板的两端用砖块或混凝土堵孔，以防板端在搁置处被压坏，同时，也可避免板缝灌浆时细石混凝土流入孔内（图 8-10）。

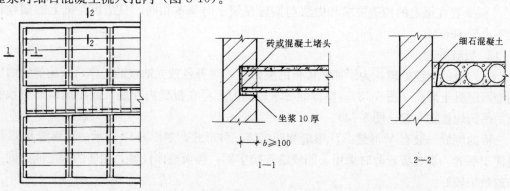

图 8-10 板在墙上的搁置

空心板靠墙一侧的纵长边不应搁置在墙上，否则将形成三面支承的板，使板的受力状态与板的设计不符，会导致板开裂。板的纵长边应靠墙布置，并用细石混凝土将板边与墙之间的缝隙灌实，如图 8-10 所示。槽形板的纵向边肋可以嵌入墙内。

为了增加建筑物的整体刚度，可用钢筋将板与墙或板与板之间进行拉结。拉结钢筋的配置视建筑物对整体刚度的要求及抗震要求而定，图 8-11 为板的拉结构造示例。

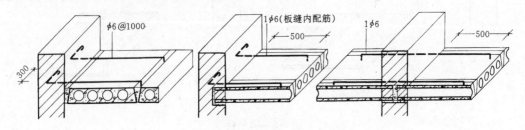

图 8-11　板的拉结构造示例

（2）板在梁上的搁置：板在梁上的搁置方式有两种：一种是搁置在梁的顶面，如矩形梁（图 8-12a）；另一种是搁置在梁出挑的翼缘上，如花篮梁（图 8-12b）。后一种搁置方式，板的上表面与梁的顶面相平齐，若梁高不变，楼板结构所占的高度就比前一种搁置方式小一个板厚，使室内的净空高度增加。但应注意板的跨度并非梁的中心距，而是减去梁顶面宽度之后的尺寸。

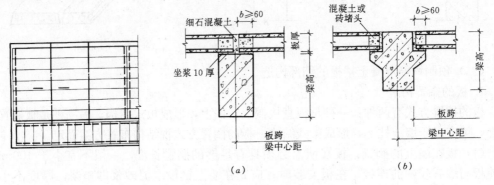

图 8-12　板在梁上的搁置
(a) 板搁置在矩形梁上；(b) 板搁置在花篮梁上

板搁置在梁上的构造要求和做法与搁置在墙上时基本相同，只是板在梁上的搁置长度不小于 60mm。

2. 板缝处理

（1）板的侧缝处理：为了加强楼板的整体性，改善各独立铺板的工作，板的侧缝内应用细石混凝土灌实（图 8-13）。整体性要求较高时，可在板缝内配筋，或用短钢筋与预制板的吊钩焊接在一起（图 8-14）。

板的侧缝一般有 V 形缝、U 形缝和凹槽缝三种形式，如图 8-13 所示。V 形缝和 U 形缝便于灌缝，多在板较薄时采用，凹槽缝连接牢固，楼板整体性好，相邻的板之间共同工作的效果较好。

（2）板的端缝处理：一般只需将板缝内填实细石混凝土，使之相互连接。对于整体

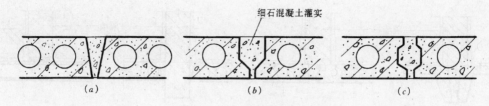

图 8-13 板的侧缝形式及处理
(a) V 形缝；(b) U 形缝；(c) 凹槽缝

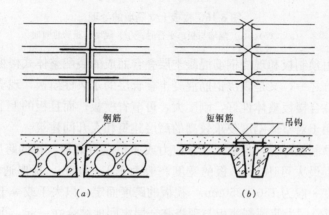

图 8-14 整体性要求较高时的板缝处理
(a) 板缝配筋；(b) 用短钢筋与预制板吊钩焊接

性、抗震性要求较高的房间，可将板端外露的钢筋交错搭接在一起，然后浇筑细石混凝土灌缝（图 8-15）。

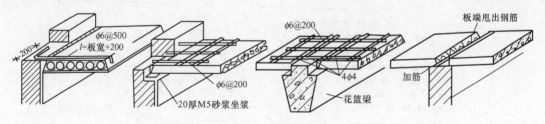

图 8-15 板的端缝处理

3. 楼板上立隔墙的处理

预制钢筋混凝土楼板上设立隔墙时，宜采用轻质隔墙，由于自重轻，可搁置于楼板的任一位置。若为自重较大的隔墙，如砖隔墙、砌块隔墙等，则应避免将隔墙搁置在一块板上。当隔墙与板跨平行时，通常将隔墙设置在两块板的接缝处，采用槽形板的楼板，隔墙可直接搁置在板的纵肋上（图 8-16a），若采用空心板，须在隔墙下的板缝处设现浇钢筋混凝土板带或梁来支承隔墙（图 8-16b、c）。当隔墙与板跨垂直时，应通过结构计算选择合适的预制板型号，并在板面加配构造钢筋（图 8-16d）。

三、装配整体式钢筋混凝土楼板

装配整体式钢筋混凝土楼板是将楼板中的部分构件预制，安装后，再通过现浇的部分连接成整体。这种楼板的整体性较好，又可节省模板，施工速度也较快。

（一）叠合楼板

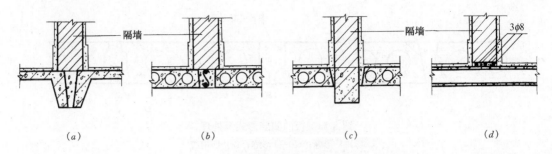

图 8-16 楼板上立隔墙的处理
(a)、(b)、(c) 隔墙与板跨平行时；(d) 隔墙与板跨垂直时

叠合楼板是由预制板和现浇钢筋混凝土层叠合而成的装配整体式楼板。预制板既是楼板结构的组成部分之一，又是现浇钢筋混凝土叠合层的永久性模板，现浇叠合层内可敷设水平设备管线。叠合楼板整体性好，刚度大，可节省模板，而且板的上下表面平整，便于饰面层装修，适用于对整体刚度要求较高的高层建筑和大开间建筑。

叠合楼板的预制板部分，通常采用预应力或非预应力薄板，板的跨度一般为 4～6m，预应力薄板的跨度最大可达 9m，板的宽度一般为 1.1～1.8m，板厚通常不小于 50mm。叠合楼板的总厚度一般为 150～250mm，视板的跨度而定，以大于或等于预制薄板厚度的 2 倍为宜（图 8-17b）。为使预制薄板与现浇叠合层牢固地结合在一起，可将预制薄板的板面做适当处理，如板面刻槽、板面露出结合钢筋等（图 8-17a）。

叠合楼板的预制板部分，也可采用钢筋混凝土空心板，现浇叠合层的厚度较薄，一般为 30～50mm（图 8-17c）。

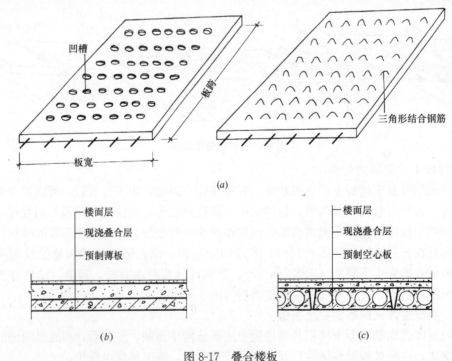

图 8-17 叠合楼板
(a) 预制薄板的板面处理；(b) 预制薄板叠合楼板；(c) 预制空心板叠合楼板

（二）密肋填充块楼板

密肋填充块楼板的密肋小梁有现浇和预制两种。

现浇密肋填充块楼板是以陶土空心砖、矿渣混凝土空心块等作为肋间填充块来现浇密肋和面板而成。填充块与肋和面板相接触的部位带有凹槽，用来与现浇的肋、板咬接，使楼板的整体性更好。肋的间距视填充块的尺寸而定，一般为300～600mm，面板的厚度一般为40～50mm（图8-18a）。

预制小梁填充块楼板是在预制小梁之间填充陶土空心砖、矿渣混凝土空心块、煤渣空心砖等填充块，上面现浇混凝土面层而成（图8-18b）。

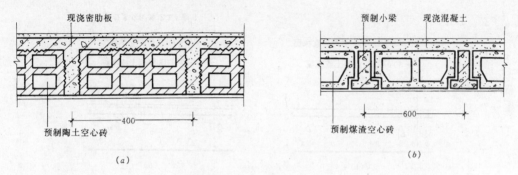

图8-18 密肋填充块楼板
(a) 现浇密肋填充块楼板；(b) 预制小梁填充块楼板

密肋填充块楼板底面平整，隔声效果较好，可充分利用材料的性能，也可节省模板，且整体性较好。

第三节 楼地面构造

楼面和地面分别为楼板层和地坪层的面层，它们在构造要求和做法上基本相同，对室内装修而言，两者统称地面。

一、地面的设计要求

地面是人和家具设备直接接触的部分，它直接承受地面上的荷载，经常受到摩擦，并需要经常清扫或擦洗。因此，地面首先必须满足的基本要求是坚固耐磨，表面子整光洁并便于清洁。标准较高的房间，地面还应满足吸声、保温和弹性等要求，特别是人们长时间逗留且要求安静的房间，如居室、办公室、图书阅览室、病房等。具有良好的消声能力、较低的热传导性和一定弹性的面层，可以有效地控制室内噪声，并使人行走时感到温暖舒适，不易疲劳。对有些房间，地面还应具有防水、耐腐蚀、耐火等性能。如厕所、浴室、厨房等用水的房间，地面应具有防水性能；某些实验室等有酸碱作用的房间，地面应具有耐酸碱腐蚀的能力；厨房等有火源的房间，地面应具有较好的防火性能等。

二、地面的构造做法

地面的材料和做法应根据房间的使用要求和装修要求并结合经济条件加以选用。地面按材料形式和施工方式可分为四大类，即整体浇筑地面、板块地面、卷材地面和涂料地面。

（一）整体浇筑地面

整体浇筑地面是指用现场浇注的方法做成整片的地面。按地面材料不同有水泥砂浆地面、水磨石地面、菱苦土地面等。

1. 水泥砂浆地面

水泥砂浆地面通常是用水泥砂浆抹压而成。一般采用1∶2.5的水泥砂浆一次抹成，即单层做法，但厚度不宜过大，一般15～20mm。为了保证质量，减少由于水泥砂浆干缩而产生裂缝的可能性，可将水泥砂浆分两次抹成，即双层做法，一般先用15～20mm厚1∶3水泥砂浆打底找平，再用5～10mm厚1∶1.5或1∶2水泥砂浆抹面（图8-19）。

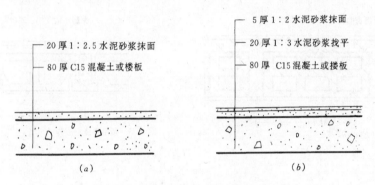

图8-19 水泥砂浆地面
(a) 单层做法；(b) 双层做法

水泥砂浆地面构造简单，施工方便，造价低且耐水，是目前应用最广泛的一种低档地面做法。但地面易起灰，无弹性，热传导性高，且装饰效果较差。为改善其装饰效果，可在水泥砂浆中掺入少量矿物颜料，如氧化铁红等，但由于普通水泥呈暗灰色，掺入颜料的水泥砂浆地面的装饰效果也不太理想。为了提高水泥砂浆地面的耐磨性和光洁度，可用干硬性的水泥砂浆作面层，用磨光机打磨，或用水泥和石屑（不掺砂）作面层等。

2. 水磨石地面

水磨石地面是将用水泥作胶结材料、大理石或白云石等中等硬度石料的石屑作骨料而形成的水泥石屑浆浇抹硬结后，经磨光打蜡而成。水磨石地面的常见做法是先用15～20mm厚1∶3水泥砂浆找平，再用10～15mm厚1∶1.5或1∶2的水泥石屑浆抹面，待水泥凝结到一定硬度后，用磨光机打磨，再由草酸清洗，打蜡保护。为便于施工和维修，并防止因温度变化而导致面层变形开裂，应用分格条将面层按设计的图案进行分格，这样做也可以增加美观。分格形状有正方形、长方形、多边形等，尺寸常为400～1000mm。分格条按材料不同有玻璃条、塑料条、铜条或铝条等，视装修要求而定。分格条通常在找平层上用1∶1水泥砂浆嵌固（图8-20）。

水磨石地面坚硬、耐磨、光洁、不透水，而且由于施工时磨去了表面的水泥浆膜，使其避免了起灰，有利于保持清洁，它的装饰效果也优于水泥砂浆地面，但造价高于水泥砂浆地面，施工较复杂，无弹性，吸热性强，常用于人流量较大的交通空间和房间，如公共建筑的门厅、走廊、楼梯以及营业厅、候车厅等。对装修要求较高的建筑，可用彩色水泥或白水泥加入各种颜料代替普通水泥，与彩色大理石石屑做成各种色彩和图案的地面，即美术水磨石地面。它比普通的水磨石地面具有更好的装饰性，但造价较高。

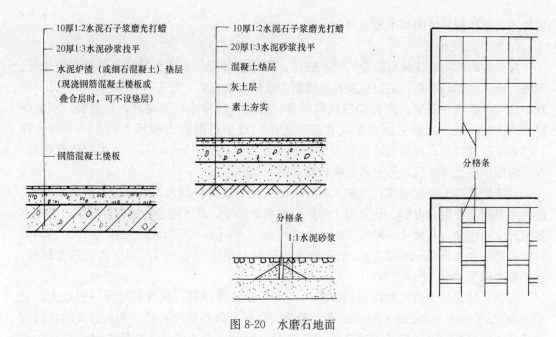

图 8-20　水磨石地面

3. 菱苦土地面

菱苦土地面是用菱苦土、锯末、滑石粉和矿物颜料干拌均匀后，加入氯化镁溶液调制成胶泥，铺抹压光，硬化稳定后，用磨光机磨光打蜡而成。菱苦土地面有单层和双层两种做法，如图 8-21 所示。

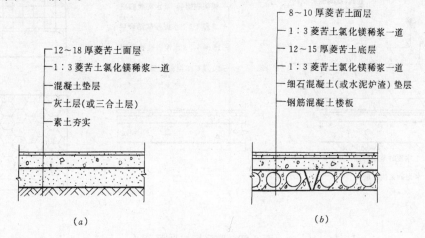

图 8-21　菱苦土地面
(a) 单层做法；(b) 双层做法

菱苦土地面易于清洁，有一定弹性，热工性能好，适用于有清洁、弹性要求的房间。由于这种地面不耐水，也不耐高温，因此，不宜用于经常有水存留及地面温度经常处在 35℃ 以上的房间。对于磨损较多的地方，菱苦土地面的面层可掺入砂或石屑调制，形成硬性菱苦土，使之坚硬耐磨。

（二）板块地面

板块地面是指利用板材或块材铺贴而成的地面。按地面材料不同有陶瓷板块地面、石板地面、塑料板块地面和木地面等。

1. 陶瓷板块地面

用作地面的陶瓷板块有陶瓷锦砖和缸砖、陶瓷彩釉砖、瓷质无釉砖等各种陶瓷地砖。陶瓷锦砖（又称马赛克）是以优质瓷土烧制而成的小块瓷砖，它有各种颜色、多种几何形状，并可拼成各种图案。陶瓷锦砖色彩丰富、鲜艳，尺寸小，面层薄，自重轻，不易踩碎。陶瓷锦砖地面的常见做法是先在混凝土垫层或钢筋混凝土楼板上用15～20mm厚1∶3水泥砂浆找平，再将拼贴在牛皮纸上的陶瓷锦砖用5～8mm厚1∶1水泥砂浆粘贴，在表面的牛皮纸清洗后，用素水泥浆扫缝（图8-22b）。

缸砖是用陶土烧制而成，可加入不同的颜料烧制成各种颜色，以红棕色缸砖最常见。缸砖可根据需要做成方形、长方形、六角形和八角形等，并可组合拼成各种图案，其中方形缸砖应用较多，其尺寸一般为100mm×100mm、150mm×150mm，厚度为10～15mm。缸砖通常是在15～20mm厚1∶3水泥砂浆找平层上用5～10mm厚1∶1水泥砂浆粘贴，并用素水泥浆扫缝（图8-22a）。

陶瓷彩釉砖和瓷质无釉砖是较理想的新型地面装修材料，其规格尺寸一般较大，如200mm×200mm、300mm×300mm等。瓷质无釉砖又称仿花岗石砖，它具有天然花岗石的质感。陶瓷彩釉砖和瓷质无釉砖可用于门厅、餐厅、营业厅等，其构造做法与缸砖相同，如图8-22（a）所示。

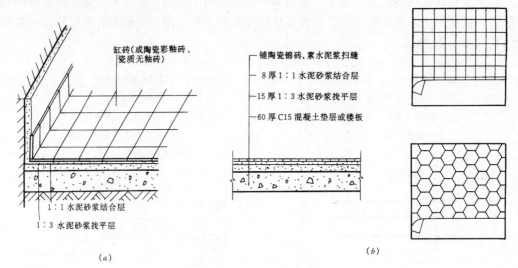

图8-22 陶瓷板块地面
(a) 陶瓷地砖地面；(b) 陶瓷锦砖地面

陶瓷板块地面的特点是坚硬耐磨、色泽稳定，易于保持清洁，而且具有较好的耐水和耐酸碱腐蚀的性能，但造价偏高，一般适用于用水的房间以及有腐蚀的房间，如厕所、盥洗室、浴室和实验室等。这种地面由于没有弹性、不消声、吸热性大，故不宜用于人们长时间停留并要求安静的房间。陶瓷板块地面的面层属于刚性面层，只能铺贴在整体性和刚性较好的基层上，如混凝土垫层或钢筋混凝土楼板结构层。

2. 石板地面

石板地面包括天然石地面和人造石地面。

天然石有大理石和花岗石等。天然大理石色泽艳丽，具有各种斑驳纹理，可取得较好的装饰效果。大理石板的规格尺寸一般为300mm×300mm～500mm×500mm，厚度为20～30mm。大理石地面的常见做法是先用20～30mm厚1∶3或1∶4干硬性水泥砂浆找平，再用5～10mm厚1∶1水泥砂浆作结合层铺贴大理石板，板缝宽不大于1mm，洒干水泥粉浇水扫缝，最后过草酸打蜡。另外，还可利用大理石碎块拼贴，形成碎大理石地面，它可以充分利用边脚料，既能降低造价，又可取得较好的装饰效果。用作室内地面的花岗石板是表面打磨光滑的磨光花岗石板，它的耐磨程度高于大理石板，但价格昂贵，应用较少。花岗石地面有灰白、红、青、黑等颜色，其构造做法同大理石地面。天然石地面具有较好的耐磨、耐久性能和装饰性，但造价较高，属于高档做法，一般用于装修标准较高的公共建筑的门厅、大厅等（图8-23）。

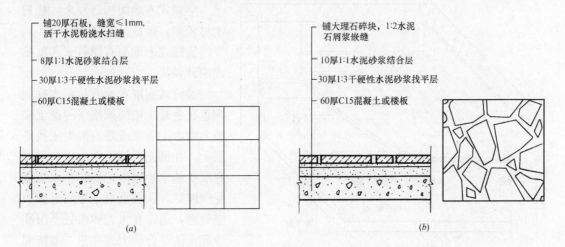

图 8-23 石板地面
(a) 方整石板地面；(b) 碎大理石板地面

人造石板有预制水磨石板、人造大理石板等，其规格尺寸及地面的构造做法与天然石板基本相同，而价格低于天然石板。

3. 塑料板块地面

随着石油化工业的发展，塑料地面的应用日益广泛。塑料地面材料的种类很多，目前聚氯乙烯塑料地面材料应用最广泛。它是以聚氯乙烯树脂为主要胶结材，添加增塑剂、填充料、稳定剂、润滑剂和颜料等经塑化热压而成。可加工成块材，也可加工成卷材，其材质有软质和半硬质两种，目前在我国应用较多的是半硬质聚氯乙烯块材，其规格尺寸一般为100mm×100mm～500mm×500mm，厚度为1.5～2.0mm。塑料板块地面的构造做法是先用15～20mm厚1∶2水泥砂浆找平，干燥后再用胶粘剂粘贴塑料板（图8-24）。

塑料板块地面具有一定的弹性和吸声能力，热传导性低，使脚感舒适温暖，并有利于隔声，它的色彩丰富，

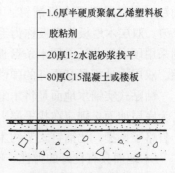

图 8-24 塑料板块地面

可获得较好的装饰效果,而且耐磨性、耐湿性和耐燃性较好,施工方便,易于保持清洁。但其耐高温性和耐刻划性较差,易老化,日久失光变色。这种地面适用于人们长时间逗留且要求安静的房间,或清洁要求较高的房间。

4. 木地面

木地面按构造方式有空铺式和实铺式两种。

空铺式木地面是将支承木地板的搁栅架空搁置,使地板下有足够的空间便于通风,以保持干燥,防止木板受潮变形或腐烂。木搁栅可搁置于墙上,当房间尺寸较大时,也可搁置于地垄墙或砖墩上。空铺木地面应组织好架空层的通风,通常应在外墙勒脚处开设通风洞,有地垄墙时,地垄墙上也应留洞,使地板下的潮气通过空气对流排至室外。空铺式木地面的构造如图 8-25 所示。

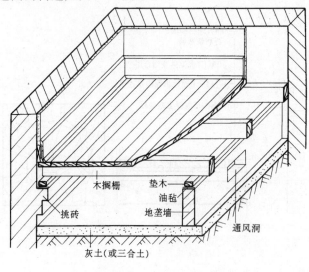

图 8-25 空铺式木地面

空铺式木地面构造复杂,耗费木材较多,因而采用较少。

实铺式木地面有铺钉式和粘贴式两种做法。

铺钉式实铺木地面是将木搁栅搁置在混凝土垫层或钢筋混凝土楼板上的水泥砂浆或细石混凝土找平层上,在搁栅上铺钉木地板。房屋底层实铺木地面时,为防止木地板受潮腐烂,应在混凝土垫层上做防潮处理,通常在水泥砂浆找平层和冷底子油结合层上做一毡二油防潮层或涂刷热沥青防潮层。另外,在踢脚板处设通风口,使地板下的空气流通,以保持干燥。

木搁栅的断面尺寸一般为 50mm×50mm 或 50mm×70mm,间距为 400~500mm。木搁栅应固定在混凝土垫层或钢筋混凝土楼板上,固定方法有多种,如在结构层或垫层内预埋钢筋,用镀锌铁丝将木搁栅与钢筋绑牢,或预埋 U 形铁件嵌固木搁栅等。搁栅间的空挡可用来安装各种管线。

木地板有普通木地板、硬木条形地板和硬木拼花地板等。铺钉式木地面可用单层木板铺钉,也可用双层木板铺钉。单层木地板通常采用普通木地板或硬木条形地板(图 8-26b)。双层木地板的底板称为毛板,可采用普通木板,与搁栅呈 30°或 45°方向铺钉,面板则采用硬木拼花板或硬木条形板,底板和面板之间应衬一层油纸或涂酣醛树脂,以减小摩擦。双层木地板具有更好的弹性,但消耗木材较多(图 8-26a)。

粘贴式实铺木地面是将木地板用沥青胶或环氧树脂等粘结材料直接粘贴在找平层上,若为底层地面,则应在找平层上做防潮层,或直接用沥青砂浆找平。粘贴式实铺木地面由于省略了搁栅,比铺钉式节约木材,造价低,施工简便,应用较多(图 8-26c)。

木地面具有良好的弹性、吸声能力和低吸热性,易于保持清洁,但耐火性差,保养不善时易腐朽,且造价较高,一般用于装修标准较高的住宅、宾馆或有特殊要求的建筑中

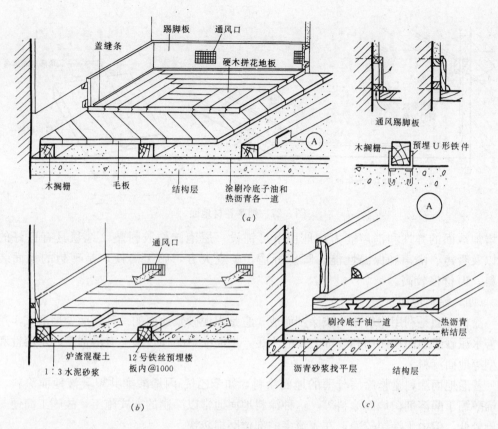

图 8-26 实铺式木地面
(a) 铺钉式木地面（双层）；(b) 铺钉式木地面（单层）；(c) 粘贴式木地面

（如体育馆、剧院等）。

（三）卷材地面

卷材地面是用成卷的铺材铺贴而成。常见的地面卷材有软质聚氯乙烯塑料地毡、油地毡、橡胶地毡和地毯等。

软质聚氯乙烯塑料地毡的规格一般为：宽 700～2000mm，长 10～20m，厚 1～8mm，可用胶粘剂粘贴在水泥砂浆找平层上，也可干铺。塑料地毡的拼接缝隙通常切割成 V 形，用三角形塑料焊条焊接（图 8-27）。

油地毡是以植物油、树脂等为胶结材，加上填料、催化剂和颜料与沥青油纸或麻布织物复合而成的红棕色卷材，它具有一定的弹性和良好的耐磨性。油地毡一般可不用胶粘剂，直接干铺在找平层上即可。

橡胶地毡是以天然橡胶或合成橡胶为主要原料，掺入填充料、防老剂、硫化剂等制成的卷材。它具有良好的弹性、耐磨性和电绝缘性，有利于隔绝撞击声。橡胶地毡可以干铺，也可用胶粘剂粘贴在水泥砂浆找平层上。

地毯类型较多，按地毯面层材料不同有化纤地毯、羊毛地毯和棉织地毯等，其中用化纤或短羊毛作面层，麻布、塑料作背衬的化纤或短羊毛地毯应用较多。地毯可以满铺，也可局部铺设，其铺设方法有固定和不固定两种。不固定式是将地毯直接摊铺在地面上，固定式通常是将地毯用胶粘剂粘贴在地面上，或用倒钩钉将地毯四周固定。

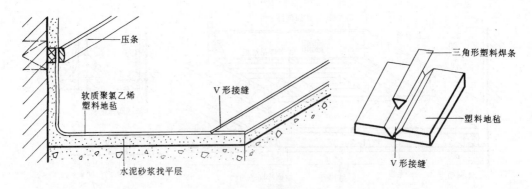

图 8-27 塑料卷材地面

为增加地面的弹性和消声能力,地毯下可铺设一层泡沫橡胶衬垫。地毯具有良好的弹性以及吸声、隔声和保温性能,脚感舒适,美观大方,施工简便,是理想的地面装修材料,但价格较高。

(四) 涂料地面

涂料地面是利用涂料涂刷或涂刮而成。它是水泥砂浆地面的一种表面处理形式,用以改善水泥砂浆地面在使用和装饰方面的不足。地面涂料品种较多,有溶剂型、水溶性和水乳型等地面涂料。

普通地面涂料是指涂层较薄的地面涂料,如苯乙烯-丙烯酸酯共聚乳液地面涂料、聚乙烯醇缩丁醛溶剂型地面涂料等。这种涂料地面通常以涂刷的方式施工,故施工简便,且造价较低,但由于涂层较薄,在人流多的部位磨损较快。

厚质地面涂料是指涂层较厚的地面涂料,常用的厚质地面涂料有两类。一类是单纯以树脂为胶凝材料的厚质地面涂料,如环氧树脂厚质地面涂料、聚氨酯厚质地面涂料等。这类涂料地面由于涂层较厚,故耐磨、耐腐蚀、抗渗、弹韧等性能较好,且装饰效果较好,但造价较高。它可采用涂刮、涂刷等方式施工。另一类是以水溶性树脂或乳液与普通水泥或白水泥复合组成胶结材料,再加入颜料等制成的厚质地面涂料,称为聚合物水泥地面涂料,如聚乙烯醇缩甲醛胶水泥地面涂料、苯乙烯-丙烯酸酯共聚乳液水泥地面涂料等。这类涂料地面通常由主涂层和罩面层组成,采用涂刮、涂刷等方式施工,可根据需要做成各种几何图案或仿木纹、仿水磨石、仿大理石等花纹图案的地面。聚合物水泥涂料地面的涂层与水泥砂浆基层粘结牢固,具有较好的耐水性、耐磨性和耐久性,而且装饰效果较好,造价较低,故应用较普遍。

为保护墙面,防止外界碰撞损坏墙面,或擦洗地面时弄脏墙面,通常在墙面靠近地面处设踢脚线(又称踢脚板)。踢脚线的材料一般与地面相同,故可看作是地面的一部分,即地面在墙面上的延伸部分。踢脚线通常凸出墙面,也可与墙面平齐或凹进墙面,其高度一般为 100~150mm。踢脚线构造如图 8-28 所示。

三、楼地面变形缝(图 8-29)

楼地面变形缝的位置应与墙体变形缝一致,其宽度不应小于 10mm。变形缝应贯通楼板层和地层的各层,混凝土垫层的变形缝宽度不小于 20mm,楼板结构层的变形缝宽度同墙体变形缝一致。对采用沥青类材料的整体楼地面和铺在砂、沥青胶结合层上的板块楼地面,可只在楼板结构层和顶棚层或混凝土垫层中设置变形缝。

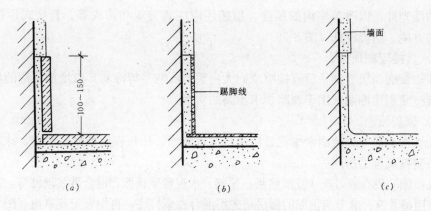

图 8-28 踢脚线构造
(a) 凸出墙面；(b) 与墙面平齐；(c) 凹进墙面

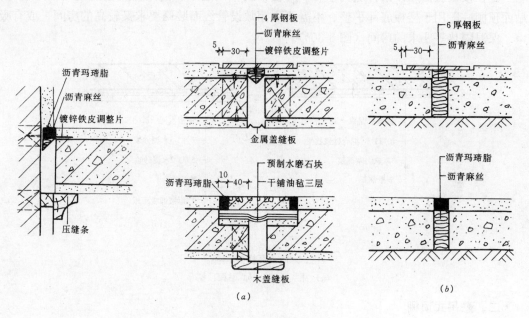

图 8-29 楼地面变形缝
(a) 楼面变形缝；(b) 地面变形缝

变形缝内一般采用沥青麻丝、金属调节片等弹性材料做填缝或封缝处理，上铺活动盖板或橡皮条等，以防灰尘下落，地面也可用沥青胶嵌缝。顶棚处应用木板、金属调节片等做盖缝处理，盖缝板的设置应保证缝两侧的构件能自由变形。

第四节 顶 棚

顶棚作为室内空间上部的装修层，应满足室内使用和美观等方面的要求。顶棚按构造方式不同有直接式顶棚和悬吊式顶棚两种类型。

一、直接式顶棚

直接式顶棚是指直接在楼板结构层的底面做饰面层所形成的顶棚。顶棚表面应光洁，有较好的反光性,以改善室内的照度。顶棚还应注意美观和防火等。直接式顶棚构造简单,施工方便,造价较低(图8-30)。

(一)直接喷刷顶棚

是在楼板底面填缝刮平后直接喷或刷大白浆、石灰浆等涂料,以增加顶棚的反射光照作用。直接喷刷顶棚通常用于观瞻要求不高的房间。

(二)抹灰顶棚

是在楼板底面勾缝或刷素水泥浆后进行抹灰装修,抹灰表面可喷刷涂料,抹灰顶棚适用于一般装修标准的房间。

抹灰顶棚一般有麻刀灰(或纸筋灰)顶棚、水泥砂浆顶棚和混合砂浆顶棚等,其中麻刀灰顶棚应用最普遍。麻刀灰顶棚的做法是先用混合砂浆打底,再用麻刀灰罩面(图8-30a)。

(三)贴面顶棚

是在楼板底面用砂浆打底找平后,用胶粘剂粘贴墙纸、泡沫塑胶板或装饰吸声板等。贴面顶棚一般用于楼板底部平整、不需要顶棚敷设管线而装修要求又较高的房间,或有吸声、保温隔热等要求的房间(图8-30b)。

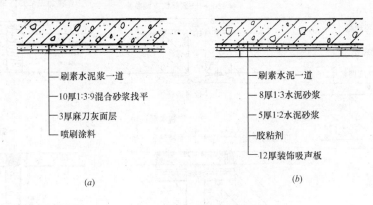

图8-30 直接式顶棚
(a)抹灰顶棚;(b)贴面顶棚

二、悬吊式顶棚

悬吊式顶棚又称吊顶棚或吊顶,是将饰面层悬吊在楼板结构上而形成的顶棚。饰面层可做成平直或弯曲的连续整体式,也可将局部降低或升高形成分层式,或按一定规律和图形进行分块而形成立体式等。吊顶棚的构造复杂、施工麻烦、造价较高,一般用于装修标准较高而楼板底部不平或在楼板下面敷设管线的房间,以及有特殊要求的房间。

吊顶棚应具有足够的净空高度,以便于各种设备管线的敷设;合理地安排灯具、通风口的位置,以符合照明、通风要求;选择合适的材料和构造做法,使其燃烧性能和耐火极限符合防火规范的规定;吊顶棚应便于制作、安装和维修,自重宜轻,以减少结构负荷。同时,吊顶棚还应满足美观和经济等方面的要求。对有些房间,吊顶棚应满足隔声、音质等特殊要求。

吊顶棚一般由吊杆、基层和面层三部分组成。吊杆又称吊筋,顶棚通常是借助于吊杆悬吊在楼板结构上的,有时也可不用吊杆而将基层直接固定在梁或墙上。吊杆有金属吊杆和木吊杆两种，一般多用钢筋或型钢等制作的金属吊杆。基层是用来固定面层并承受其重量，一般有主龙骨（又称主搁栅）和次龙骨（又称次搁栅）两部分组成。主龙骨与吊杆相连，一般单向布置。次龙骨固定在主龙骨上，其布置方式和间距视面层材料和顶棚外形而定。龙骨也有金属龙骨和木龙骨两种，为节约木材、减轻自重以及提高防火性能，现多用薄钢带或铝合金制作的轻型金属龙骨。面层固定在次龙骨上，可现场抹灰而成，也可用板材拼装而成（图8-31）。

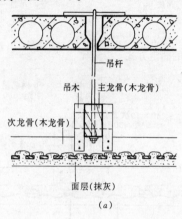 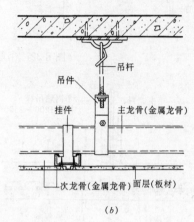

图 8-31 吊顶棚的组成
(a) 抹灰吊顶；(g) 板材吊顶

吊顶按面层施工方式不同有抹灰吊顶和板材吊顶两大类。

（一）抹灰吊顶

抹灰吊顶按面层做法不同有板条抹灰、板条钢板网（或钢丝网）抹灰和钢板网抹灰三种类型。

1. 板条抹灰吊顶

板条抹灰吊顶的吊杆一般采用 $\phi 6$ 钢筋或带螺栓的 $\phi 8$ 钢筋，间距一般为 900～1500mm。吊杆与钢筋混凝土楼板的固定方式有若干种，如现浇钢筋混凝土楼板中预留钢筋做吊杆或与吊杆连接，预制钢筋混凝土楼板的板缝伸出吊杆，或用射钉、螺钉固定吊杆等（图8-32）。这种吊顶也可采用木吊杆。吊顶的龙骨为木龙骨，主龙骨间距不大于1500mm，次龙骨垂直于主龙骨单向布置，间距一般为 400～500mm，主龙骨和次龙骨通过吊木连接。面层是由铺钉于次龙骨上的板条和表面的抹灰层组成。这种吊顶造价较低，但抹灰劳动量大，抹灰面层易出现龟裂，甚至破损脱落，且防火性能差，一般用于装修要求不高且面积不大的房间（图8-33a）。

2. 板条钢板网抹灰吊顶

是在板条抹灰吊顶的板条和抹灰层之间加钉一层钢板网，以防抹灰层开裂脱落（图8-33b）。

3. 钢板网抹灰吊顶

一般采用金属龙骨，主龙骨多为槽钢，其型号和间距应视荷载大小而定，次龙骨一般为角钢，在次龙骨下加铺一道 $\phi 6$ 的钢筋网，再铺设钢板网抹灰。这种吊顶的防火性能和耐久性好，可用于防火要求较高的建筑（图8-33c）。

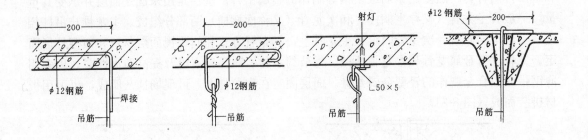

图 8-32 吊筋与楼板的固定方式

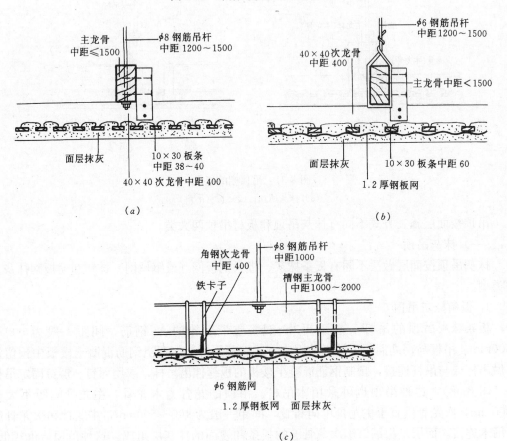

图 8-33 抹灰吊顶
(a) 板条抹灰吊顶;(b) 板条钢板网抹灰吊顶;(c) 钢板网抹灰吊顶

(二) 板材吊顶

板材吊顶按基层材料不同主要有木基层吊顶和金属基层吊顶两种类型。

1. 木基层吊顶

木基层吊顶的吊杆可采用 φ6 钢筋,也可采用 40mm×40mm 或 50mm×50mm 的方木,吊杆间距一般为 900~1200mm。木基层通常由主龙骨和次龙骨组成。主龙骨钉接或栓接于吊杆上,其断面多为 50mm×70mm。主龙骨底部钉装次龙骨,次龙骨通常纵横双向布置,其断面一般为 50mm×50mm,间距应根据材料规格确定,一般不超过 600mm,超过 600mm 时可加设小龙骨。吊顶面积不大且形式较简单时,可不设主龙骨。吊顶板材常采用木质板材,如胶合板、纤维板、装饰吸声板、木丝板等,也可采用塑料板材或矿物板材等。板材一般用木螺钉或圆钢钉固定在次龙骨上。

木基层吊顶属于燃烧体或难燃烧体,故只能用于防火要求较低的建筑中(图 8-34)。

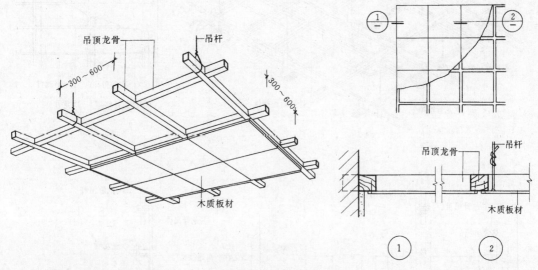

图 8-34 木基层吊顶

2. 金属基层吊顶

金属基层吊顶的吊杆一般采用 $\phi 6$ 钢筋或 $\phi 8$ 钢筋,吊杆间距一般为 900~1200mm。金属基层按材质不同有轻钢基层和铝合金基层。

轻钢基层的龙骨断面多为 U 形,称为 U 形轻钢吊顶龙骨,一般由主龙骨、次龙骨、次龙骨横撑、小龙骨及配件组成。主龙骨断面为 C 形,次龙骨或小龙骨的断面均为 U 形(图 8-35)。

铝合金基层的龙骨断面多为 T 形,称为 T 形铝合金吊顶龙骨,一般由主龙骨、次龙骨、小龙骨、边龙骨及配件组成。主龙骨断面也是 C 形,次龙骨和小龙骨的断面为倒 T 形,边部次龙骨或小龙骨断面为 L 形(图 8-36)。

金属基层吊顶的主龙骨间距不宜大于 1200mm,按其承受上人荷载的能力不同分为轻型、中型和重型三级,主龙骨借助于吊件与吊杆连接。次龙骨和小龙骨的间距应根据板材规格确定。龙骨之间用配套的吊挂件或连接件连接。

金属基层吊顶的板材主要有石膏板、矿棉板、塑料板和金属板等。石膏板有普通纸面石膏板、石膏装饰吸声板等,它具有质轻、防火、吸声、隔热和易于加工等优点;矿棉装饰吸声板具有质轻、吸声、防火、保温、隔热和施工方便等优点;塑料板有钙塑泡沫装饰吸声板(又称钙塑板)、聚氯乙烯塑料装饰板、聚苯乙烯泡沫塑料装饰吸声板等,它具有质轻、隔热、吸声、耐水和施工方便等优点。

吊顶板材与金属龙骨的布置方式有两种:一种是龙骨不外露的布置方式。板材用自攻螺钉或胶粘剂固定在次龙骨或小龙骨下面,使龙骨内藏形成整片光平的顶面。这种布置方

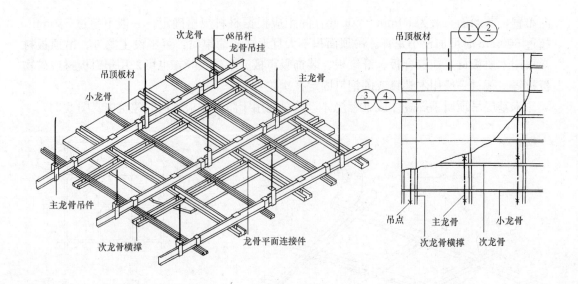

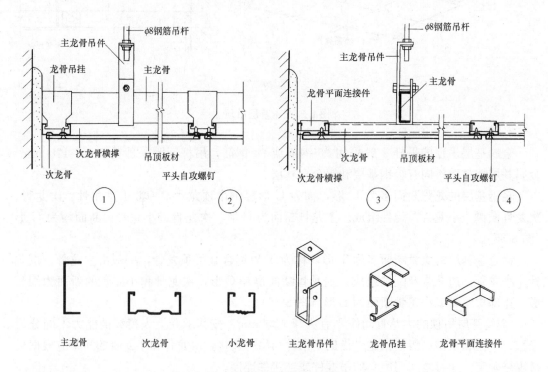

图 8-35 U 形轻钢龙骨吊顶

式的龙骨通常为 U 形轻钢龙骨，如图 8-35 所示。另一种是龙骨外露的布置方式。板材直接搁置在倒 T 形次龙骨或小龙骨的翼缘上，使龙骨外露形成格状顶面。这种布置方式的龙骨为 T 形铝合金龙骨，如图 8-36 所示。

　　金属基层吊顶的金属板材和龙骨可用铝合金板、不锈钢板、镀锌钢板等材料制成。板有条形、方形等平面形式，并可做成各种不同的截面形状，板的外露面可做搪瓷、烤漆、喷漆等处理。金属龙骨根据板材形状做成各种不同形式的夹齿，以便与板材连接。金属吊

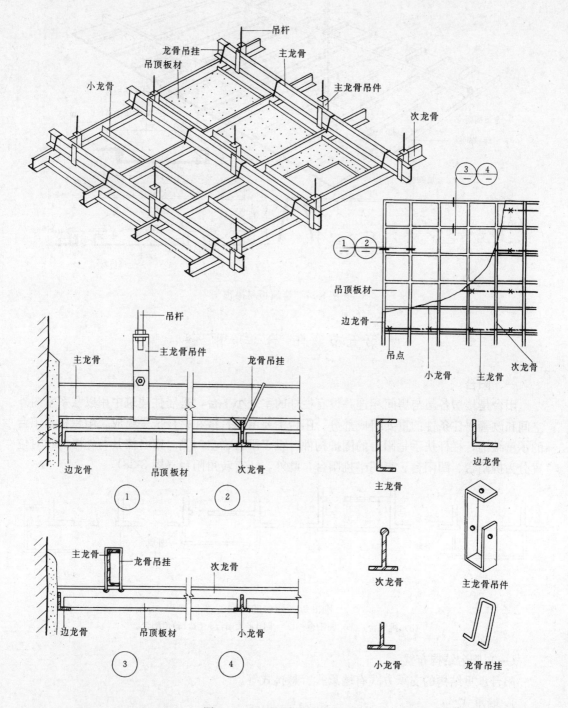

图 8-36 T形铝合金龙骨吊顶

顶板材自重轻,构造简单,组装灵活,安装方便,且装饰效果好(图 8-37)。

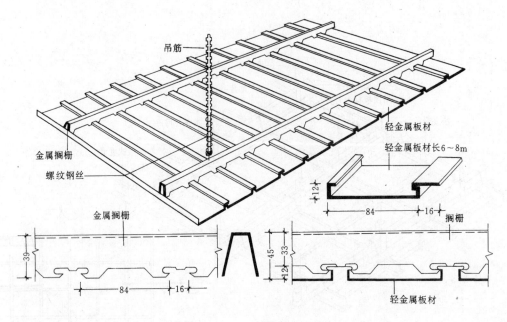

图 8-37 金属板材吊顶

第五节 阳台与雨篷

一、阳台

阳台是楼房各层与房间相连并设有栏杆的室外小平台，是居住建筑中用以联系室内外空间和改善居住条件的重要组成部分。阳台主要由阳台板和栏杆扶手组成。阳台板是阳台的承重结构，栏杆扶手是阳台的围护构件，设于阳台临空一侧。阳台按其与外墙的相对位置分为挑阳台、凹阳台、半凹半挑阳台，此外，还有转角阳台（图 8-38）。

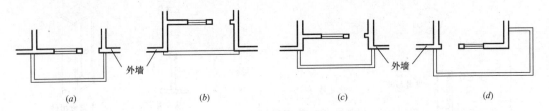

图 8-38 阳台的类型
(a) 挑阳台；(b) 凹阳台；(c) 半凹半挑阳台；(d) 转角阳台

（一）阳台结构布置

阳台承重结构的支承方式有墙承式、悬挑式等。

1. 墙承式

是将阳台板直接搁置在墙上，其板型和跨度通常与房间楼板一致。这种支承方式结构简单，施工方便，多用于凹阳台（图 8-39a）。

2. 悬挑式

是将阳台板悬挑出外墙。为使结构合理、安全，阳台悬挑长度不宜过大，而考虑阳台

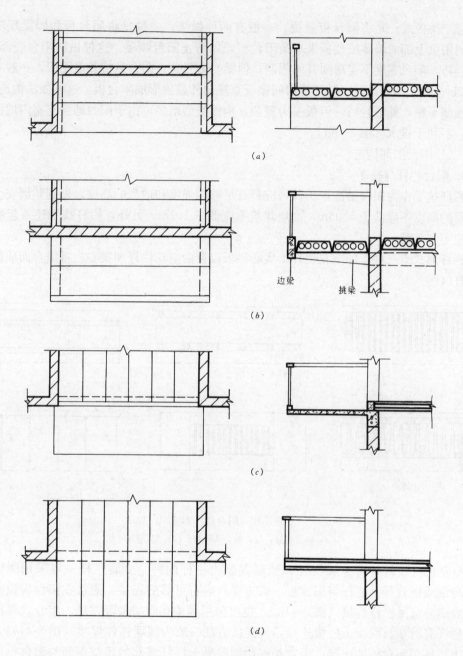

图 8-39 阳台结构布置
(a) 墙承式；(b) 挑梁式；(c) 挑板式（墙梁挑板）；(d) 挑板式（楼板悬挑）

的使用要求，悬挑长度又不宜过小，一般悬挑长度为 1.0~1.5m，以 1.2m 左右最常见。悬挑式适用于挑阳台或半凹半挑阳台。按悬挑方式不同有挑梁式和挑板式两种。

(1) 挑梁式：是从横墙上伸出挑梁，阳台板搁置在挑梁上。挑梁压入墙内的长度一般为悬挑长度的 1.5 倍左右，为防止挑梁端部外露而影响美观，可增设边梁。阳台板的类型和跨度通常与房间楼板一致。挑梁式的阳台悬挑长度可适当大些，而阳台宽度应与横墙间距（即房间开间）一致。挑梁式阳台应用较广泛（图 8-39b）。

(2) 挑板式：是将阳台板悬挑，一般有两种做法：一种是将阳台板和墙梁现浇在一起，利用梁上部的墙体或楼板来平衡阳台板，以防止阳台倾覆。这种做法阳台底部平整，外形轻巧，阳台宽度不受房间开间限制，但梁受力复杂，阳台悬挑长度受限，一般不宜超过 1.2m（图 8-39c）。另一种是将房间楼板直接向外悬挑形成阳台板。这种做法构造简单，阳台底部平整，外形轻巧，但板受力复杂，构件类型增多，由于阳台地面与室内地面标高相同，不利于排水（图 8-39d）。

（二）阳台细部构造

1. 阳台栏杆与扶手

栏杆扶手作为阳台的围护构件，应具有足够的强度和适当的高度，做到坚固安全。栏杆扶手的高度不应低于 1.05m，高层建筑不应低于 1.1m。另外，栏杆扶手还兼起装饰作用，应考虑美观。

栏杆形式有三种，即空花栏杆、实心栏板以及由空花栏杆和实心栏板组合而成的组合式栏杆（图 8-40）。

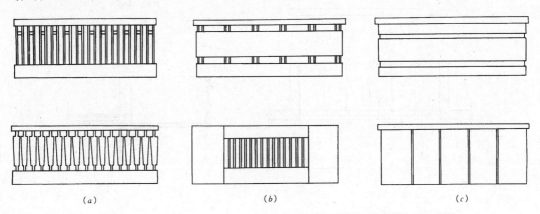

图 8-40 阳台栏杆形式
(a) 空花栏杆；(b) 组合式栏杆；(c) 实心栏板

空花栏杆按材料有金属栏杆和预制混凝土栏杆两种。金属栏杆一般采用圆钢、方钢、扁钢或钢管等。栏杆与阳台板（或边梁）应有可靠的连接，通常在阳台板顶面预埋通长扁钢与金属栏杆焊接（图 8-41a），也可采用预留孔洞插接等方法。组合式栏杆中的金属栏杆有时须与混凝土栏板连接，其连接方法一般为预埋铁件焊接（图 8-41b）。预制混凝土栏杆与阳台板的连接，通常是将预制混凝土栏杆端部的预留钢筋与阳台板顶面的后浇混凝土挡水边坎现浇在一起（图 8-41c），也可采用预埋铁件焊接或预留孔洞插接等方法。

栏板按材料有混凝土栏板、砖砌栏板等。混凝土栏板有现浇和预制两种。现浇混凝土栏板通常与阳台板（或边梁）整浇在一起（图 8-41d），预制混凝土栏板可预留钢筋与阳台板的后浇混凝土挡水边坎浇注在一起（图 8-41e），或预埋铁件焊接。砖砌栏板的厚度一般为 120mm，为加强其整体性，应在栏板顶部设现浇钢筋混凝土扶手，或在栏板中配置通长钢筋加固（图 8-41f）。

栏板和组合式栏杆顶部的扶手多为现浇或预制钢筋混凝土扶手。栏板或栏杆与钢筋混

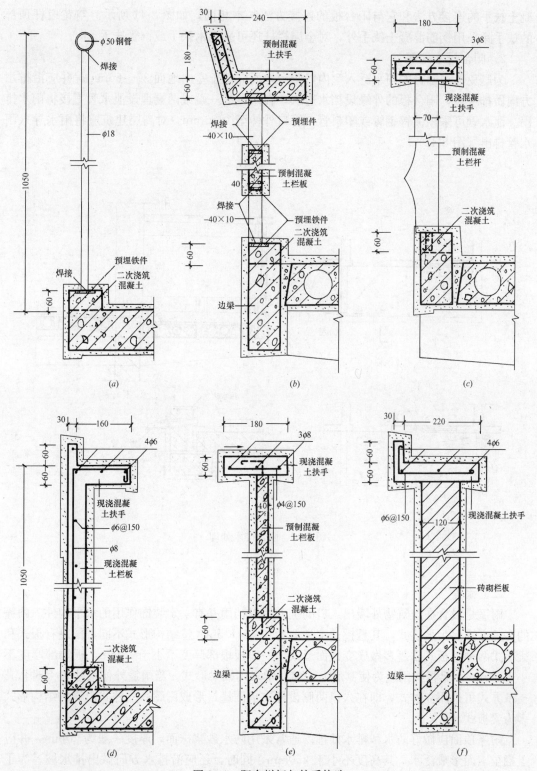

图 8-41 阳台栏杆与扶手构造
(a) 金属栏杆与钢管扶手；(b) 组合式栏杆与混凝土扶手；(c) 预制混凝土栏杆与混凝土扶手；
(d) 现浇混凝土栏板与混凝土扶手；(e) 预制混凝土栏板与混凝土扶手；(f) 砖砌栏板与混凝土扶手

凝土扶手的连接方法和它与阳台板的连接方法基本相同，如图8-41所示。空花栏杆顶部的扶手除采用钢筋混凝土扶手外，对金属栏杆还可采用木扶手或钢管扶手。

2. 阳台排水处理

为避免落入阳台的雨水泛入室内，阳台地面应低于室内地面30~60mm，并应沿排水方向做排水坡，阳台板的外缘设挡水边坎，在阳台的一端或两端埋设泄水管直接将雨水排出。泄水管可采用镀锌钢管或塑料管，管口外伸至少80mm。对高层建筑应将雨水导入雨水管排出（图8-42）。

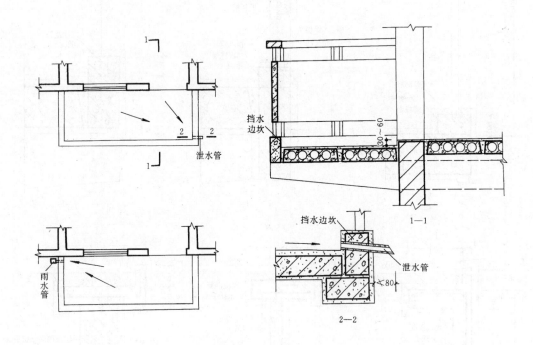

图8-42 阳台排水处理

二、雨篷

雨篷是设置在建筑物外墙出入口的上方用以挡雨并有一定装饰作用的水平构件。雨篷的支承方式多为悬挑式，其悬挑长度一般为0.9~1.5m。按结构形式不同，雨篷有板式和梁板式两种。板式雨篷多做成变截面形式，一般板根部厚度不小于70mm，板端部厚度不小于50mm。梁板式雨篷为使其底面平整，常采用翻梁形式。当雨篷外伸尺寸较大时，其支承方式可采用立柱式，即在入口两侧设柱支承雨篷，形成门廊，立柱式雨篷的结构形式多为梁板式。

雨篷顶面应做好防水和排水处理。通常采用防水砂浆抹面，厚度一般为20mm，并应上翻至墙面形成泛水，其高度不小于250mm，同时，还应沿排水方向做出排水坡。为了集中排水和立面需要，可沿雨篷外缘做上翻的挡水边坎，并在一端或两端设泄水管将雨水集中排出（图8-43）。

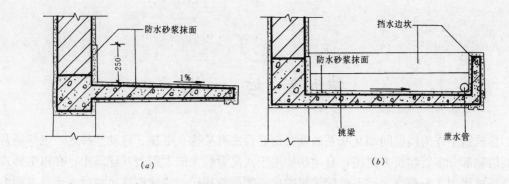

图 8-43 雨篷构造
(a) 板式雨篷；(b) 梁板式雨篷

第九章 楼 梯

　　建筑物中作为楼层间相互联系的垂直交通设施有楼梯、电梯、自动扶梯等。电梯通常在高层和部分多层建筑中使用，自动扶梯用于人流量较大的大型公共建筑中，在以电梯或自动扶梯作为主要垂直交通手段的建筑中也必须设置楼梯。楼梯应满足通行和疏散方面的要求，保证在正常情况下人流通行和家具设备搬运方便，在紧急情况下有足够的疏散能力，同时，也要符合结构、施工、经济和防火等方面的要求，做到坚固安全、经济合理，此外，还要注意美观。

　　建筑物室内外地面标高不同，为便于室内外之间的联系，通常在建筑物入口处设置台阶或坡道。

第一节　楼梯的组成与尺度

一、楼梯的组成

楼梯主要由梯段、平台和栏杆扶手三部分组成（图9-1）。

（一）楼梯梯段

楼梯梯段是两个平台之间由若干连续踏步组成的倾斜构件。考虑适用和安全，每个梯段的踏步数量一般不应超过18级，也不应少于3级。

（二）楼梯平台

楼梯平台包括楼层平台和中间平台两部分。连接楼板层与梯段端部的水平构件，称为楼层平台，平台面标高与该层楼面标高相同。位于两层楼（地）面之间连接梯段的水平构件，称为中间平台，其主要作用是减少疲劳，也起转换梯段方向的作用。

（三）栏杆扶手

栏杆是布置在楼梯梯段和平台边缘处有一定刚度和安全度的围护构件。扶手附设于栏杆顶部，供作依扶用。扶手也可附设于墙上，称为靠墙扶手。

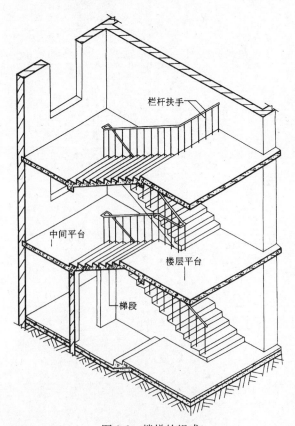

图 9-1　楼梯的组成

二、楼梯的主要尺度

(一) 楼梯坡度和踏步尺寸

楼梯坡度是指梯段中各级踏步前缘的假定连线与水平面形成的夹角，或以夹角的正切表示。楼梯坡度不宜过大或过小。坡度过大，行走易疲劳；坡度过小，楼梯占用的面积增加，不经济。楼梯的坡度范围为23°～45°，适宜的坡度为30°左右。坡度较小时，可做成坡道。坡度大于45°为爬梯。楼梯、爬梯、坡道等的坡度范围如图9-2所示。

楼梯坡度的选择要从攀登效率、便于通行、节省面积等方面考虑。公共建筑的楼梯，一般人流量较大，坡度应较平缓，常采用26°34′，(正切为1/2) 左右。住宅中的公用楼梯，通常人流量较小，为节省公共交通面积，坡度可稍陡些，常采用33°42′，(正切为1/1.5) 左右。楼梯坡度不宜超过38°，供少量人流通行的内部交通楼梯，坡度可适当加大。

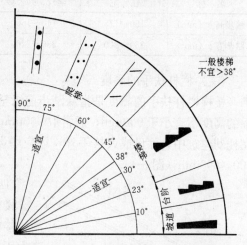

图 9-2 楼梯、爬梯及坡道等的坡度范围

踏步是由踏步面和踏步踢板组成。踏步尺寸包括踏步宽度和踏步高度，如图9-3所示。

踏步高度与踏步宽度之比，即踏步的高宽比，与楼梯的坡度一致。楼梯坡度越大，踏步高度越大、宽度越小；反之，楼梯坡度越小，踏步高度越小、宽度越大。计算踏步尺寸常用的公式为：

$$2h + b = 600 \text{mm}$$

式中　　h——踏步高度；

　　　　b——踏步宽度；

600mm——女子和儿童的平均步距。

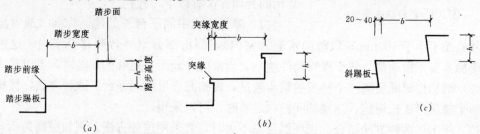

图 9-3 踏步形式和尺寸
(a) 无突缘；(b) 有突缘（直踢板）；(c) 有突缘（斜踢板）

踏步宽度与人脚的长度应相适应，一般不宜小于250mm，常用260～320mm。为了适应人们上下楼时脚的活动情况，踏步面宜适当宽一些。在不改变梯段长度的情况下，为加宽踏步面，可将踏步的前缘挑出，形成突缘，突缘宽度一般为20～40mm（图9-3b、c）。踏步高度不宜大于210mm，也不宜小于140mm，各级踏步高度均应相同，一般常用140～180mm。民用建筑中常用适宜踏步尺寸见表9-1。

（二）楼梯平台深度

楼梯平台深度不应小于楼梯梯段的宽度，并不得小于 1.20m，以便于在平台及平台转弯处的人流通行和家具设备搬运。对于不改变行进方向的中间平台，以及通向走廊的楼层平台，其深度可不受此限制。

常用适宜踏步尺寸　　　　　　　　　　　　表 9-1

名 称	住 宅	学校、办公楼	剧院、会堂	医院（病人用）	幼儿园
踏步高 h（mm）	150～175	140～160	120～150	150	120～150
踏步宽 b（mm）	260～300	280～340	300～350	300	260～300

（三）栏杆扶手的高度

楼梯栏杆扶手的高度是指从踏步前缘至扶手上表面的垂直距离。一般室内楼梯栏杆扶手的高度不宜小于 900mm，通常取 900mm。室外楼梯栏杆扶手的高度不应小于 1050mm。在托幼建筑中，除设成人扶手外，还应增设幼儿扶手，其高度不应大于 600mm，一般为 500～600mm（图 9-4）。

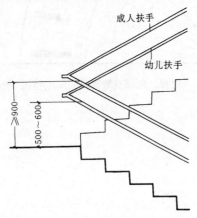

图 9-4　栏杆扶手高度

（四）楼梯的净高

楼梯的净高包括梯段部位的净高和平台部位的净高。楼梯的净高应保证行人能正常通行，避免行进中产生压抑感，同时，还要考虑家具设备的搬运。梯段净高是指踏步前缘到顶棚（即顶部梯段底面）的垂直距离，梯段净高不应小于 2200mm。平台净高是指平台面（或楼地面）到顶部平台梁底面的垂直距离，平台净高不应小于 2000mm。

当楼梯底层中间平台下做通道时，为使平台净高不小于 2000mm，通常需要对底层楼梯做必要的处理。常用的处理方法有以下几种：

（1）降低楼梯中间平台下的地面标高（通常应高出室外地面不小于 100mm，以防雨水流入室内），即将部分室外台阶移至室内。这种方法，楼梯本身不做调整，便于楼梯构件统一，当室内外地面有足够的高差时，可以采用。

（2）增加楼梯底层第一个梯段的踏步数量，即抬高底层中间平台。这种方法，楼梯底层的两个梯段形成长短跑，当楼梯间进深足够时，可以采用。

（3）将上述两种方法结合。当底层层高不大时，常采用这种方法。例如层高为 2.8m，室内外地面高差为 0.6m 的某住宅，采用双跑平行楼梯，楼梯底层中间平台下做通道。若底层楼梯两个梯段为等跑，则底层中间平台面的标高为 1.400m，假定平台梁的高度（包括平台板厚为）300mm，则平台梁的底面标高为 1.100m，即平台净高为 1100mm＜2000mm，不满足要求。这时，可先采用第一种方法，将平台下的地面标高降至－0.450m，则平台净高为 1100＋450＝1550mm＜2000mm。那么，再采用第二种方法，假定踏步高度为 175mm，宽度为 250mm，则第一个梯段应增加的踏步数量为（2000－1550）÷175≈3级。此时，平台净高为 1550＋175×3＝2075mm＞2000mm，满足要求（图 9-5）。

（五）楼梯梯段尺寸

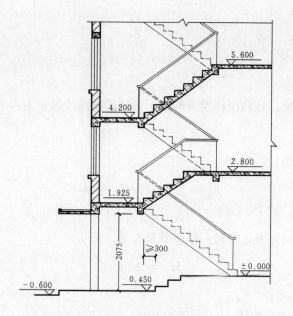

图 9-5 楼梯净高设计

楼梯梯段尺寸包括梯段宽度、梯段长度和梯段高度。

1. 梯段宽度

梯段宽度是指梯段边缘或墙面之间垂直于行走方向的水平距离。梯段宽度应根据人流量的大小、防火要求及建筑物的使用性质等确定,详见本书第二章。若楼梯间的开间已定,应按开间确定梯段宽度,如双跑平行楼梯的梯段宽度 B_1 为:

$$B_1 = \frac{B - B_2}{2}$$

式中 B——楼梯间的净宽;

B_2——梯井宽度。

梯井是指梯段和平台的内侧面围绕的空间,梯井宽度是指上下行梯段内侧面之间的水平距离。考虑梯段的施工,应有一定的梯井宽度,一般为 60～200mm。

梯段宽度应采用基本模数的整数倍数,必要时可采用 M/2 的整数倍数。

2. 梯段长度

梯段长度是指梯段始末两踏步前缘线之间的水平距离。梯段长度与踏步宽度及该梯段的踏步数量有关,即:

$$L_n = (N_n - 1)b$$

式中 L_n——梯段长度;

N_n——梯段的踏步数量;

b——踏步宽度。

由于梯段上行的最后一个踏步面的标高与平台面标高一致,其踏步宽度已计入平台深度。因此,在计算梯段长度时,应减去一个踏步宽度。

梯段的踏步数量与该梯段所在楼层的踏步总数量有关,另外,还要考虑楼梯的形式及踏步在各梯段的分配情况。楼层的踏步总数量 N 为:

$$N = \frac{H}{h}$$

式中 H——层高；

h——踏步高度。

若为双跑平行楼梯，且两个梯段为等跑，则梯段的踏步数量为：

$$N_1 = N_2 = N/2$$

那么，梯段长度为：

$$L_1 = L_2 = (N/2 - 1)b$$

3. 梯段高度

梯段高度与踏步高度及该梯段的踏步数量有关，即：

$$H_n = N_n h$$

式中 H_n——梯段高度；

N_n——梯段的踏步数量；

h——踏步高度。

楼梯各部分尺度如图 9-6 所示。

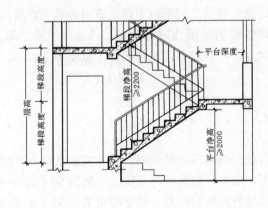

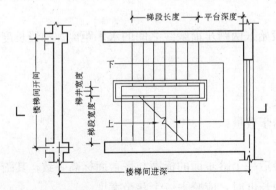

图 9-6 楼梯各部分尺度

第二节 钢筋混凝土楼梯

钢筋混凝土楼梯具有较好的结构刚度和耐久、耐火性能,并且在施工、造型和造价等方面也有较多优点,故应用最为普遍。

钢筋混凝土楼梯按施工方法不同,主要有现浇整体式和预制装配式两类。

一、现浇整体式钢筋混凝土楼梯

现浇钢筋混凝土楼梯的整体性好,刚度大,有利于抗震,但模板耗费大,施工期较长。一般适用于抗震要求高、楼梯形式和尺寸特殊或施工吊装有困难的建筑。

现浇钢筋混凝土楼梯按梯段的结构形式不同,有板式楼梯和梁式楼梯两种。

(一)板式楼梯

整个梯段是一块斜放的板,称为梯段板。板式楼梯通常由梯段板、平台梁和平台板组成。梯段板承受梯段的全部荷载,通过平台梁将荷载传给墙体(图9-7a)。必要时,也可取消梯段板一端或两端的平台梁,使梯段板与平台板连成一体,形成折线形的板直接支承于墙上(图9-7b)。

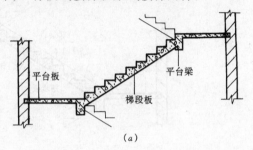

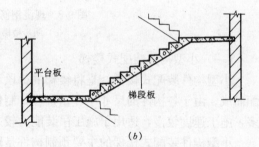

图 9-7 现浇钢筋混凝土板式楼梯

板式楼梯的梯段底面平整,外形简洁,便于支模施工。但是,当梯段跨度较大时,梯段板较厚,自重较大,钢材和混凝土用量较多,不经济。当梯段跨度不大时(一般不超过3m),常采用板式楼梯。

(二)梁板式楼梯

楼梯梯段是由踏步板和梯段斜梁(简称梯梁)组成。梯段的荷载由踏步板传递给梯梁,再通过平台梁将荷载传给墙体。

梯梁通常设两根,分别布置在踏步板的两端。梯梁与踏步板在竖向的相对位置有两种:一种是梯梁在踏步板之下,踏步外露,称为明步(图9-8a);另一种是梯梁在踏步板之上,形成反梁,踏步包在里面,称为暗步(图9-8b)。

梯梁也可只设一根,通常有两种形式:一种是踏步板的一端设梯梁,另一端搁置在墙上,省去一根梯梁,可节省用料和模板,但施工不便;另一种是用单梁悬挑踏步板,即梯梁布置在踏步板中部或一端,踏步板悬挑,这种形式的楼梯结构受力较复杂,但外形独特,一般适用于通行量小、梯段宽度和荷载不大的楼梯。

梁板式楼梯比板式楼梯的钢材和混凝土用量少、自重轻,但支模和施工较复杂。当荷载或梯段跨度较大时,采用梁板式楼梯比较经济。

二、预制装配式钢筋混凝土楼梯

预制装配式钢筋混凝土楼梯现场湿作业少,施工速度较快,故应用较广。为适应不同的生产、运输和吊装能力,预制装配式钢筋混凝土楼梯有小型、中型和大型预制构件之分。

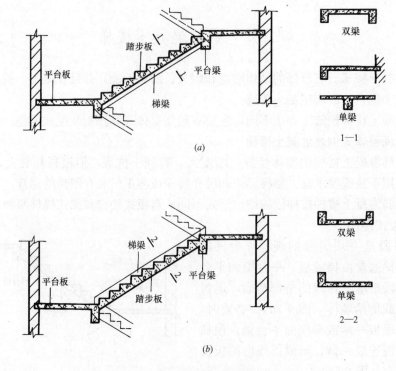

图 9-8 现浇钢筋混凝土梁板式楼梯
(a) 明步楼梯；(b) 暗步楼梯

(一) 小型构件装配式楼梯

小型构件装配式楼梯，是将楼梯的梯段和平台划分成若干部分，分别预制成小构件装配而成。由于各构件的尺寸小、重量轻，制作、运输和安装简便，造价较低，但构件数量多，施工速度较慢，适用于施工吊装能力较差的情况。

小型构件装配式楼梯的主要预制构件是踏步和平台板。

1. 预制踏步

钢筋混凝土预制踏步的断面形式有三角形、L形和一字形三种（图 9-9）。

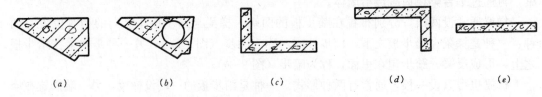

图 9-9 预制踏步的形式
(a) 实心三角形踏步；(b) 空心三角形踏步；(c) 正置L形踏步；
(d) 倒置L形踏步；(e) 一字形踏步

三角形踏步拼装后底面平整。实心三角形踏步自重较大，为减轻自重，可将踏步内抽孔，形成空心三角形踏步。

L形踏步自重较轻、用料较省，但拼装后底面形成折板形，容易积灰。L形踏步的搁置方式有两种：一种是正置，即踢板朝上搁置；另一种是倒置，即踢板朝下搁置。

一字形踏步只有踏板没有踢板，制作简单，拼装后漏空、轻巧，但容易落灰。必要时，可用砖补砌踢板。

预制踏步的支承方式主要有梁承式、墙承式和悬挑式三种。

(1) 梁承式楼梯：是指预制踏步支承在梯梁上，形成梁式梯段，梯梁支承在平台梁上。任何一种形式的预制踏步都可采用这种支承方式。

梯梁的形式，视踏步形式而定。三角形踏步一般采用矩形梯梁，楼梯为暗步时，可采用L形梯梁。L形和一字形踏步应采用锯齿形梯梁。预制踏步在安装时，踏步之间以及踏步与梯梁之间应用水泥砂浆坐浆。L形和一字形踏步预留孔洞，与锯齿形梯梁上预埋的插铁套接，孔内用水泥砂浆填实。

平台梁一般为L形断面，将梯梁搁置在L形平台梁的翼缘上，或在矩形断面平台梁的两端局部做成L形断面，形成缺口，将梯梁插入缺口内。这样，不会由于梯梁的搁置，导致平台梁底面标高降低而影响平台净高。梯梁与平台梁的连接，一般采用预埋铁件焊接，或预留孔洞和插铁套接。

预制踏步梁承式楼梯构造如图9-10所示。

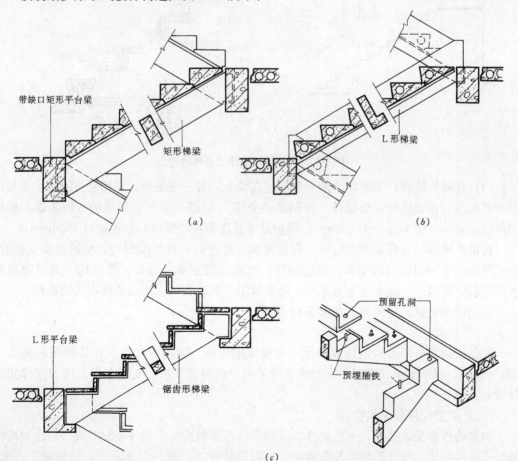

图9-10 预制踏步梁承式楼梯构造

(a) 三角形踏步与矩形梯梁组合（明步楼梯）；(b) 三角形踏步与L形梯梁组合（暗步楼梯）；(c) L形（或一字形）踏步与锯齿形梯梁组合

(2) 墙承式楼梯：是将预制踏步的两端支承在墙上，将荷载直接传递给两侧的墙体。预制踏步一般采用L形，或加砌立砖做踢板的一字形。

墙承式楼梯不需要设梯梁和平台梁，故构造简单，制作、安装简便，节约材料，造价低。这种支承方式，主要适用于直跑楼梯。若为双跑平行楼梯，则需要在楼梯间中部设墙，以支承踏步，但造成楼梯间的空间狭窄，视线受阻，给人流通行和家具设备搬运带来不便。为减少视线遮挡，避免碰撞，可在墙上适当部位开设观察孔（图9-11）。

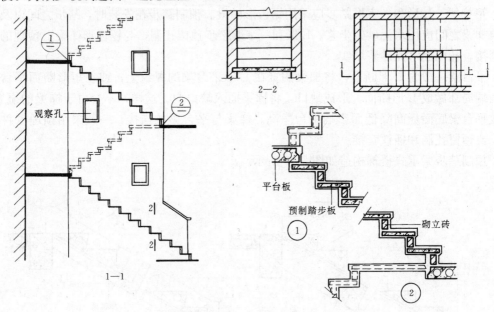

图9-11 预制踏步墙承式楼梯构造

(3) 悬挑式楼梯：是将踏步的一端固定在墙上，另一端悬挑，利用悬挑的踏步承受梯段全部荷载，并直接传递给墙体。预制踏步采用L形或一字形。从结构方面考虑，楼梯间两侧的墙体厚度不应小于240mm，踏步悬挑长度即梯段宽度一般不超过1500mm。

悬挑式楼梯不设梯梁和平台梁，构造简单，造价低，且外形轻巧。预制踏步安装时，须在踏步临空一端设临时支撑，以防倾覆，故施工较麻烦。另外，受结构方面的限制较大，抗震性能较差，地震区不宜采用，通常适用于非地震区、梯段宽度不大的楼梯。

预制踏步悬挑式楼梯构造如图9-12所示。

2. 平台板

平台板通常采用预制钢筋混凝土空心板或槽形板，两端直接支承在楼梯间的横墙上（图9-13a）。对于梁承式楼梯，平台板也可采用小型预制平板，支承在平台梁和楼梯间的纵墙上（图9-13b）。

(二) 中型构件装配式楼梯

中型构件装配式楼梯，是把楼梯梯段和平台各预制成一个构件装配而成。与小型构件装配式楼梯相比，构件的种类和数量少，可以简化施工，减轻劳动强度，加快施工速度，但要求有一定的施工吊装能力。

1. 预制梯段

是将整个梯段预制成一个构件。按其结构形式不同，有板式梯段和梁板式梯段两种。

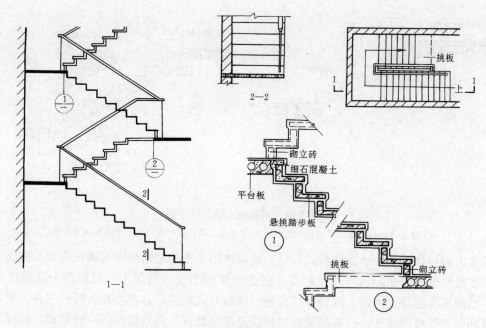

图 9-12 预制踏步悬挑式楼梯构造

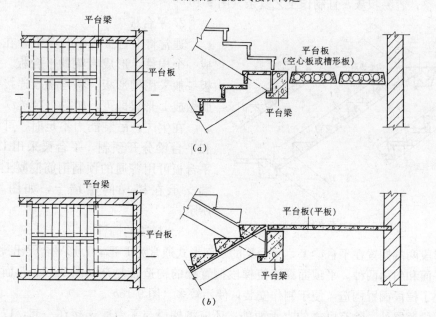

图 9-13 平台板的布置

(1) 板式梯段：梯段为预制成整体的梯段板，两端搁置在平台梁出挑的翼缘上，将梯段荷载直接传递给平台梁。

板式梯段按构造方式不同，有实心和空心两种类型。实心梯段板自重较大（图 9-14a），在吊装能力不足时，可沿梯段宽度方向分块预制，安装时拼接成整体。为减轻梯段自重，可将板内抽孔，形成空心梯段板（图 9-14b）。空心梯段板有横向抽孔和纵向抽孔两种，横向抽孔制作方便，应用较广，梯段板厚度较大时，可以纵向抽孔。

(2) 梁板式梯段：是将由踏步板和梯梁组成的梯段预制成一个构件，一般采用暗步，

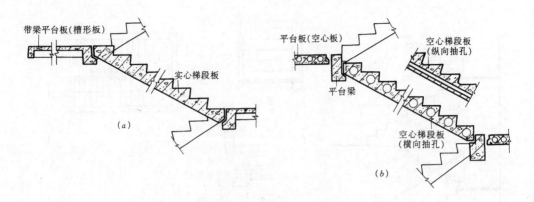

图 9-14 预制板式梯段与平台
(a) 实心梯段板与带梁平台板（槽形板）；(b) 空心梯段板与平台梁、平台板（空心板）

即梯梁上翻包住踏步，形成槽板式梯段。通常将踏步根部的踏步面与踢板相交处做成平行于踏步板底面的斜面，这样，在踏步连接处的厚度不变的情况下，可使整个梯段底面上升，从而减少混凝土用量，减轻梯段自重。梯段形式有实心、空心和折板形三种。空心梁板式梯段只能横向抽孔。折板形梁板式梯段是用料最省、自重最轻的一种形式，但梯段底面不平整，容易积灰，且制作工艺复杂（图 9-15）。

2. 平台板

通常将平台板和平台梁组合在一起预制成一个构件，形成带梁的平台板。这种平台板一般采用槽形板，将与梯段连接一侧的板肋做成 L 形梁即可，如图 9-14（a）所示。

在生产、吊装能力不足时，可将平台板和平台梁分开预制，平台梁采用 L 形断面，平台板可用普通的预制钢筋混凝土楼板，两端支承在楼梯间横墙上，如图 9-14（b）所示。

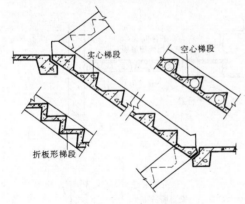

图 9-15 预制梁板式梯段

3. 梯段的搁置

梯段两端搁置在平台梁上，平台梁的断面形式通常为 L 形，L 形平台梁出挑的翼缘顶面有平面和斜面两种。平顶面翼缘使梯段搁置处的构造较复杂（图 9-16a），而斜顶面翼缘简化了梯段搁置构造，便于制作安装，使用较多（图 9-16b）。

梯段搁置处，除有可靠的支承面外，还应将梯段与平台梁连接在一起，以加强整体性。通常在梯段安装前铺设水泥砂浆坐浆，使构件间的接触面贴紧，受力均匀。安装后用预埋铁件焊接的方式将梯段和平台梁连接在一起，或安装时将梯段预留孔套接在平台梁的预埋插铁上，孔内用水泥砂浆填实，如图 9-16（a）、（b）所示。

底层第一跑楼梯段的下端应设基础或基础梁，以支承梯段，如混凝土基础、毛石基础、砖基础或钢筋混凝土基础梁等（图 9-16c、d）。

（三）大型构件装配式楼梯

大型构件装配式楼梯，是把整个梯段和平台预制成一个构件。按结构形式不同，有板

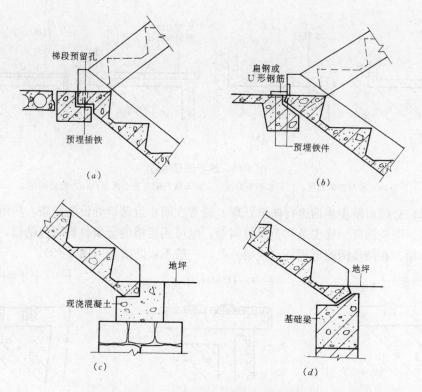

图 9-16 梯段的搁置与连接构造
(a) 梯段与平台梁的连接（套接）；(b) 梯段与平台梁的连接（焊接）；
(c) 梯段与基础的连接；(d) 梯段与基础梁的连接

式楼梯和梁板式楼梯两种（图 9-17）。

这种楼梯的构件数量少，装配化程度高，施工速度快，但施工时需要大型的起重运输设备，主要用于大型装配式建筑中。

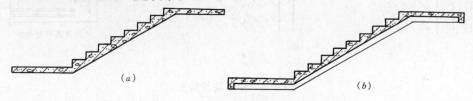

图 9-17 大型构件装配式楼梯形式
(a) 板式楼梯；(b) 梁板式楼梯

第三节 楼梯细部构造

一、踏步面层及防滑构造

楼梯踏步面层应便于行走、耐磨、防滑并易于清洁。踏步面层的材料，视装修要求而定，一般与门厅或走道的楼地面材料一致，常用的有水泥砂浆、水磨石、大理石和缸砖等（图 9-18）。

为防止行人使用楼梯时滑跌，踏步表面应有防滑措施，特别是人流量大或踏步表面光

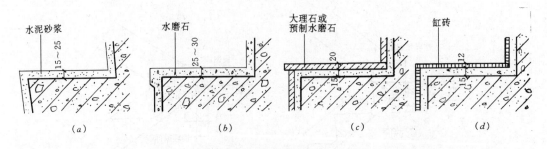

图 9-18　踏步面层构造

(a) 水泥砂浆面层；(b) 水磨石面层；(c) 天然石或人造石面层；(d) 缸砖面层

滑的楼梯，必须对踏步表面进行防滑处理。通常在踏步近踏口处设防滑条，防滑条的材料有金刚砂、陶瓷锦砖、橡皮条和金属材料等。也可用带槽的金属材料等包踏口，既防滑又起保护作用。在踏步两端近栏杆（或墙）处，一般不设防滑条（图9-19）。

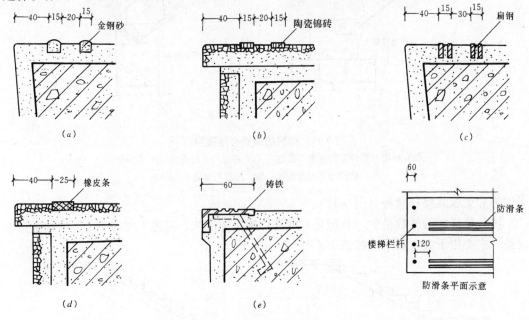

图 9-19　踏步防滑构造

(a) 金钢砂防滑条；(b) 陶瓷锦砖防滑条；(c) 扁钢防滑条；(d) 橡皮条防滑条；(e) 铸铁防滑包口

二、栏杆和扶手

栏杆扶手是楼梯边沿处的围护构件，具有防护和依扶功能，并兼起装饰作用。栏杆扶手通常只在楼梯梯段和平台临空一侧设置。梯段宽度达三股人流时，应在靠墙一侧增设扶手，即靠墙扶手；梯段宽度达四股人流时，须在中间增设栏杆扶手。栏杆扶手的设计，应考虑坚固安全、适用、美观等。

（一）栏杆

楼梯栏杆有空花栏杆、栏板式栏杆和组合式栏杆三种。

1. 空花栏杆

空花栏杆一般采用圆钢、方钢、扁钢和钢管等金属材料做成。常用的栏杆断面尺寸为

圆钢 $\phi16\sim\phi25mm$，方钢 $15mm\times15mm\sim25mm\times25mm$，扁钢（30～50）mm×（3～6）mm，钢管 $\phi20\sim\phi50mm$。

有儿童活动的场所，如幼儿园、住宅等建筑，为防止儿童穿过栏杆空挡发生危险，栏杆垂直杆件间的净距不应大于110mm，且不应采用易于攀登的花饰。

空花栏杆形式如图9-20所示。

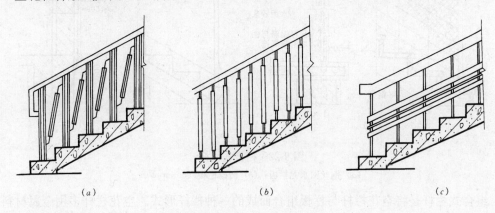

图 9-20 空花栏杆形式示例

栏杆与梯段应有可靠的连接，连接方法主要有以下几种：

（1）预埋铁件焊接：将栏杆的立杆与楼梯中预埋的钢板或套管焊接在一起（图9-21a）。

（2）预留孔洞插接：将端部做成开脚的栏杆插入梯段预留的孔洞内，用水泥砂浆或细石混凝土填实（图9-21b）。

（3）螺栓连接：用螺栓将栏杆固定在梯段上，固定方式有若干种，如用板底螺帽栓紧贯穿踏板的栏杆等（图9-21c）。

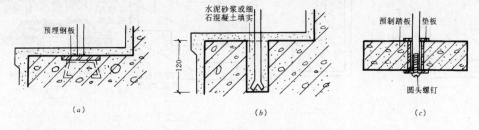

图 9-21 栏杆与梯段的连接
(a) 预埋铁件焊接；(b) 预留孔洞插接；(c) 螺栓连接

2. 栏板式栏杆

栏板通常采用现浇或预制的钢筋混凝土板、钢丝网水泥板或砖砌栏板，也可采用具有较好装饰性的有机玻璃、钢化玻璃等作栏板。

钢丝网水泥栏板是在钢筋骨架的侧面先铺钢丝网，后抹水泥砂浆而成（图9-22a）。

砖砌栏板是用砖侧砌成1/4砖厚，为增加其整体性和稳定性，通常在栏板中加设钢筋网，并用现浇的钢筋混凝土扶手连成整体（图9-22b）。

3. 组合式栏杆

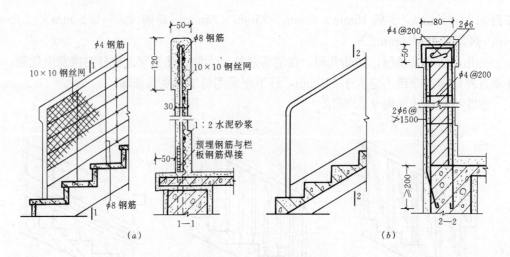

图 9-22 栏板式栏杆
(a) 钢丝网水泥栏板；(b) 砖砌栏板（60mm 厚）

组合式栏杆是将空花栏杆与栏板组合而成的一种栏杆形式。空花栏杆多用金属材料制作，栏板可用钢筋混凝土板或砖砌栏杆，也可用有机玻璃、钢化玻璃和塑料板等（图9-23）。

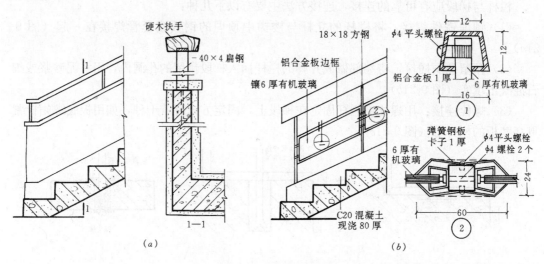

图 9-23 组合式栏杆
(a) 金属栏杆与钢筋混凝土栏板组合；(b) 金属栏杆与有机玻璃板组合

（二）扶手

扶手位于栏杆顶部。空花栏杆顶部的扶手一般采用硬木、塑料和金属材料制作，其中硬木扶手应用最普遍。当装修标准较高时，可用金属扶手，如钢管扶手、铝合金扶手等。扶手的断面形式和尺寸应便于手握抓牢，扶手顶面宽度一般 40～90mm（图 9-24a、b、c）。栏板顶部的扶手可用水泥砂浆或水磨石抹面而成，也可用大理石板、预制水磨石板或木板贴面而成（图 9-24d、e、f）。

扶手与栏杆应有可靠的连接，连接方法视扶手材料而定。硬木扶手与金属栏杆的连接，通常是在金属栏杆的顶端先焊接一根通长扁钢，然后用木螺钉将扁钢与扶手连接在一起。塑料扶手与金属栏杆的连接方法和硬木扶手类似。金属扶手与金属栏杆多用焊接。扶手与栏杆的连接构造如图 9-24 所示。

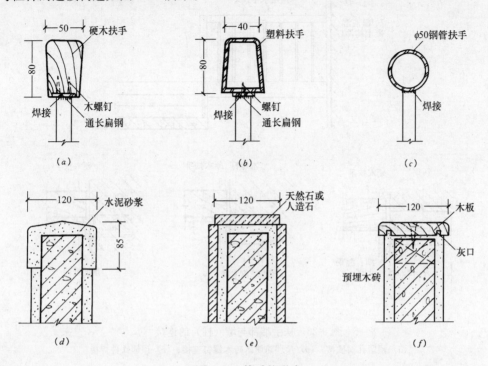

图 9-24　扶手的形式
(a) 硬木扶手；(b) 塑料扶手；(c) 金属扶手；(d) 水泥砂浆（水磨石）扶手；
(e) 天然石（或人造石）扶手；(f) 木板扶手

靠墙扶手是通过连接件固定于墙上。连接件通常直接埋入墙上的预留孔内，也可用预埋螺栓连接。连接件与扶手的连接构造同栏杆与扶手的连接（图 9-25）。

楼梯顶层的楼层平台临空一侧，应设置水平栏杆扶手，扶手端部与墙应固定在一起。一般在墙上预留孔洞，将连接扶手和栏杆的扁钢插入洞内，用水泥砂浆或细石混凝土填实。也可将扁钢用木螺钉固定于墙内预埋的防腐木砖上。若为钢筋混凝土墙或柱，则可预埋铁件焊接（图 9-26）。

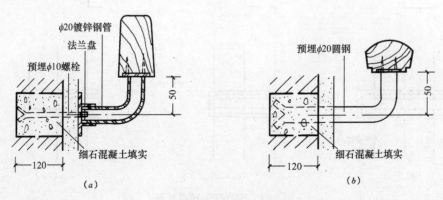

图 9-25　靠墙扶手
(a) 预埋螺栓；(b) 预埋连接体

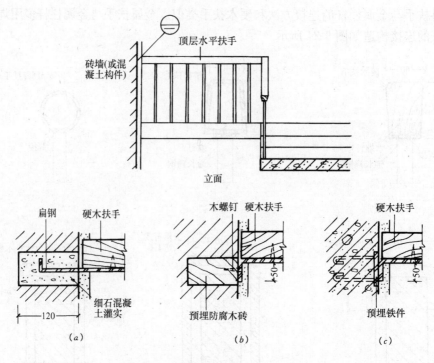

图 9-26 扶手端部与墙（柱）的连接
(a) 预留孔洞插接；(b) 预埋防腐木砖木螺钉连接；(c) 预埋铁件焊接

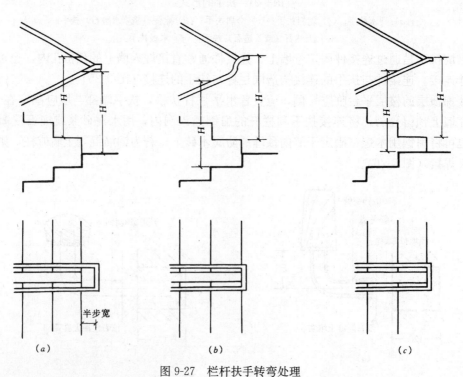

图 9-27 栏杆扶手转弯处理
(a) 栏杆扶手伸入平台半个踏步宽；(b) 鹤颈扶手；(c) 上下行梯段错开一步

(三) 栏杆扶手的转弯处理

在平行楼梯的平台转弯处，当上下行梯段的第一个踏步口相平齐时，为保持上下行梯段的扶手高度一致，常用的处理方法是将平台处的栏杆扶手设置在平台边缘以内半个踏步宽的位置上（图 9-27a）。这一位置，上下行梯段的扶手顶面标高刚好相同。这种处理方法，扶手连接简单，使用方便，弯头易于制作，省工省料。但由于栏杆扶手伸入平台半个踏步宽，使平台的通行宽度减小，在平台深度不大时，会给人流通行和家具设备搬运带来不便。

若不改变平台的通行宽度，则应将平台处的栏杆扶手紧靠平台边缘设置。但这一位置，上下行梯段的扶手顶面标高不同，形成高差。处理扶手高差的方法有几种，如采用鹤颈扶手（图 9-27b）。这种方法，扶手弯头制作费工费料，使用不便。也可采用上下扶手斜接或断开的处理方法。

若要平台边缘处上下行梯段的扶手顶面标高相同，可将上下行梯段错开一步（图 9-27c）。这种处理方法，扶手连接简单，使用方便，但增加了楼梯间的进深。

第四节 室外台阶与坡道

室外台阶和坡道都是建筑物入口处连接室内外不同标高地面的构件。一般多采用台阶，当有车辆通行或室内外地面高差较小时，可采用坡道。

一、室外台阶

室外台阶一般包括踏步和平台两部分。台阶的坡度应比楼梯小，踏步的高宽比一般为 1∶2～1∶4，通常踏步高度为 100～150mm，踏步宽度为 300～400mm。平台设置在出入口与踏步之间，起缓冲作用。平台深度一般不小于 900mm，为防止雨水积聚或溢水室内，平台面宜比室内地面低 20～60mm，并向外找坡 1％～4％，以利排水。

室外台阶应坚固耐磨，具有较好的耐久性、抗冻性和抗水性。台阶按材料不同，有混凝土台阶、石台阶和钢筋混凝土台阶等。混凝土台阶由面层、混凝土结构层和垫层组成。面层可用水泥砂浆或水磨石面层，也可采用缸砖、陶瓷锦砖、天然石或人造石等块材面层，垫层可采用灰土、三合土或碎石等。混凝土台阶应用最普遍（图 9-28a）。石台阶有毛石台阶和条石台阶。毛石台阶构造同混凝土台阶，条石台阶通常不另做面层（图 9-28b）。当地基较差或踏步数量较多时，可采用钢筋混凝土台阶，钢筋混凝土台阶构造同楼梯（图 9-28c）。

为防止台阶与建筑物因沉降差别而出现裂缝，台阶可在建筑主体基本建成有一定的沉陷后再施工，或采用钢筋混凝土架空台阶。

严寒地区，若台阶地基为冻胀土，为保证台阶稳定，减轻冻胀影响，可改换砂、石类土，或采用钢筋混凝土架空台阶。

二、坡道

坡道的坡度与使用要求、面层材料和做法有关。坡度大，使用不便；坡度小，占地面积大，不经济。坡道的坡度一般 1∶6～1∶12。面层光滑的坡道，坡度不宜大于 1∶10；粗糙材料和设防滑条的坡道，坡度可稍大，但不应大于 1∶6，锯齿形坡道的坡度可加大至 1∶4。

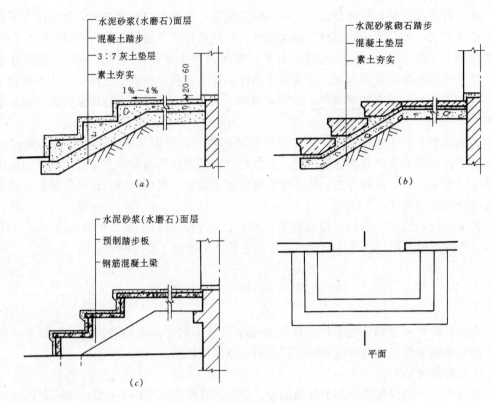

图 9-28 台阶类型及构造
(a) 混凝土台阶；(b) 石台阶；(c) 钢筋混凝土架空台阶

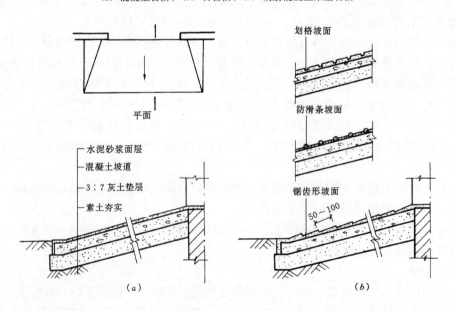

图 9-29 坡道构造
(a) 混凝土坡道；(b) 混凝土防滑坡道

与台阶一样，坡道也应采用耐久、耐磨和抗冻性好的材料，一般多采用混凝土坡道（图 9-29a），也可采用天然石坡道等。坡道的构造要求和做法与台阶类似，但坡道对防滑要求较高，特别是坡度较大时。混凝土坡道可在水泥砂浆面层上划格，以增加摩擦力，坡度较大时，可设防滑条，或做成锯齿形（俗称礓磜）（图 9-29b）。天然石坡道可对表面做粗糙处理。

第十章 屋　　顶

屋顶是建筑最上层的覆盖构件。它主要有两个作用：一是防御自然界的风、雨、雪、太阳辐射热和冬季低温等的影响；二是承受作用于屋顶上的风荷载、雪荷载和屋顶自重等。因此，屋顶设计必须满足坚固耐久、防水排水、保温隔热、抵御侵蚀等要求。同时还应做到自重轻、构造简单、便于就地取材、施工方便和造价经济等。

第一节　屋顶的组成与形式

一、屋顶的组成

屋顶是由面层、承重结构、保温隔热层和顶棚等部分组成（图10-1）。

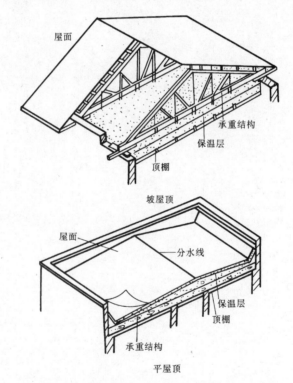

图10-1　屋顶的组成

屋顶面层暴露在大气中，直接承受自然界各种因素的长期作用。因此，屋面材料应具有良好的防水性能，同时也必须满足一定的强度要求。

屋顶承重结构，承受屋面传来的各种荷载和屋顶自重。承重结构一般有平面结构和空间结构。当建筑内部空间较小时，多采用平面结构，如屋架、梁板结构等。大型公共建筑（如体育馆、礼堂等）内部空间大，中间不允许设柱支承屋顶，故常采用空间结构，如薄壳、网架、悬索、折板结构等。

保温层是严寒和寒冷地区为防止冬季室内热量透过屋顶散失而设置的构造层。隔热层是炎热地区夏季隔绝太阳辐射热进入室内而设置的构造层。保温和隔热层应采用导热系数小的材料，其位置可设在顶棚与承重结构之间、承重结构与屋面防水层之间或屋面防水层上等。

顶棚是屋顶的底面。当承重结构采用梁板结构时，一般在梁、板的底面进行抹灰，形成直接抹灰顶棚。当承重结构采用屋架或室内顶棚要求较高（如不允许梁外露）时，可以从屋顶承重结构向下吊挂顶棚，形成吊顶棚。除此之外，顶棚也可以用搁栅搁置在墙或柱上形成，与屋顶承重结构脱离。

二、屋顶的形式

屋顶的形式与建筑的使用功能、屋面盖料、结构类型以及建筑造型要求等有关。由于这些因素不同，便形成了平屋顶、坡屋顶以及曲面屋顶、折板屋顶等多种形式（图10-2)。其中平屋顶和坡屋顶是目前应用最为广泛的形成。

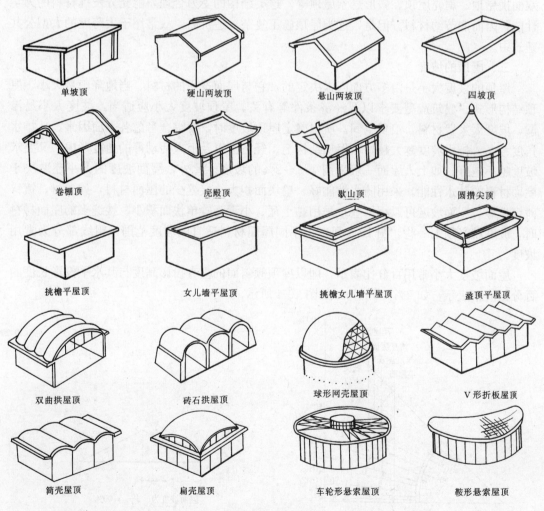

图10-2 屋顶类型

（一）平屋顶

屋面较平缓，坡度不超过5%时，通常称为平屋顶。平屋顶的主要优点是节约材料，构造简单，屋顶上面便于利用，可做成露台、屋顶花园、屋顶游泳池等。

（二）坡屋顶

坡屋顶一般由斜屋面组成，屋面坡度一般大于10%，传统建筑中的小青瓦屋顶和平瓦屋顶均属坡屋顶。坡屋顶在我国有着悠久的历史，由于坡屋顶造型丰富多彩。满足人们的审美要求，并能就地取材，至今仍被广泛应用。

坡屋顶按其坡面的数目可分为单坡顶、双坡顶和四坡顶。当建筑宽度不大时，可选用单坡顶，当建筑宽度较大时，宜采用双坡顶或四坡顶。双坡屋顶有硬山和悬山之分。硬山是指房屋两端山墙高出屋面，山墙封住屋面。悬山是指屋顶的两端排出山墙外面。古建筑中的庑殿顶和歇山顶属于四坡顶。

（三）曲面屋顶

曲面屋顶是由各种薄壳结构、悬索结构以及网架结构等作为屋顶承重结构的屋顶，如双曲拱屋顶、扁壳屋顶、鞍形悬索屋顶等。这类结构的受力合理，能充分发挥材料的力学性能，因而能节约材料。但是，这类屋顶施工复杂，造价高，故常用于大跨度的大型公共建筑中。

三、屋顶的坡度

屋顶的坡度大小是由多方面因素决定的，它与屋面选用的材料、当地降雨量大小、屋顶结构形式、建筑造型要求以及经济条件等有关。屋顶坡度大小应适当，坡度太小易渗漏，坡度太大费材料，浪费空间。所以确定屋顶坡度时，要综合考虑各方面因素。从排水角度考虑，排水坡度越大越好；但从结构上、经济上以及上人活动等的角度考虑，又要求坡度越小越好。如上人屋面一般采用1%~2%的坡度。此外，屋面坡度的大小还取决于屋面材料的防水性能。采用防水性能好、单块面积大、接缝少的屋面材料，如卷材、镀锌薄钢板等，屋面坡度可以小一些；采用黏土瓦、小青瓦等单块面积小、接缝多的屋面材料时，坡度就必须大一些。图10-3列出了不同屋面材料适宜的坡度范围，粗线部分为常用坡度。

屋面坡度大小常用百分比表示，即以屋顶倾斜面的垂直投影高度与其水平投影长度的百分比值来表示，如2%、5%等，如图10-4所示。

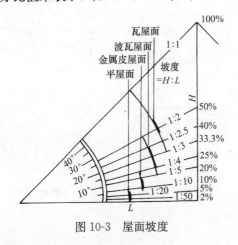

图10-3 屋面坡度

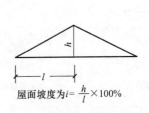

屋面坡度为 $i=\dfrac{h}{l}\times 100\%$

图10-4 屋面坡度表示方法

第二节 平屋顶

一、平屋顶的特点及组成

目前，多数建筑都采用平屋顶。由于平屋顶构造简单，节省材料，价格较低，能提高预制装配化程度，施工方便，节省空间，能适应各种平面形状，屋顶表面便于利用等，因此近年来平屋顶在城乡建设中应用越来越广泛，成为建筑屋顶的主要形式。

平屋顶一般由四部分组成，即面层、结构层，保温隔热层和顶棚层。但在不同地区其组成略有区别，如我国南方地区，一般不设保温层，而北方地区则很少设隔热层，因此屋面的组成要视地理环境而定。

（一）防水层

平屋顶是通过防水材料来达到防水目的。平屋顶坡度较小，排水缓慢，因而要加强屋面的防水构造处理。平屋顶一般选用防水性能好和面积较大的屋面材料做防水面层，并采取可靠的缝隙处理措施来提高屋面的抗渗能力。目前，在南方地区常采用水泥砂浆或配筋细石混凝土浇筑的整体面层，称刚性防水屋面；在北方地区，则多采用柔性卷材的屋面防水层，称柔性防水。

（二）承重结构

平屋顶主要采用钢筋混凝土结构，按施工方法不同，有现浇、预制和装配整体式三种。其中，目前一般建筑中用得最多的是预制钢筋混凝土板，如空心板和槽形板等。

（三）保温层或隔热层

保温层或隔热层的设置目的，是防止冬、夏季顶层房间过冷或过热。一般常将保温、隔热层设在承重结构层与防水层之间。常采用的保温材料有无机粒状材料和块状制品，如膨胀珍珠岩、水泥蛭石、加气混凝土块、聚苯乙烯泡沫塑料等。

（四）顶棚层

屋顶顶棚层一般有板底抹灰和吊顶棚两大类，与楼板层的顶棚做法基本相同。

二、平屋顶的排水

为了迅速排除屋面雨水，保证水流畅通，需进行周密的排水设计，首先应选择适宜的排水坡度（图10-3），确定排水方式，做好屋顶排水组织设计。

（一）屋顶坡度的形成

平屋面的常用坡度为2‰～5‰，坡度的形成一般可通过两种方法来实现，即材料找坡和结构找坡。

1. 材料找坡

材料找坡亦称垫置坡度。是在水平的屋面板上面，利用材料厚度不一形成一定的坡度。找坡材料多用炉渣等轻质材料加水泥或石灰形成，一般设在承重屋面板与保温层之间，如图10-5所示。

材料找坡形成的坡度不宜过大，否则找坡层的平均厚度增加，使屋面荷载过大，从而导致屋顶造价增加。

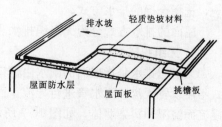

图10-5 平屋顶材料找坡

当保温材料为松散状时，也可不另设找坡层，利用保温材料本身做成不均匀厚度来形成一定的坡度。材料找坡可使室内获得水平的顶棚层，但增加了屋面自重。

2. 结构找坡

结构找坡亦称搁置坡度。它是将屋面板搁放在有一定倾斜度的梁或墙上，而形成屋面的坡度。这种做法，顶棚是倾斜的，屋面板以上各构造层厚度不发生变化，如图10-6所示。

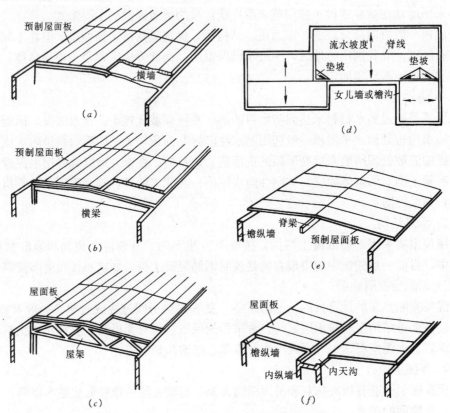

图 10-6 平屋顶结构找坡

结构找坡不需另做找坡材料层，从而减少了屋顶荷载，施工简单，造价低，但顶棚是斜面，室内空间高度不相等，使用上不习惯，往往需设吊顶棚。所以，这种做法在一般民用建筑中采用较少，多用于跨度较大的生产性建筑和有吊顶的公共建筑中。

（二）排水方式的选择

平屋顶的排水坡度较小，要把屋面上的雨雪水尽快地排除，就要组织好屋顶的排水系统，选择合理的排水方式。

屋面的排水方式分为无组织排水和有组织排水两大类。

1. 无组织排水

无组织排水是指屋面的雨水由檐口自由滴落到室外地面，又称自由落水。这种排水方式不需设置天沟、雨水管进行导流，而要求屋檐必须挑出外墙面，以防屋面雨水顺外墙面漫流而浇湿和污染墙体，如图10-7所示。

无组织排水构造简单，造价较低，不易漏雨和堵塞。但当屋檐高度大的建筑或雨量大

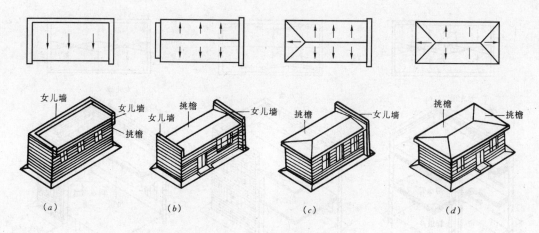

图 10-7 无组织排水

的地区采用无组织排水，落水时将沿檐口形成水帘，雨水四溅，危害墙身和环境。因此，无组织排水方式一般只适用于年降水量较小，房屋较矮以及次要建筑中。

2. 有组织排水

当建筑物较高、年降水量较大或较为重要的建筑，应采用有组织排水方式。有组织排水是将屋面划分成若干排水区，按一定的排水坡度把屋面雨水有组织地排到檐沟或雨水口，通过雨水管排泄到散水或明沟中，如图 10-8 所示。

有组织排水与自由落水相比，可避免屋檐下落雨水污染墙面，危害墙基。但雨水管处理不当易出现堵塞和漏雨，因此这种方式构造较复杂，造价较高。表 10-1 为有组织排水方式的采用依据。

采用有组织排水的依据　　　　　　　　　表 10-1

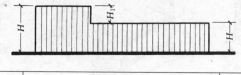

年降雨量（mm）	≤900	>900
屋面至地面 H（m）	>10	>8
屋面至屋面 H_1（m）	>4	>3

有组织排水分为外排水和内排水两种。一般大量性民用建筑多采用外排水。外排水视檐口做法不同可分为檐沟外排水和女儿墙外排水。

屋面可以根据建筑物的跨度和外形需要，做成单坡、双坡或四坡排水，相应地在单面、双面或四面设置排水檐沟。雨水从屋面排至檐沟，沟内垫出不小于1%的纵向坡度，把雨水引向雨水口，再经落水管排泄到地面的明沟和散水。

女儿墙外排水的平屋顶，可在女儿墙内侧设内檐沟或垫坡，雨水口穿过女儿墙，在女儿墙外面设落水管。

有些建筑不宜在外墙设落水管，如多跨房屋的中间跨、高层建筑及严寒地区（为防止

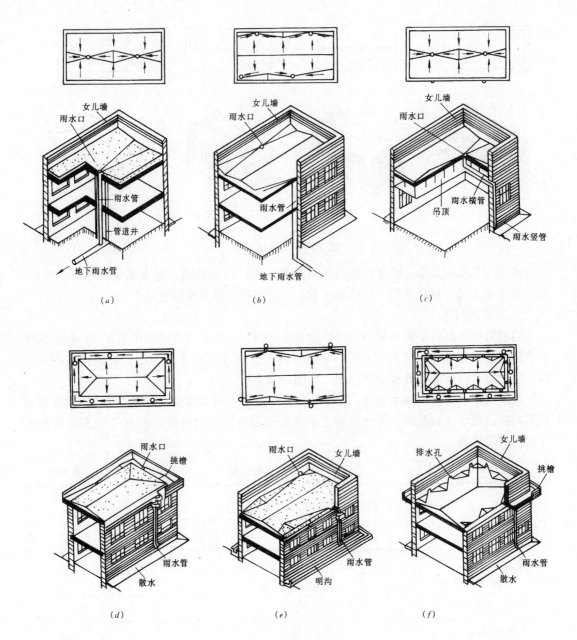

图 10-8 有组织排水
(a)、(d)、(c) 内排水；(d)、(e)、(f) 外排水

室外落水管冻结堵塞）。另外，落水管也影响建筑立面的效果，这时可采取屋面内排水，此时雨水由屋面天沟汇集，经雨水口和室内雨水管排入下水系统，如图 10-8 (b) 所示。

雨水口的位置和间距要尽量使其排水负荷均匀，有利落水管的安装和不影响建筑美观。雨水口的数量主要应根据屋面集水面积、不同直径雨水管的排水能力计算确定。在工程实践中，一般在年降水量大于 900mm 的地区，每一直径为 100mm 的雨水管，可排集水面积 150m^2 的雨水；年降雨量小于 900mm 的地区，每一直径为 100mm 的雨水管可排集水面积 200m^2 的雨水。雨水口的间距不宜超过 18m，以防垫置纵坡过厚而增加屋顶或天沟的荷载，如图10-9所示。

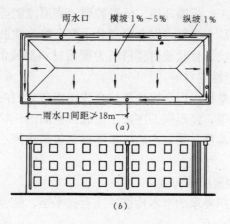

图 10-9 雨水口布置
(a) 屋面排水平面图；(b) 雨水管在立面中的表现

三、平屋顶的防水

(一) 屋面防水等级

根据建筑物的性质、重要程度、使用功能要求、防水层合理使用年限、防水层选用材料和设防要求，将屋面防水分为四个等级，见表10-2。

屋面防水等级和设防要求　　表 10-2

项目	屋 面 防 水 等 级			
	Ⅰ级	Ⅱ级	Ⅲ级	Ⅳ级
建筑物类别	特别重要或对防水有特殊要求的建筑	重要的建筑和高层建筑	一般的建筑	非永久性的建筑
防水层合理使用年限	25年	15年	10年	5年
设防要求	三道或三道以上防水设防	二道防水设防	一道防水设防	一道防水设防
防水层选用材料	宜选用合成高分子防水卷材、高聚物改性沥青防水卷材、金属板材、合成高分子防水涂料、细石防水混凝土等材料	宜选用高聚物改性沥青防水卷材、合成高分子防水卷材、金属板材、合成高分子防水涂料、高聚物改性沥青防水涂料、细石防水混凝土、平瓦、油毡瓦等材料	宜选用高聚物改性沥青防水卷材、三毡四油沥青防水卷材、金属板材、高聚物改性沥青防水涂料、合成高分子防水涂料、细石防水混凝土、平瓦、油毡瓦等材料	可选用二毡三油沥青防水卷材、高聚物改性沥青防水涂料等材料

(二) 卷材防水屋面

卷材防水屋面是将防水卷材或片材用胶结料粘贴在屋面上，形成一个大面积的封闭防水覆盖层，又称柔性防水屋面。这种防水层具有一定的延伸性，有利于适应直接暴露在大气层的屋面和结构的温度变形。卷材防水屋面适用于防水等级为Ⅰ～Ⅳ级的屋面防水。

1. 防水卷材的类型

(1) 沥青防水卷材　以原纸、纤维织物、纤维毡等胎体材料浸涂沥青，表面撒布粉状、粒状或片状材料制成可卷曲的片状防水材料。如石油沥青纸胎油毡，这是我国传统的防水材料，但因存在热施工、污染环境、低温脆裂、高温流淌等问题，现已逐渐被取代。

（2）高聚物改性沥青防水卷材　以合成高分子聚合物改性沥青为涂盖层，纤维织物或纤维毡为胎体、粉状、粒状、片状或薄膜材料为覆面材料制成的可卷曲的片状防水材料。如SBS弹性卷材、APP塑性卷材等。

（3）合成高分子防水卷材　以合成橡胶、合成树脂或它们两者的共混体为基料，加入适量的化学助剂和填充料等，经不同工序加工而成可卷曲的片状防水材料。如三元乙丙防水卷材、氯化聚乙烯防水卷材、聚氯乙烯防水卷材、氯磺化聚乙烯和氯化聚乙烯橡胶共混防水卷材等。

2. 卷材防水屋面的构造层次和做法

卷材防水屋面按防水所要求的基本构造层次有找平层、结合层、防水层和保护层。

（1）找平层

防水卷材应铺设在平整、干燥的平面上，因此应在防水层下面设找平层。找平层一般采用1∶2.5～1∶3的水泥砂浆，厚度为15～30mm，也可采用细石混凝土或沥青砂浆。

（2）结合层

为使防水层与找平层粘结牢固，应在防水层和找平层之间设结合层，即在找平层上喷涂或涂刷基层处理剂。基层处理剂的选择应与防水卷材的材性相容，使之粘结良好，不发生腐蚀等侵害。

（3）防水层

防水层由防水卷材和相应的卷材胶粘剂分层粘结而成，层数或厚度由防水等级确定。具有单独防水能力的一个防水层次称为一道防水设防。

卷材与基层或卷材之间的粘结方法有冷粘法、热粘法、热熔法、自粘法、焊接法等。铺贴防水卷材时，卷材与基层可采用满粘法、空铺法、点粘法或条粘法施工。卷材防水层上有重物覆盖或基层变形较大时，应优先采用空铺法、点粘法或条粘法，但距屋面周边800mm内以及叠层铺贴的各层卷材之间应满粘。

卷材铺贴方向有两种，即平行屋脊铺贴和垂直屋脊铺贴。屋面坡度小于3%时，卷材宜平行屋脊铺贴；屋面坡度在3%～15%时，卷材可平行或垂直屋脊铺贴；屋面坡度大于15%或屋面受振动时，沥青防水卷材应垂直屋脊铺贴，高聚物改性沥青防水卷材和合成高分子防水卷材可平行或垂直屋脊铺贴。上下层卷材不得相互垂直铺贴（图10-10）。

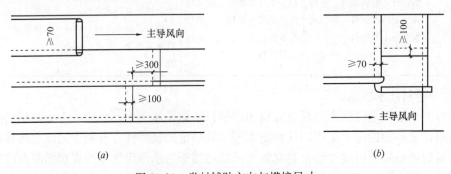

图10-10　卷材铺贴方向与搭接尺寸
(a) 卷材平行屋脊铺设；(b) 卷材垂直屋脊铺设

铺贴卷材应采用搭接法，平行于屋脊的搭接缝，应按流水方向搭接；垂直于屋脊的搭接缝，应按年最大频率风向搭接。其搭接宽度依据卷材种类和铺贴方法确定。卷材搭接缝用与卷材配套的专用胶粘剂粘接，接缝处用密封材料封严，图10-11为三元乙丙橡胶卷材接缝构造。

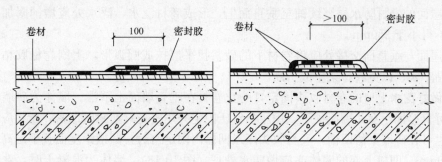

图 10-11　卷材接缝构造

（4）保护层

为防止太阳辐射、雨水冲刷、温度变化和外力作用等对防水层造成损害，延长卷材防水层的使用寿命，应在卷材防水层上设保护层。保护层的构造做法应视屋面的利用情况而定。

不上人屋面的保护层可采用与卷材材性相容、粘结力强和耐风化的浅色涂料涂刷，或粘贴铝箔等。也可采用20mm厚水泥砂浆做保护层。传统的沥青油毡防水层上可选用粒径为3～5mm、色浅、耐风化和颗粒均匀的绿豆砂做保护层。上人屋面的保护层可采用30～40mm厚的细石混凝土或大阶砖、水泥花砖、缸砖等块材做保护层。

当卷材本身带保护层时，不再另做保护层。架空隔热屋面或倒置式屋面的卷材防水层上可不做保护层。

卷材防水屋面的构造层次和常见做法如图10-12所示。

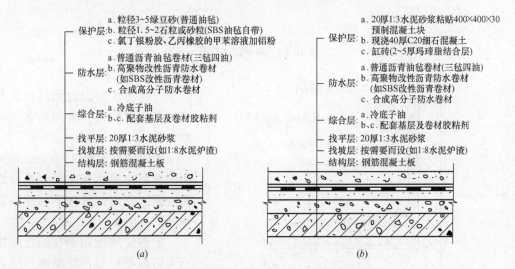

图 10-12　卷材防水屋面的构造层次和做法
(a) 不上人屋面；(b) 上人屋面

3. 卷材防水屋面的细部构造

(1) 泛水构造

凡屋面与垂直于屋面的凸出物交接处的防水处理称为泛水。如：女儿墙、高低屋面间的立墙、烟囱等与屋面交界处，均应做泛水处理，以免出现接缝处漏水。其方法如下：

① 屋面的卷材防水层继续铺至垂直面上，形成卷材泛水，泛水处应增铺附加层，泛水高度不得小于250mm。

② 屋面与垂直面交接处应将卷材下的砂浆找平层抹成圆弧形，上刷卷材胶粘剂，使卷材铺贴牢实，以免卷材架空或折断。

③ 做好泛水上口的卷材收头固定，防止卷材在垂直墙面上下滑。墙体为砖墙时，卷材收头可直接铺至女儿墙压顶下，用压条钉压固定并用密封材料封闭严密，压顶应做防水处理；也可在砖墙上留凹槽，卷材收头压入凹槽内固定密封，凹槽距屋面找平层高度不应小于250mm，凹槽上部的墙体亦应做防水处理（图10-13）。墙体为混凝土时，卷材收头可采用金属压条钉压在墙上，并用密封材料封固（图10-14）。

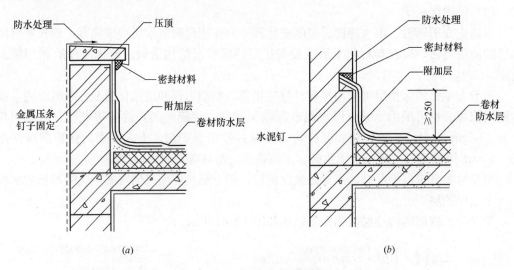

图 10-13 砖墙泛水构造

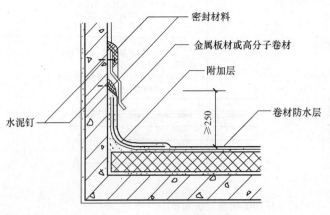

图 10-14 混凝土墙泛水构造

(2) 檐口构造

卷材防水屋面的檐口构造有无组织排水檐口、檐沟和女儿墙檐口等。

无组织排水檐口800mm范围内的卷材应采用满粘法，卷材收头应固定密封，檐口下端应做滴水处理（图10-15）。

檐沟应增铺附加层。当采用沥青防水卷材时，应增铺一层卷材；当采用高聚物改性沥青防水卷材或合成高分子防水卷材时，宜设置防水涂膜附加层。檐沟与屋面交接处的附加层宜空铺，空铺宽度不应小于200mm，檐沟卷材收头应固定密封（图10-16）。

女儿墙檐口应做好泛水和压顶处理，如图10-13（a）所示。女儿墙可采用现浇混凝土或预制混凝土压顶，也可采用金属制品或合成高分子卷材封顶。

（3）雨水口构造

雨水口是用来将屋面雨水排至雨水管而在檐口处或檐沟、天沟内开设的洞口。构造上要求排水通畅，不易堵塞和渗漏。雨水口通常

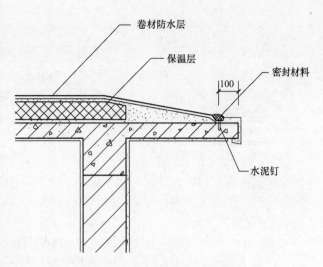

图10-15 无组织排水檐口构造

采用金属或塑料制品，分为直管式和弯管式两种。直管式（又称直式）雨水口用于檐沟、天沟内，弯管式（又称横式）雨水口用于女儿墙根部。为防止雨水口周边漏水，应在其周围加铺一层卷材，连同防水层一并贴入雨水口内壁。雨水口周围直径500mm范围内坡度不应小于5%，并应用防水涂料涂封，其厚度不应小于2mm。雨水口与基层接触处，应留宽20mm、深20mm凹槽，嵌填密封材料（图10-17）。

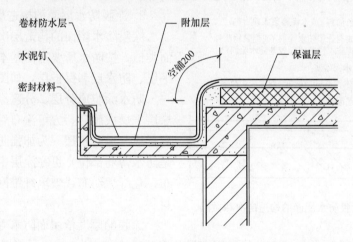

图10-16 檐沟构造

（三）涂膜防水屋面

涂膜防水屋面又称涂料防水屋面，是指用可塑性和粘结力较强的防水涂料，直接涂刷在屋面基层上形成一层不透水的薄膜层以达到防水目的的一种屋面做法。主要适用于防水等级为Ⅲ、Ⅳ级的屋面防水，也可作为Ⅰ、Ⅱ级屋面多道防水设防中的一道防水层。

1. 防水涂料的类型

防水涂料按其组成材料可分为沥青基防水涂料、高聚物改性沥青防水涂料、合成高分子防水涂料。

沥青基防水涂料由于性能低劣、施工要求高，现已较少采用。

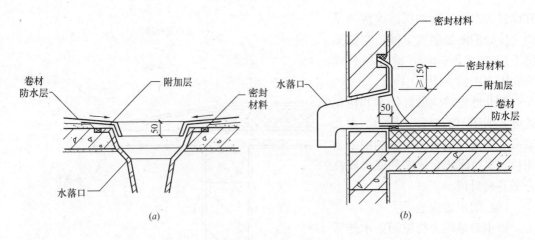

图 10-17 雨水口构造
(a) 直管式；(b) 弯管式

高聚物改性沥青防水涂料是以沥青为基料，用合成高分子聚合物进行改性，配制而成的水乳型、溶剂型或热熔型防水涂料。常用的品种有氯丁橡胶改性沥青涂料、丁基橡胶改性沥青涂料、丁苯橡胶改性沥青涂料、SBS 改性沥青涂料和 APP 改性沥青涂料等。

合成高分子防水涂料是以合成橡胶或合成树脂为主要成膜物质配制而成的水乳型防水涂料。常用的品种有丙烯酸防水涂料、EVA 防水涂料、聚氨酯防水涂料、沥青聚氨酯防水涂料、硅橡胶防水涂料、聚合物水泥防水涂料等。

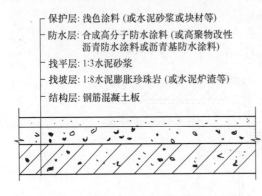

图 10-18 涂膜防水屋面的构造层次和做法

2. 涂膜防水屋面的构造层次和做法

涂膜防水屋面的构造层次与卷材防水屋面类似，按防水所要求的基本构造层次有找平层、防水层和保护层，如图 10-18 所示。

防水涂膜应分层、分遍涂布，等先涂的涂层干燥成膜后，方可涂布后一遍涂料。最后形成一道防水层。为加强防水性能（特别是防水薄弱部位）可在涂层中加铺聚酯无纺布、化纤无纺布或玻璃纤维网布等胎体增强材料。

涂膜的厚度依屋面防水等级和所用涂料的不同而不同。涂膜防水屋面的找平层应设分格缝，缝宽宜为 20mm，并应留设在板的支承处，其间距不宜大于 6m。分格缝应嵌填密封材料（图 10-19）。

3. 涂膜防水屋面的细部构造

涂膜防水屋面的细部构造与卷材防水屋面类似。

（1）泛水构造

泛水处的涂膜防水层，宜直接涂刷至女儿墙的压顶下；收头处理应用防水涂料涂刷多遍并封严，女儿墙压顶应做防水处理（图 10-20）。

（2）檐口构造

檐口处的涂膜防水层收头，应用防水涂料多遍涂刷或用密封材料封严。无组织排水檐口下端应做滴水处理。檐沟与屋面交接处的防水附加层宜空铺，空铺宽度不应小于200mm。图 10-21 为无组织排水檐口构造。

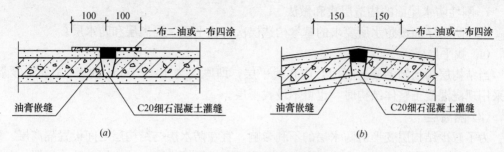

图 10-19　找平层分格缝构造
(a) 屋面分格缝；(b) 屋脊分格缝

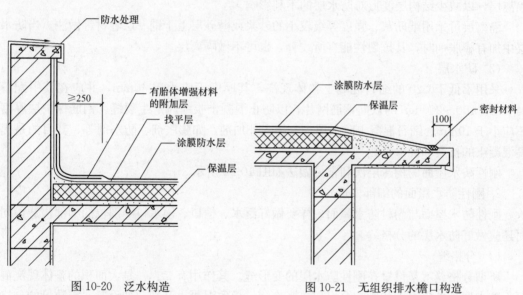

图 10-20　泛水构造　　　　　　图 10-21　无组织排水檐口构造

（四）刚性防水屋面

刚性防水屋面是以刚性材料作防水面层，如防水砂浆或密实混凝土等，它们的防水性能优于普通砂浆和普通混凝土。对于普通砂浆和普通混凝土在拌合中有多余的水分，硬化时逐渐蒸发形成很多空隙和毛细管网，同时也因收缩产生表面开裂，从而形成渗漏。防水砂浆中掺入了防水剂，它堵塞了毛细孔道；而密实混凝土是通过一系列精加工排除多余水分，从而提高了它们的防水性能。由于防水砂浆和防水混凝土的抗拉强度低，属于脆性材料，故称为刚性防水屋面。这种屋面的主要优点是构造简单，施工方便，造价低，但容易开裂，尤其在气候变化剧烈，屋面基层变形大的情况下更是如此。所以，刚性防水屋面多用于南方地区，因南方地区日温差相对比北方小，混凝土开裂的程度也比较小一些。这种屋面一般只用于无保温层的屋面中，因为目前保温层多为轻质多孔材料，上面不便进行湿作业，而且混凝土铺设在这种比较松软的土层上也很容易产生裂缝。另外，混凝土刚性防水屋面也不宜用于有高温、振动和基础有较大不均匀沉降的建筑中。

刚性防水屋面主要适用于防水等级为Ⅲ级的屋面防水，也可用作Ⅰ、Ⅱ级屋面多道防水设防中的一道防水层。

刚性防水屋面的坡度宜为2%～3%，并应采用结构找坡。

1. 刚性防水屋面的构造层次和做法

刚性防水屋面按防水所要求的基本构造层次有找平层、隔离层和防水层。

(1) 找平层

当结构层为预制混凝土板时，应作找平层，即厚度为10～20mm的1：3水泥砂浆。若采用现浇混凝土整体结构时，也可不设找平层。

(2) 隔离层

为了减少结构层变形对防水层的不利影响，宜在防水层与结构层之间设置隔离层。结构层在荷载作用下产生挠曲变形，在温度变化时产生胀缩变形；结构层较防水层厚，其刚度相应比防水层大，当结构层产生变形时，必然会将防水层拉裂，所以在它们之间须作一隔离层，以减少结构层变形对防水层的不利影响。

隔离层可采用纸筋灰、强度等级较小的砂浆或薄砂层上干铺一层卷材等做法。当防水层中加有膨胀剂时，其抗裂性能有所改善，也可不做隔离层。

(3) 防水层

采用不低于C20的细石混凝土整体现浇，其厚度不应小于40mm，并应在其中配置$\phi 4 \sim \phi 6@100\sim 200$mm的双向钢筋网片，以防止混凝土收缩时产生裂缝。钢筋保护层厚度不应小于10mm。细石混凝土防水层，宜掺入外加剂，如膨胀剂、防水剂等，其目的是提高混凝土的抗裂和抗渗性能。

刚性防水屋面的构造层次和常见做法如图10-22所示。

2. 刚性防水屋面的细部构造

刚性防水屋面与卷材防水屋面一样要做好泛水、檐口、雨水口等部位的细部构造，同时还应做好防水层的分格缝。

(1) 分格缝

所谓分格缝就是设置在刚性防水层的变形缝。其作用有二：一是大面积的整体现浇混凝土防水层受外界温度的影响会出现热胀冷缩，导致混凝土开裂，如设置一定数量的分格缝，会有效地防止裂缝的产生；二是在荷载作用下，屋面板产生挠曲变形，板的支承端翘起，可能引起混凝土防水层破裂，如果在这些部位预留好分格缝，便可避免防水层开裂。

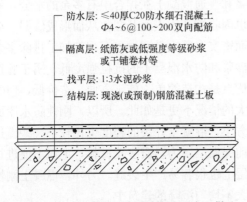

图10-22 刚性防水屋面的构造层次和做法

图10-23 分格缝位置

分格缝应设在屋面板的支承端、屋面的转折处、板与墙的转折处、板与墙的交接处，并应与板缝对齐。分格缝的间距应控制在屋面受温度影响产生变形的许可范围内，一般纵横间距不宜大于 6m。结构层为预制屋面板时，分格缝应设置在板的支座处。当建筑物进深在 10m 以内时，可在屋脊设一道纵向分格缝；当进深大于 10m 时，需在坡面某一板缝处再设一道纵向分格缝（图 10-23）。

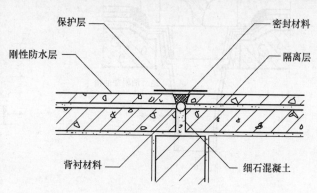

图 10-24 分格缝构造

分格缝的宽度宜为 5～30mm，分格缝内应嵌填密封材料，上部应设置保护层，如图 10-24 所示。

（2）泛水构造

泛水应有足够的高度，不应小于 250mm。刚性防水层与凸出屋面的结构物（女儿墙、山墙等）交接处，应留 30mm 的缝隙，并应用密封材料嵌填。泛水处应铺设卷材或涂膜附加层，卷材或涂膜的收头处理同卷材或涂膜防水屋面泛水构造（图 10-25）。

（3）檐口构造

刚性防水屋面常用的檐口形式有无组织排水檐口、檐沟、女儿墙檐口等。其构造做法如图 10-26 所示。

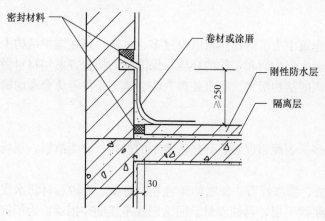

图 10-25 泛水构造

（4）雨水口构造

刚性防水屋面的雨水口常见的有两种：一是用于天沟、檐沟的雨水管口，二是用于女儿墙外排水的雨水口。前者为直管式，后者为弯管式。其构造做法如图 10-27 所示。

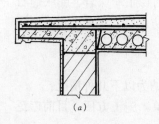
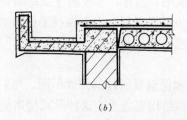

图 10-26 刚性防水屋面檐口构造
(a) 无组织排水檐口；(b)、(c) 檐沟

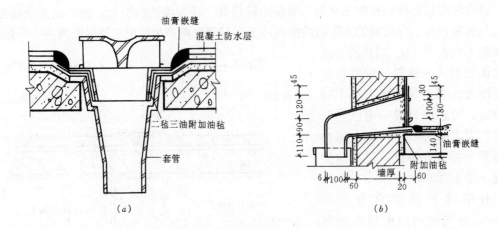

图 10-27 刚性防水屋面雨水口构造
(a) 直管式雨水口；(b) 弯管式雨水口

四、平屋顶的保温与隔热

屋顶像外墙一样也属于建筑的围护结构，不但有遮风蔽雨的功能，还应有保温与隔热的功能。

(一) 平屋顶保温

在寒冷地区或装有空调设备的建筑中为了防止热量散失过多、过快，须在围护结构中设置保温层，以满足室内有一个便于人们生活和工作的环境。保温层的构造方案和材料做法是根据使用要求、气候条件、屋顶的结构形式、防水处理方法、施工条件等综合考虑确定的。

1. 屋面保温材料

屋面保温材料一般多选用空隙多、表观密度轻、导热系数小的材料。分为散料、现场浇筑的拌合物、板块料等三大类。

(1) 散料保温层 如炉渣、矿渣、膨胀蛭石、膨胀珍珠岩等。如果上面做卷材防水层时，必须在散状材料上先抹水泥砂浆找平层，再铺卷材。而这层找平层制作困难，为了解决这个问题，一般先做一过渡层，即可用石灰，水泥等胶结成轻混凝土面层，再在其上抹找平层。

(2) 现浇式保温层 一般在结构层上用轻骨料（矿渣、陶粒、蛭石、珍珠岩等）与石灰或水泥拌合，浇筑而成。这种保温层可浇筑成不同厚度，可与找坡层结合处理。

(3) 板块保温层 常见的有水泥、沥青，水玻璃等胶结的预制膨胀珍珠岩、膨胀蛭石板、加气混凝土块、泡沫塑料等块状或板材。上面做找平层再铺防水层，屋面排水一般用结构找坡，或用轻混凝土在保温层下先做找坡层。

2. 屋顶保温层位置

屋顶中按照结构层、防水层和保温层所处的位置不同，可归纳为以下几种情况：

(1) 保温层设在防水层之下，结构层之上。这种形式构造简单，施工方便，目前广泛采用（图 10-28）。

(2) 保温层与结构层组合复合板材，既是结构构件，又是保温构件。一般有两种做法：一是为槽板内设置保温层，这种做法可减少施工工序，提高工业化施工水平，但成本偏高。其中把保温层设在结构层下面者，由于产生内部凝结水，从而降低保温效果。另一种为保温材料与结构层融为一体，如加气的配筋混凝土屋面板。这种构件既能承重，又能达到保温效果，简化施工，降低成本。但其板的承载力较小，耐久性较差，因此适用于标准较低且不上人的屋顶中（图10-28）。

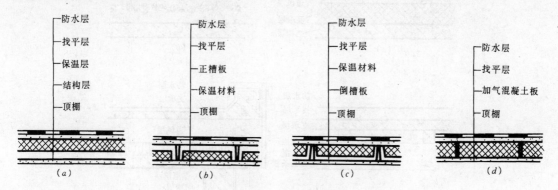

图10-28 保温层位置

(a) 在结构层上；(b) 嵌入槽板中；(c) 嵌入倒槽板中；(d) 与结构层合一

(3) 保温层设置在防水层上面，其构造层次为保温层、防水层、结构层（图10-29）。

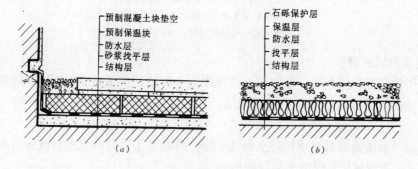

图10-29 倒铺保温屋面构造

将保温层铺在防水层之上，亦称"倒铺法"保温。其优点是防水层被掩盖在保温层之下，而不受阳光及气候变化的影响，热温差较小，同时防水层不易受到来自外界的机械损伤。该屋面保温材料宜采用吸湿性小的憎水材料，如聚苯乙烯泡沫塑料板或聚氨酯泡沫塑料板，而加气混凝土或泡沫混凝土吸湿性强，不宜选用。在保温层上应设保护层，以防表面破损及延缓保温材料的老化过程。保护层应选择有一定荷载并足以压住保温层的材料，使保温层在下雨时不致漂浮。可选择大粒径的石子或混凝土作保护层，而不能采用绿豆砂作保护层。

(4) 防水层与保温层之间设空气间层的保温屋面。由于空气间层的设置，室内采暖的热量不能直接影响屋面防水层，故把它称为"冷屋顶保温体系"。这种做法的保温屋顶，无论平屋顶或坡屋顶均可采用。

平屋顶的冷屋面保温做法常用垫块架空预制板，形成空气间层，再在上面做找平层和防水层。其空气间层的主要作用是，带走穿过顶棚和保温层的蒸汽以及保温层散发出来的水蒸气；并防止屋顶深部水的凝结；另外，带走太阳辐射热通过屋面防水层传下来的部分热量。因此，空气间层必须保证通风流畅，否则会降低保温效果（图10-30）。

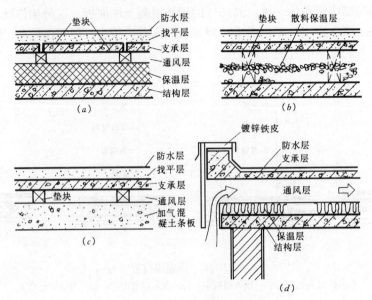

图 10-30 平屋顶冷屋面保温构造
(a) 带通风层平屋顶保温；(b) 散料保温；
(c) 加气混凝土板通风保温；(d) 檐口进风口

3. 隔蒸汽层的设置

保温层设在结构层上面，保温层上直接作防水层时，在保温层下要设置隔蒸汽层。隔汽层的目的是防止室内水蒸气透过结构层，渗入保温层内，使保温材料受潮，影响保温效果。

隔汽层的做法通常是在结构层上做找平层，再在其上涂刷防水涂料或铺防水卷材。

图10-31为卷材防水保温平屋顶构造。

由于保温层下设隔汽层，上面设置防水层，那么保温层的上下两面均被油毡封闭住。而在施工中往往出现保温材料或找平层未干透，其中残存一定的水气无法散发。为了解决这个问题，可以采用以下办法：即在保温层上加一层砾石或陶粒作为透气层；或在保温层中间设排气通道（图10-32）。

（二）平屋顶的隔热降温措施

夏季在太阳辐射热和室外空气温度的综合作用下，从屋顶传入室内的热量要比墙体传入室内的热量多得多。尤其在我国南方地区，屋顶的隔热与降温问题更为突出，必须从构造上采取隔热措施。

屋顶隔热降温的基本原理是减少太阳辐射热直接作用于屋顶表面。隔热降温的构造做法主要有通风隔热、蓄水隔热、植被隔热、反射隔热等。

1. 通风隔热

通风隔热屋面就是在屋顶中设置通风间层，其上层表面可遮挡太阳辐射热，由于风压和热压作用把间层中的热空气不断带走，使下层板面传至室内的热量大为减少，以达到隔热降温的目的。通风间层通常有两种设置方式，一种是在屋面上的架空通风隔热，另一种

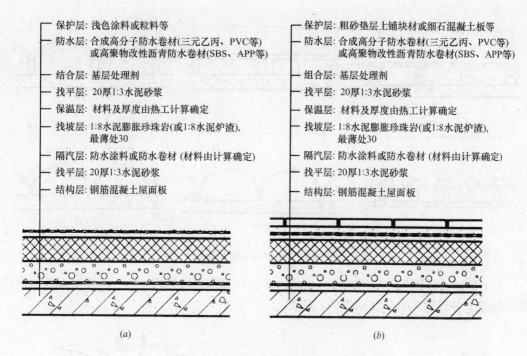

图 10-31 卷材防水保温平屋面常见做法
(a) 保温不上人屋面；(b) 保温上人屋面

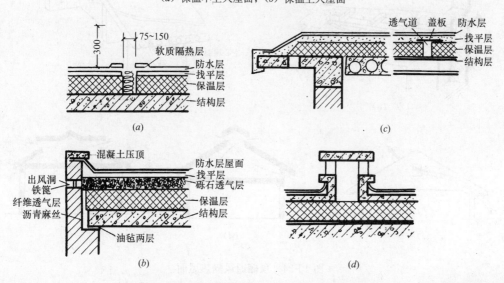

图 10-32 保温层内设置透气层及通风口构造
(a) 保温层设透气道及镀锌铁皮通风口；(b) 砾石透气层及女儿墙出风口；
(c) 保温层设透气道及檐下出风口；(d) 中间透气口

是利用顶棚内的空间通风隔热。

(1) 架空通风隔热　在屋面防水层上用适当的材料或构件制品作架空隔热层，如图 10-33 所示。这种屋面不仅能达到通风降温、隔热防晒的目的，还可以保护屋面防水层。

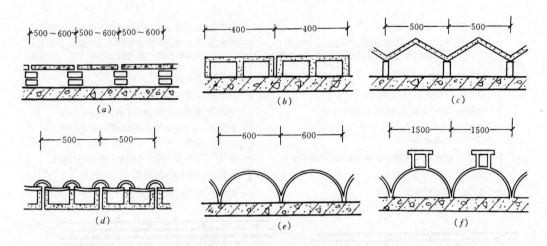

图 10-33 架空通风隔热屋面

(2) 顶棚通风隔热 利用顶棚与屋顶之间的空间作通风隔热层，一般在屋面板下吊顶棚，檐墙上开设通风口，如图 10-34 所示。

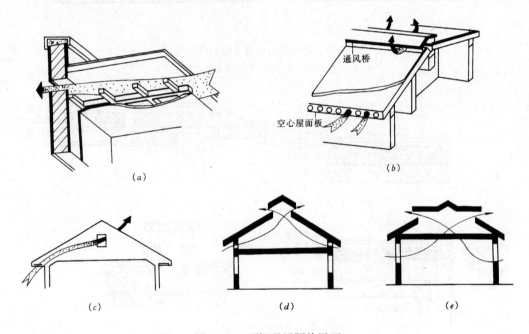

图 10-34 顶棚通风隔热屋面

2. 蓄水隔热

蓄水屋面就是在平屋顶上蓄积一层水，利用吸收大量太阳辐射和室外气温的热量，而水散发，又将热量散发，以减少屋顶吸收热能，从而达到降温隔热的目的。不仅如此，水面还可反射阳光，减少阳光对屋顶的直射作用。另外，水层对屋面还可以起到保护作用。如混凝土防水屋面在水的养护下，可以减轻由于温度变化引起的裂缝和延缓混凝土的碳化。如沥青材料和嵌缝胶泥等防水屋面，在水的养护下，可以推迟老化过程，延长使用寿命。因此，蓄水屋面既可隔热又能减轻防水层的裂缝，提高耐久性，故在我国南方地区采用较多（图10-35）。

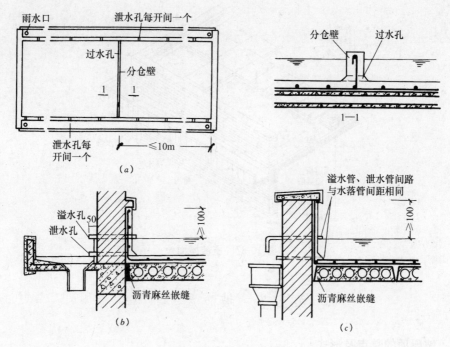

图10-35 蓄水屋面

3. 反射降温隔热

屋面受到太阳辐射后，一部分辐射热量为屋面材料所吸收，另一部分被反射出去，反射的辐射热与入射热量之比称为屋面材料的反射率（用百分数表示）。这一比值的大小取决于屋面表面材料的颜色和粗糙程度，色浅而光滑的表面比色深而粗糙的表面具有更大的反射率。在设计中，应恰当地利用材料的这一特性，例如采用浅颜色的砾石铺面，或在屋面上涂刷一层白色涂料，对隔热降温均可起到显著作用（图10-36）。

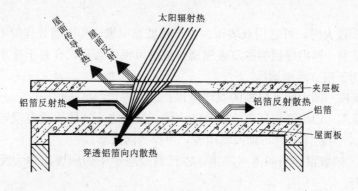

图10-36 铝箔反射屋顶

4. 植被屋面

在屋面防水层上覆盖种植土，种植各种绿色植物。利用植物的蒸发和光合作用，吸收太阳辐射热，因此可以达到隔热降温的作用。这种屋面有利于美化环境，净化空气，但增加了屋顶荷载，结构处理较复杂（图10-37）。

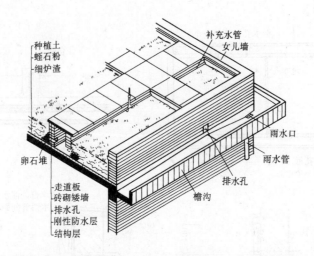

图 10-37 植被屋面

第三节 坡 屋 顶

一、坡屋顶的特点及形式

坡屋顶多采用瓦材防水，而瓦材块小，接缝多，易渗漏，故坡屋顶的坡度一般大于10°，通常取 30°左右。由于坡度大，排水快，防水功能好，但屋顶构造高度大，不仅消耗材料较多，其所受风荷载、地震作用也相应增加，尤其当建筑体型复杂，其交叉错落处屋顶结构更难处理。

坡屋顶根据坡面组织的不同，主要有单坡顶、双坡顶及四坡顶等（图 10-38）。

1. 单坡顶

当房屋进深不大时，可选用单坡顶。

2. 双坡顶

当房屋进深较大时，可选用双坡顶。由于双坡顶中檐口和山墙处理的不同又可分为：

（1）悬山屋顶　即山墙挑檐的双坡屋顶。挑檐可保护墙身，有利于排水，并有一定的遮阳作用，常用于南方多雨地区。

（2）硬山屋顶　即山墙不出檐的双坡屋顶。北方少雨地区采用较广。

（3）出山屋顶　山墙高出屋顶，作为防火墙式装饰之用。防火规范规定，山墙高出屋顶 500mm 以上，易燃体材料不砌入墙内者，可作为防火墙。

3. 四坡顶　四坡顶亦叫四落水屋顶。古代宫殿庙宇中的四坡顶称为庑殿顶。四面挑檐利于保护墙身。

四坡顶两面形成两个小山尖，古代称为歇山顶。山尖处可设百叶窗，有利于屋顶通风。

二、坡屋顶的组成

坡屋顶一般由承重结构和屋面面层两部分所组成，必要时还有保温层，隔热层及顶棚等（图 10-39）。

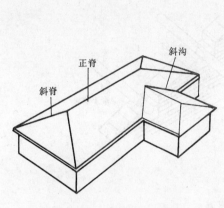
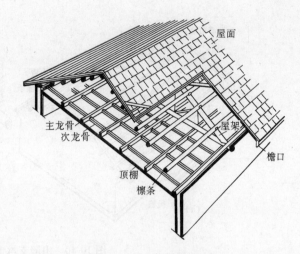

图 10-38 坡屋顶的名称　　　　图 10-39 坡屋顶的组成

(一) 承重结构

承重结构主要承受屋面荷载并把它传到墙或柱上，一般有椽子、檩条、屋架或大梁等。

(二) 屋面

它是屋顶的上覆盖层，直接承受风、雪、雨和太阳辐射等大自然气候的作用。它包括屋面盖料和基层，如挂瓦条、屋面板等。

(三) 顶棚

顶棚是屋顶下面的遮盖部分，可使室内上部平整，起反射光线和装饰作用。

(四) 保温或隔热层

保温或隔热层可设在屋面层或顶棚处，视具体情况而定。

三、坡屋顶的承重结构系统

坡屋顶与平屋顶相比坡度较大，故它的承重结构的顶面是一斜面。承重结构系统可分为砖墙承重、梁架承重和屋架承重等。

(一) 砖墙承重 (硬山搁檩)

横墙间距较小 (不大于 4m) 且具有分隔和承重功能的房屋，可将横墙顶部做成坡形以支承檩条，即为砖墙承重。这类结构形式亦叫做硬山搁檩 (图 10-40)。

(二) 梁架承重

这是我国传统的结构形式，它由柱和梁组成排架，檩条置于梁间承受屋面荷载并将各排架联系成为一完整骨架。内外墙体均填充在骨架之间，仅起分隔和围护作用，不承受荷载。梁架交接点为榫齿结合，整体性和抗震性较好。这种结构形式的梁受力不够合理，梁截面需要较大，总体耗木料较多，耐火及耐久性均差，维修费用高，现已很少采用 (图10-41)。

(三) 屋架承重

用在屋顶承重结构的桁架叫屋架 (图 10-42)。屋架可根据排水坡度和空间要求，组成三角形、梯形、矩形、多边形屋架。屋架中各杆件受力较合理，因而杆件截面较小，且能获得较大跨度和空间。木制屋架跨度可达 18m，钢筋混凝土屋架跨度可达 24m，钢屋架

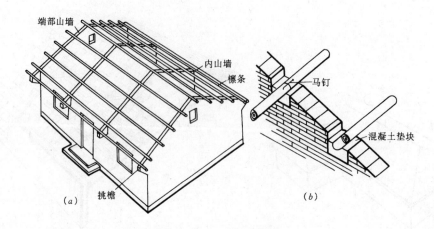

图 10-40 山墙支承檩条
(a) 山墙支檩；(b) 檩条搁置

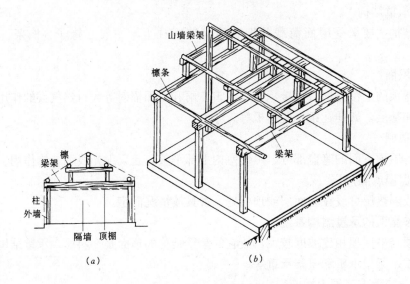

图 10-41 梁架结构

跨度可达 26m 以上。如利用内纵墙承重，还可将屋架制成三支点或四支点，以减小跨度节约用材。

当房屋屋顶为平台转角，纵横交接，四面坡和歇山屋顶时，可制成异形屋架（图 10-43）。

四、坡屋顶的屋面构造

坡屋顶的屋面防水材料种类较多，我国目前采用的有平瓦、油毡瓦、装饰瓦、波形瓦、金属板材等。

本节着重讲述平瓦屋面的构造；有关波形瓦和构件自防水屋面构造将在工业建筑中论述。

（一）屋面基层

为铺设屋面材料，应首先在其下面做好基层。基层组成一般有以下构件：

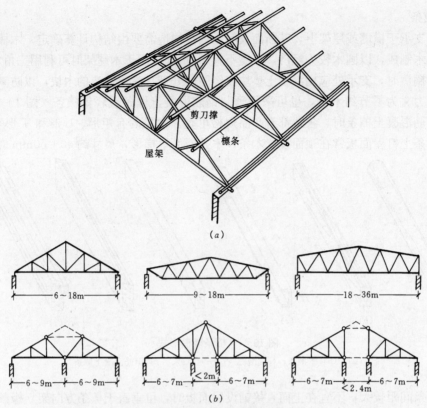

图 10-42 屋架结构
(a) 屋架承重示意图；(b) 常用屋架形式

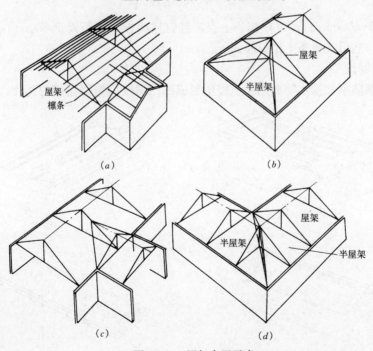

图 10-43 屋架布置示意
(a) 屋顶直角相交，檩条上搁置檩条；(b) 屋顶直角相交，斜梁搁在屋架上；
(c) 四坡顶端部，半屋架搁在全屋架上；(d) 屋顶转角处，半屋架搁在全屋架上

1. 檩条

檩条支承于横墙或屋架上,其断面及间距根据构造需要由结构计算确定。木檩条可用圆木或方木制成,以圆木较为经济,长度不宜超过4m。用于木屋架时可利用三角木支托;用于硬山搁檩时,支承处应用混凝土垫块或经防腐处理(涂焦油)的木块,以防潮、防腐和分布压力。为了节约木材,也可采用预制钢筋混凝土檩条或轻钢檩条(图10-44)。采用预制钢筋混凝土檩条时,各地都有产品规格可查。常见的有矩形、L形和T形等截面。为了在檩条上钉屋面板常在顶面设置木条,木条断面呈梯形,尺寸约40~50mm对开。

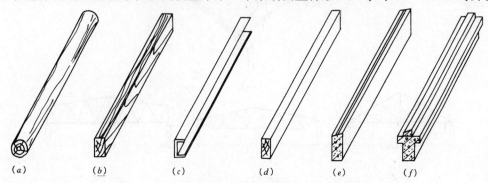

图10-44 檩条断面形式
(a)、(b) 木檩条;(c) 钢檩条;(d)、(e)、(f) 钢筋混凝土檩条

2. 椽条

当檩条间距较大,不宜在上面直接铺设屋面板时,可垂直于檩条方向架立椽条,椽条一般用木制,间距一般为360~400mm,截面为50mm×50mm左右。

3. 屋面板

当檩条小于800mm时,可在檩条上直接铺钉屋面板,檩距大于800mm时,应先在檩条上架椽条,然后在椽条上铺钉屋面板。

(二)屋面铺设

平瓦是根据防水和排水需要用黏土模压制成凹凸楞纹后焙烧而成的瓦片(图10-45)。

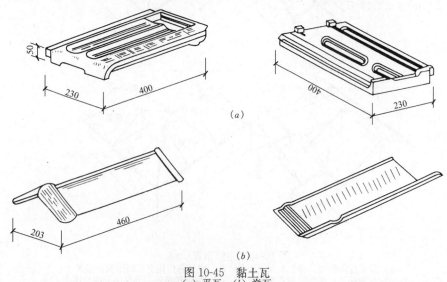

图10-45 黏土瓦
(a) 平瓦;(b) 脊瓦

一般尺寸为380～420mm长，240mm左右宽，50mm厚（净厚约为20mm）。瓦装有挂勾，可以挂在挂瓦条上，防止下滑，中间有突出物穿有小孔，风大的地区可以用钢丝扎在挂瓦条上。其他如水泥瓦、硅酸盐瓦，均属此类平瓦，但形状与尺寸稍有变化。

平瓦屋面根据使用要求和用材不同，一般有以下几种铺法：

1. 冷滩瓦屋面

平瓦屋面中最简单的做法，称冷滩瓦屋面，即在椽条上钉挂瓦条后直接挂瓦（图10-46）。挂瓦条尺寸视椽条间距而定，间距400mm时，挂瓦条可用20mm×25mm立放，再大则要适当加大。冷滩瓦屋面构造简单、经济，但往往雨雪容易飘入，屋顶的保温效果差，故应用较少。

2. 屋面板平瓦屋面

一般平瓦的防水主要靠瓦与瓦之间相互拼缝搭接，但在斜风带雨雪时，往往会使雨水或雪花飘入瓦缝，形成渗水现象。为防止这种现象，一般在屋面板上可满铺一层油毡，作为第二道防水层。油毡可平行屋脊方向铺设，从檐口铺到屋脊，搭接不小于80mm，并用板条（称压毡条或顺水条）钉牢。板条方向与檐口垂直，上面再钉挂瓦条，这样使挂瓦条与油毡之间留有空隙，以利排水（图10-47）。一般屋面板厚15～20mm。在檐口处，为了求得第一皮瓦片与其他瓦片坡度一致，往往要钉双层挂瓦条；有时为了装钉封檐板，第一张瓦下垫以三角木（一般50mm×75mm对开），其目的是使油毡上的雨水能顺利地排出屋面。

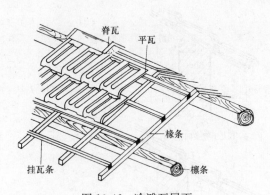

图10-46 冷滩瓦屋面

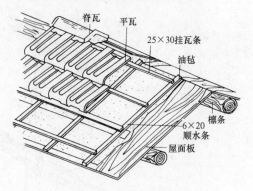

图10-47 屋面板上挂瓦屋面

3. 纤维板或芦席作基层的平瓦屋面

为了节约屋面板和油毡，在结构层上，可以用硬质纤维板顺水搭接铺钉。其他杆状植物或其编织物，如苇席、苇笆、高粱杆、荆笆等，可用来代替屋面板，上铺油纸或油毡。或用麦秸泥直接贴瓦，不但节约屋面板、挂瓦条等，冬季还可以作保温层。

4. 挂瓦板平瓦屋面

挂瓦板是把檩条、屋面板，挂瓦条几个功能结合为一体的预制钢筋混凝土构件。基本形式有双T、单T和F形三种（图10-48）。肋距同挂瓦条间距，肋高按跨度计算。挂瓦板与山墙或屋架的固定，可采用坐浆，用预埋于基层的钢筋套接。屋面板直接挂在挂瓦板的肋间，板肋根部预留泄水孔，以便排除由瓦面渗漏下的雨水。板缝一般用1∶3水泥砂浆嵌填。这种屋顶构造简单，省工省料，造价经济，但易渗水，多用于标准要求不高的建筑中。

（三）平瓦屋面细部构造

平瓦屋面应作好檐口、天沟、屋脊等部位的细部处理。

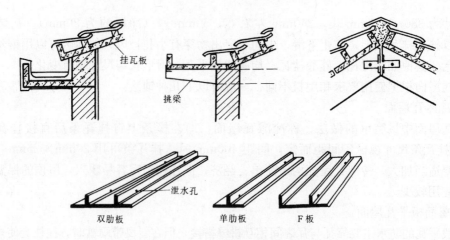

图 10-48 钢筋混凝土挂瓦板屋面

1. 檐口构造

(1) 纵墙檐口 纵墙檐口根据构造要求作成挑檐或封檐。纵墙檐口的几种构造做法见图 10-49。图 10-49（a）为砖挑檐，即在檐口处将砖逐皮外挑，每皮挑出 1/4 砖，挑出总长度不大于墙厚的 1/2；图 10-49（b）是将椽条直接外挑，适用于较小的出挑长度。当出挑长度较大时，应采取挑檐木的方法，如图 10-49（c）所示，挑檐木置于屋架下；图 10-

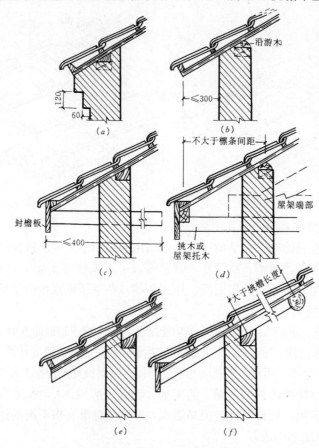

图 10-49 平瓦屋顶挑檐

49（d）为利用横墙中置挑檐木或屋架下弦设托木与檐檩和封檐板结合的做法；当出挑长度更大时，也可采用图10-49（e）、（f）的处理方式，即将已有的檩条或在采用檩条承重的屋顶的檐边另加椽条挑出，作为檐口的支托。另外，有些坡屋顶将檐墙砌出屋面形成女儿墙包檐口构造，此时在屋面与女儿墙处必须设天沟，天沟最好采用预制天沟板，沟内铺油毡防水层，并将油毡一直铺到女儿墙上形成泛水。泛水做法与油毡屋面基本相同。

（2）山墙檐口　按屋顶形式不同双坡屋顶檐口分为硬山和悬山两种做法。

硬山的做法是山墙与屋面等高或高出屋面形成山墙女儿墙（图10-50）。等高做法是山墙砌至屋面高度，屋面铺瓦盖过山墙，然后用水泥麻刀砂浆嵌填，再用1∶3水泥砂浆抹瓦出线。当山墙高出屋面，女儿墙与屋面交接处应做泛水处理，一般用水泥石灰麻刀砂浆抹成泛水，或用镀锌铁皮做泛水。女儿墙顶应做压顶板，以保护泛水。

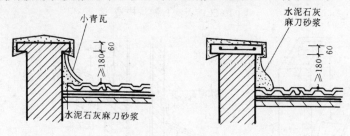

图10-50　硬山檐口

悬山屋顶的檐口构造，先将檩条外挑形成悬山，檩条端部钉木封檐板，沿山墙挑檐的一行瓦，应用1∶2.5的水泥砂浆做出披水线，将瓦封固（图10-51）。

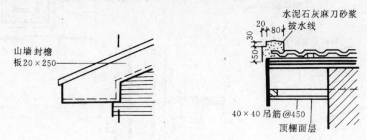

图10-51　悬山檐口

2. 天沟和斜沟构造

在等高跨和高低跨相交处，常常出现天沟，而两个相互垂直的屋面相交处则形成斜沟（图10-52）。沟内有足够的断面积，上口宽度不宜小于300～500mm，一般用镀锌铁皮铺于木基层上，镀锌铁皮伸入瓦片下面至少150mm。高低跨和包檐天沟若采用镀锌铁皮防水层时，应从天沟内延伸到立墙上形成泛水。

3. 烟囱出屋面处的构造

烟囱穿过屋面，其构造问题是防水和防火。因屋面木基层与烟囱接触易引起火灾，故建筑防火规范要求，木基层距烟囱内壁应保持一定距离，一般不小于370mm（图10-53）。为了不使屋面雨水从四周渗漏，在交界处应做泛水处理，一般采用水泥石灰麻刀砂浆抹面做泛水。

4. 檐沟和落水管

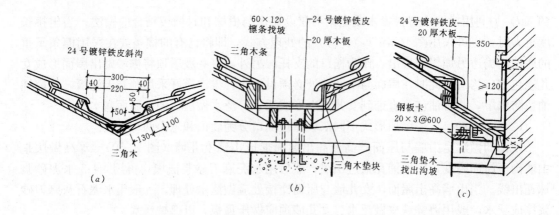

图 10-52 天沟、斜沟构造

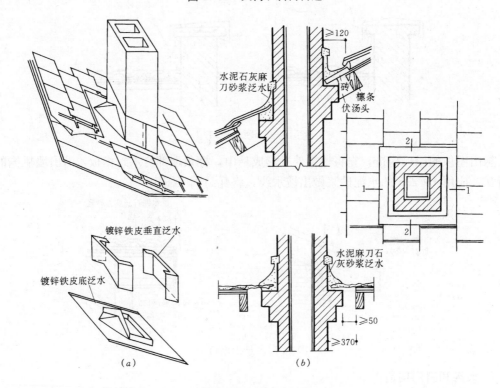

图 10-53 烟囱泛水构造

坡屋顶与平屋顶的排水组织设计基本相同，只不过坡屋顶的挑檐有组织排水的檐沟，多采用轻质并耐水的材料来做。通常有镀锌铁皮、石棉水泥、缸瓦和玻璃钢等多种。

(1) 镀锌铁皮檐沟和落水管　这种檐沟有半圆及矩形之分；落水管也有圆形和矩形之分，落水管间距 10~15m 左右，一般用 2~3mm 厚，20mm 宽的扁铁卡子固定在墙上，距墙约 20mm 左右，卡子的竖向间距一般为 1.2m 左右。雨水管的下部应向外倾斜，底部距散水或明沟 200mm（图 10-54）。

(2) 其他材料的檐沟和雨水管　一般有石棉水泥、玻璃钢、塑料和缸瓦等，各地厂家出品的规格不尽相同。檐沟有半圆和槽形，雨水管有圆形和矩形。檐沟宽度约 120~175mm 左右；落水管尺寸约 75~125mm 左右。接缝处一般采用套接，也有用砂浆结合者。石棉水泥和一些塑料制品，低温性脆，不宜在严寒地区选用。塑料易老化，缸瓦较重，应注意安全。为防碰坏，轻质落水管接近地面 1~1.3m 左右，最好用水泥砂浆保护。

五、坡屋顶的顶棚构造

坡屋顶的底面是倾斜的，为满足室内美观和卫生要求，常在屋顶下设置顶棚，顶棚可做成水平的，也可做成山形、梯形或弧形等。顶棚多吊挂在屋顶的承重结构上，即屋架的下弦杆和檩条的侧面或挂瓦板的缝隙中。

当屋架间距较大时，常在屋架下弦用吊筋固定主搁栅（大龙骨），主搁栅的截面一般为 50mm×70mm 左右，间距视顶棚重量而定，一般为 1200~1500mm 之间。次搁栅（小龙骨）与主搁栅方向垂直，用小吊木钉在主搁栅底面，截面为 40mm×40mm 左右，间距视顶棚面层规格而定，一般在 400mm×500mm 左右。顶棚面层固定在次搁栅底面（图 10-55a）。

当屋架间距较小时，一般在屋架下弦直接吊挂顶棚搁栅，用于固定顶棚面层（图 10-55b）。

在坡屋顶的房屋设置顶棚时，根据需要一般在房间的角落预留上人孔，以便安装电气和维修检查。整幢建筑的

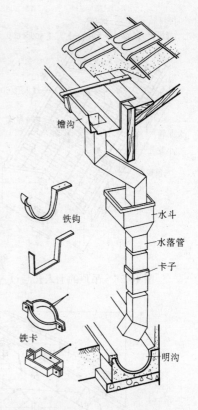

图 10-54 檐沟、水斗、雨水管形式

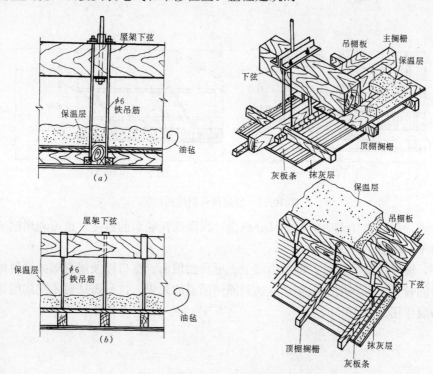

图 10-55 吊顶棚
(a) 屋架间距大时；(b) 屋架间距小时

吊顶内应便于人员通行,因此硬山横墙须留人行洞口,同时兼作通风孔(图10-56)。

六、坡屋顶的保温和隔热

(一)坡屋顶的保温

坡屋顶的保温层一般布置在瓦材与檩条之间成吊顶棚上面(图10-57)。保温材料可根据工程具体要求选用松散材料、块体材料或板状材料。在一般的小青瓦屋面中,采用基层上满铺一层黏土稻草泥作为保温层,小青瓦片粘结在该层上。在平瓦屋面中,可将保温层填充在檩条之间;在设有吊顶的坡屋顶中,常常将保温层铺设在顶棚上面,可收到保温和隔热双重作用。

(二)坡屋顶的隔热

炎热地区将坡屋顶做成双层,由檐口处进风,

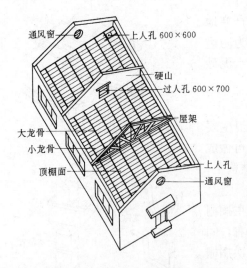

图10-56 吊顶的上人孔与过人孔

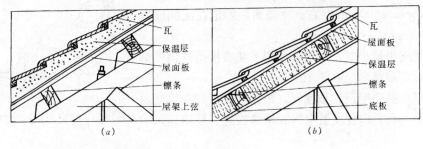

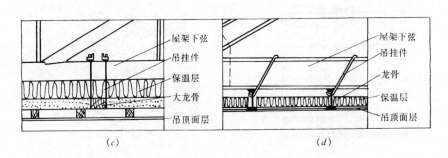

图10-57 坡屋顶保温层的位置

屋脊处排风,利用空气流动带走一部分热量,以降低瓦底面的温度,也可利用檩条的间距通风(图10-58)。

另外,坡屋顶设吊顶时,可在山墙上、屋顶的坡面、檐口以及屋脊等处设通风口,由于吊顶空间较大,可利用组织穿堂风达到隔热隔温的效果。这种做法对木结构屋顶还能起到驱潮防腐作用(图10-59)。

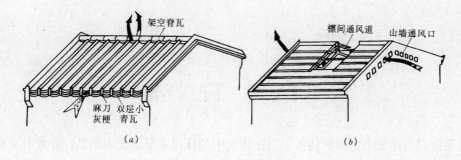

图 10-58 通风隔热屋面
(a) 双层瓦通风屋面；(b) 檩条间通风屋面

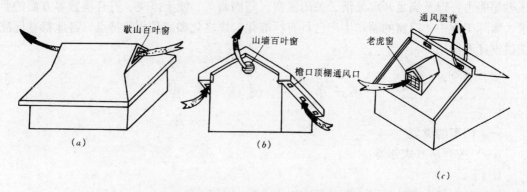

图 10-59 坡屋顶吊顶隔热屋面
(a) 歇山百叶窗；(b) 山墙百叶窗和檐口通风口；(c) 考虑窗与通风屋脊

第十一章 门　　窗

门和窗都是建筑中的围护构件。门在建筑中的作用主要是交通联系，并兼有采光、通风之用；窗的作用主要是采光和通风。另外，门窗的形状、尺度、排列组合以及材料，对建筑物的立面效果影响很大。在构造上，门窗还要有一定的保温、隔声、防雨、防火、防风砂等能力，以及满足开启灵活、关闭紧密、坚固耐久、便于擦洗、符合模数等方面的要求。实际工程中，门窗的制作生产已具有标准化、规格化和商品化的特点，各地都有标准图供设计者选用。

第一节　门窗的类型

一、门窗的类型

（一）按开启方式分类

1. 门

门按其开启方式的不同，常见的有以下几种（图11-1）：

（1）平开门　平开门具有构造简单，开启灵活，制作安装和维修方便等特点。分单扇、双扇和多扇，内开和外开等形式，是一般建筑中使用最广泛的门。

（2）弹簧门　弹簧门的形式同平开门，区别在于侧边用弹簧铰链或下边用地弹簧代替普通铰链，开启后能自动关闭。单向弹簧门常用于有自关要求的房间。如卫生间的门、纱门等。双向弹簧门多用于人流出入频繁或有自动关闭要求的公共场所，如公共建筑门厅的门等。双向弹簧门扇上一般要安装玻璃，供出入的人相互观察，以免碰撞。

（3）推拉门　门扇沿上下设置的轨道左右滑行，有单扇和双扇两种。推拉门占用面积小，受力合理，不易变形，但构造复杂。

（4）折叠门　门扇可拼合，折叠推移到洞口的一侧或两侧，少占房间的使用面积。简单的折叠门，可以只在侧边安装铰链，复杂的还要在门的上边或下边装导轨及转动五金配件。

（5）转门　转门是三扇或四扇用同一竖轴组合成夹角相等、在弧形门套内水平旋转的门，对防止内外空气对流有一定的作用。它可以作为人员进出频繁，且有采暖或空调设备的公共建筑的外门。在转门的两旁还应设平开门或弹簧门，以作为不需要空气调节的季节或大量人流疏散之用。转门构造复杂，造价较高，一般情况下不宜采用。

此外，还有上翻门、升降门、卷帘门等形式，一般适用于门洞口较大，有特殊要求的房间，如车库的门等。

2. 窗

依据开启方式的不同，常见的窗有以下几种（图11-2）：

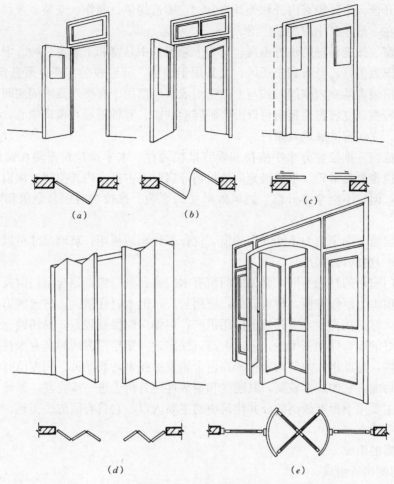

图 11-1 门的开启方式
(a) 平开门；(b) 弹簧门；(c) 推拉门；(d) 折叠门；(e) 转门

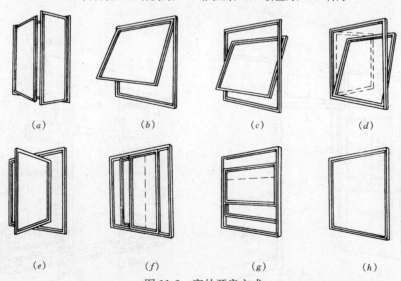

图 11-2 窗的开启方式
(a) 平开窗；(b) 上悬窗；(c) 中悬窗；(d) 下悬-平开窗；(e) 立转窗；(f) 水平推拉窗；(g) 垂直推拉窗，(h) 固定窗

（1）平开窗　平开窗有内开和外开之分。它构造简单，制作、安装、维修、开启等都比较方便，在一般建筑中应用最广泛。

（2）悬窗　按旋转轴的位置不同，分为上悬窗、中悬窗和下悬窗三种。上悬和中悬窗向外开，防雨效果好，且有利于通风，尤其用于高窗，开启较为方便；下悬窗不能防雨，且开启时占据较多的室内空间，或与上悬窗组成双层窗用于有特殊要求的房间。

（3）立转窗　立转窗为窗扇可以沿竖轴转动的窗。竖轴可设在窗扇中心，也可以略偏于窗扇一侧。立转窗的通风效果好。

（4）推拉窗　推拉窗分水平推拉和垂直推拉两种。水平推拉窗需要在窗扇上下设轨槽，垂直推拉窗要有滑轮及平衡措施。推拉窗开启时不占据室内外空间，窗扇和玻璃的尺寸可以较大，但它不能全部开启，通风效果受到影响。推拉窗对铝合金窗和塑料窗比较适用。

（5）固定窗　固定窗为不能开启的窗，仅作采光和通视用，玻璃尺寸可以较大。

（二）按门窗的材料分类

依生产门窗用的材料不同，常见的门窗有木门窗、钢门窗、铝合金门窗及塑料门窗等类型。木门窗加工制作方便，价格较低，应用较广，但木材耗量大，防火能力差。钢门窗强度高，防火好，挡光少，在建筑上应用很广，但钢门窗保温较差，易锈蚀。铝合金门窗美观，有良好的装饰性和密闭性，但成本高，保温差。塑料门窗同时具有木材的保温性和铝材的装饰性，是近年来为节约木材和有色金属发展起来的新品种，国内已有相当数量的生产，但在目前，它的成本较高，其刚度和耐久性还有待于进一步完善。另外，还有一种全玻璃门，主要用于标准较高的公共建筑中的主要入口，它具有简洁、美观、视线无阻挡及构造简单等特点。

二、门窗的组成

（一）门的构造组成

一般门的构造主要由门樘和门扇两部分组成。门樘又称门框，由上槛、中槛和边框等

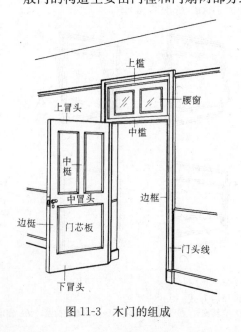

图 11-3　木门的组成

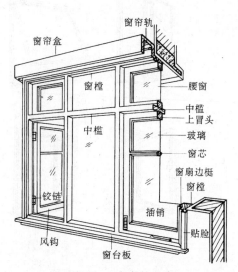

图 11-4　木窗的组成

组成，多扇门还有中竖框。门扇由上冒头、中冒头、下冒头和边梃等组成。为了通风采光，可在门的上部设腰窗（俗称上亮子），有固定、平开及上、中、下悬等形式，其构造同窗扇。门框与墙间的缝隙常用木条盖缝，称门头线，俗称贴脸（图11-3）。门上还有五金零件，常见的有铰链、门锁、插销、拉手、停门器、风钩等。

（二）窗的构造组成

窗主要由窗樘和窗扇两部分组成。窗樘又称窗框，一般由上框、下框、中横框、中竖框及边框等组成。窗扇由上冒头、中冒头（窗芯）、下冒头及边梃组成。依镶嵌材料的不同，有玻璃窗扇、纱窗扇和百叶窗扇等。平开窗的窗扇宽度一般为400～600mm，高度为800～1500mm，窗扇与窗框用五金零件连接，常用的五金零件有铰链、风钩、插销、拉手及导轨、滑轮等。窗框与墙的连接处，为满足不同的要求，有时加贴脸、窗台板、窗帘盒等（图11-4）。

第二节 木门窗构造

一、平开木窗构造

（一）窗框

1. 窗框的断面形状与尺寸

窗框的断面尺寸主要按材料的强度和接榫的需要确定，一般多为经验尺寸（图11-5）。图中虚线为毛料尺寸，粗实线为刨光后的设计尺寸（净尺寸），中横框若加披水，其宽度还需增加20mm左右。

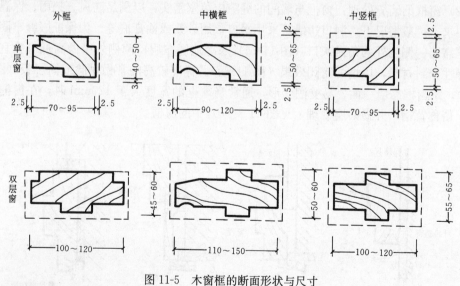

图 11-5 木窗框的断面形状与尺寸

2. 窗框的安装

窗框的安装方式有立口和塞口两种。施工时先将窗框立好，后砌窗间墙，称为立口。立口的优点是窗框与墙体结合紧密、牢固；缺点是施工中安窗和砌墙相互影响，若施工组织不当，影响施工进度。

塞口则是在砌墙时先留出洞口，以后再安装窗框，为便于安装，预留洞口应比窗框外缘尺寸多出20～30mm。塞口法施工方便，但框与墙间的缝隙较大，为加强窗框与墙的联系，安装时应用长钉将窗框固定于砌墙时预埋的木砖上，为了方便也可用铁脚或膨胀螺栓将窗框直接固定到墙上，每边的固定点不少于2个，其间距不应大于1.2m。

3. 窗框与墙的关系

（1）窗框在墙洞中的位置：窗框的位置要根据房间的使用要求，墙身的材料及墙体的厚度确定。有窗框内平、窗框居中和窗框外平三种情况（图11-6）。窗框内平时，对内开的窗扇，可贴在内墙面，少占室内空间。当墙体较厚时，窗框居中布置，外侧可设窗台，内侧可做窗台板。窗框外平多用于板材墙或厚度较薄的外墙。

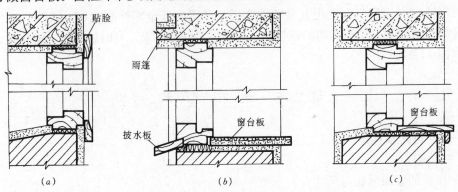

图11-6 窗框在墙洞中的位置
(a) 窗框内平；(b) 窗框外平；(c) 窗框居中

（2）窗框的墙缝处理：窗框与墙间的缝隙应填塞密实，以满足防风、挡雨、保温、隔声等要求。一般情况下，洞口边缘可采用平口，用砂浆或油膏嵌缝。为保证嵌缝牢固，常在窗框靠墙一侧内外两角做灰口（图11-7a）寒冷地区在洞口两侧外缘做高低口为宜，缝内填弹性密封材料，以增强密闭效果（图11-7d）。标准较高的常做贴脸或筒子板（图11-7b、c）。木窗框靠墙一面，易受潮变形，通常当窗框的宽度大于120mm时，在窗框外侧开槽，俗称背槽，并做防腐处理，见图11-7（b）中的窗框。

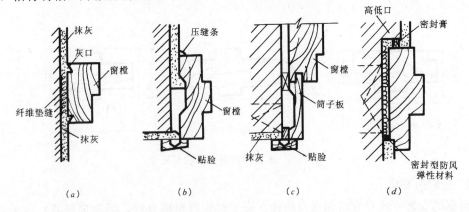

图11-7 窗框的墙缝处理
(a) 平口抹灰；(b) 贴脸；(c) 筒子板和贴脸；(d) 高低口，缝内填弹性密封材料

4. 窗框与窗扇的关系

窗扇与窗框之间既要开启方便，又要关闭紧密。通常在窗框上做裁口（也叫铲口），深度约10～12mm，也可以钉小木条形成裁口，以节约木料（图11-8a、b）。为了提高防风挡雨能力，可以在裁口处设回风槽，以减小风压和渗透量（图11-8d），或在裁口处装密封条（图11-8e、f、g、h）。在窗框接触面处窗扇一侧做斜面，可以保证扇、框外表面接口处缝隙最小（图11-8c）。

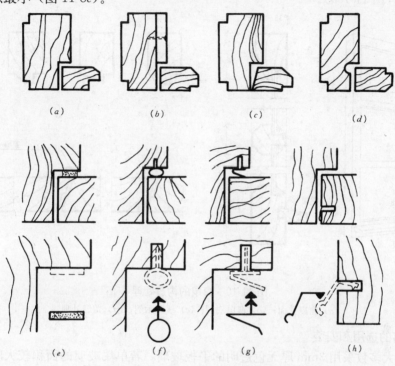

图11-8 窗框与窗扇间的缝隙处理

外开窗的上口和内开窗的下口，是防雨水的薄弱环节，常做披水和滴水槽，以防雨水渗透（图11-9）。

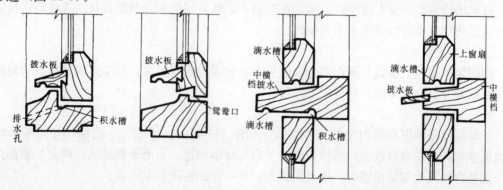

图11-9 窗的防水措施

(二) 窗扇

1. 玻璃窗扇的断面形状和尺寸

窗扇的厚度约为35～42mm，多为40mm。上、下冒头及边梃的宽度一般为50～

60mm，窗芯宽度一般为27～40mm。下冒头若加披水板，应比上冒头加宽10～25mm（图11-10a、b）。为镶嵌玻璃，在窗扇外侧要做裁口，其深度为8～12mm，但不应超过窗扇厚度的1/3。各杆件的内侧常做装饰性线脚，既少挡光又美观（图11-10c）。两窗扇之间的接缝处，常做高低缝的盖口，也可以一面或两面加钉盖缝条，以提高防风雨能力和减少冷风渗透（图11-10d）。

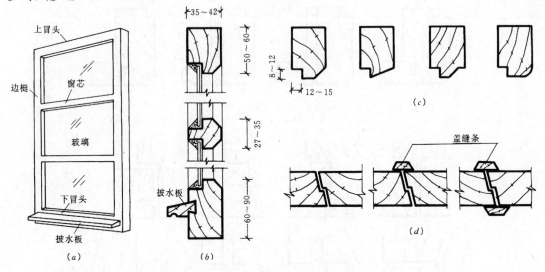

图11-10 窗扇的构造处理
(a)窗扇立面；(b)窗扇剖面；(c)线脚示例；(d)盖缝处理

2. 玻璃的选用和安装

普通窗大多数采用3mm厚无色透明的平板玻璃，若单块玻璃的面积较大时，可选用5mm或6mm厚的玻璃，同时应加大窗料尺寸，以增加窗扇的刚度。另外，为了满足保温隔声、遮挡视线、使用安全以及防晒等方面的要求，可分别选用双层中空玻璃、磨砂或压花玻璃、夹丝玻璃、钢化玻璃等。

玻璃的安装，一般先用小铁钉固定在窗扇上，然后用油灰（桐油石灰）或玻璃密封膏镶嵌成斜角形，也可以采用小木条镶钉。

（三）双层窗

房间为了保温、恒温及隔声等方面的要求，常需设置双层窗，双层窗依其窗扇和窗框的构造以及开启方向不同，可分以下几种：

1. 子母扇窗

子母扇窗是单框双层窗扇的一种形式，如图11-11（a）所示。子扇略小于母扇，但玻璃尺寸相同，窗扇以铰链与窗框相连，子扇与母扇相连，为便于擦玻璃，两扇一般都内开。这种窗较其他双层窗省料，透光面积大，有一定的密闭保温效果。

2. 内外开窗

它是在一个窗框上内外双裁口，一扇外开，一扇内开，也是单框双层窗扇的一种（图11-11b）。这种窗内外扇的形式、尺寸完全相同，构造简单，夏季为防蚊蝇，内扇可以取下，改换成纱扇。纱扇重量轻，窗料可小一些。

3. 分框双层窗

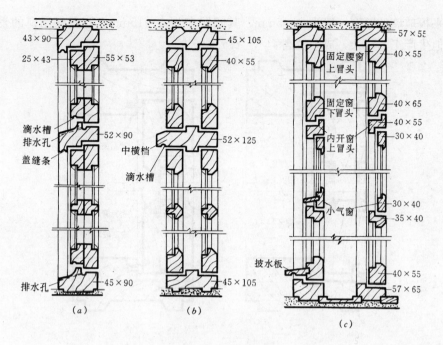

图 11-11 双层窗构造
(a) 内开子母扇窗；(b) 单框内外开双层窗；(c) 分框内开双层窗

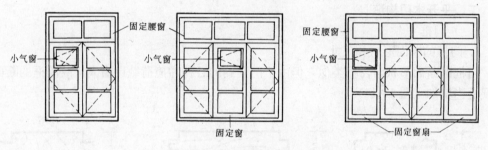

图 11-12 双层窗固定扇的安排

这种窗的窗扇可以内外开，但为了便于擦玻璃，内外扇通常都内开。寒冷地区的墙体较厚，宜采用这种双层窗，内外窗扇净距一般在 100mm 左右，而不宜过大，以免形成空气对流，影响保温（图 11-11c）。

由于寒冷地区的通风要求不如南方高，较大面积的窗子可设置一些固定扇，既能满足通风要求，又能利用固定扇而省去一些中横框或中竖框。另外，在冬季为了通风换气，又不致散热过多，常在窗扇上加小气窗（图 11-12）。

4. 双层玻璃窗和中空玻璃窗

双层玻璃窗即在一个窗扇上安装两层玻璃。增加玻璃的层数主要是利用玻璃间的空气间层来提高保温和隔声能力。其间层宜控制在 10～15mm 之间，一般不宜封闭，在窗扇的上下冒头须做透气孔（图 11-13a）。

双层玻璃窗如改用中空玻璃，可简化窗的构造，节省窗料（图 11-13b）。中空玻璃是由两层或三层平板玻璃四周用夹条粘接密封而成，中间抽换干燥空气或惰性气体，并在边缘夹干燥剂，以保证在低温下不产生凝聚水。中空玻璃确切地应叫中空密封玻璃。中空玻璃所用平板玻璃的厚度一般为 3～5mm，其间层多为 5～15mm。它是保温窗的发展方向之一，但生产工艺复杂，成本较高。

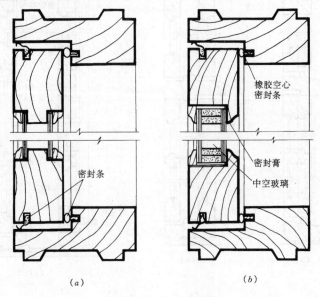

图 11-13　中空玻璃窗
(a) 双层玻璃窗；(b) 中空密封玻璃

二、平开木门构造

（一）门框

1. 门框的断面形状和尺寸

门框的断面形状与窗框类似，但由于门受到的各种冲撞荷载比窗大，故门框的断面尺寸要适当增加（图 11-14）。

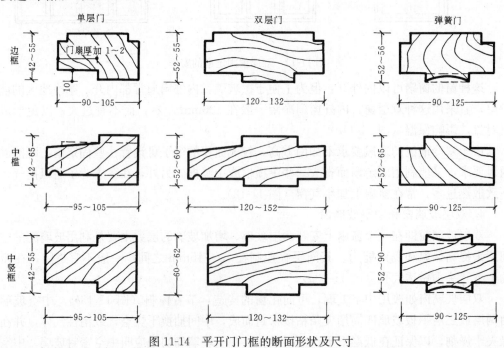

图 11-14　平开门门框的断面形状及尺寸

2. 门框的安装

门框的安装与窗框相同，分立口和塞口两种施工方法。工厂化生产的成品门，其安装多采用塞口法施工。

3. 门框与墙的关系

门框在墙洞中的位置同窗框一样，有门框内平、门框居中和门框外平三种情况，一般情况下多做在开门方向一边，与抹灰面平齐，使门的开启角度较大。对较大尺寸的门，为牢固地安装，多居中设置，如图 11-15（a）、（b）所示。

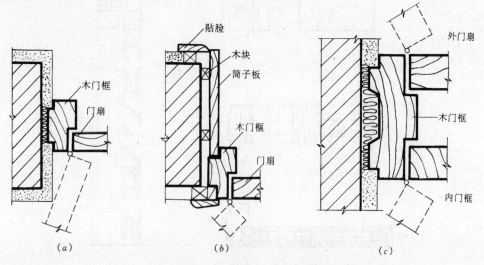

图 11-15　木门框在墙洞中的位置
(a) 居中；(b) 内平；(c) 背槽及填缝处理

门框的墙缝处理与窗框相似，但应更牢固，门框靠墙一边也应开防止因受潮而变形的背槽，并做防潮处理，门框外侧的内外角做灰口，缝内填弹性密封材料（图 11-15c）。

（二）门扇

依门扇的构造不同，民用建筑中常见的门有镶板门、夹板门、弹簧门等形式。

1. 夹板门

夹板门门扇由骨架和面板组成，骨架通常用(32～35)mm×(33～60)mm 的木料做框子，内部用(10～25)mm×(33～60)mm 的小木料做成格形纵横肋条，肋距视木料尺寸而定，一般为 200～400mm，为节约木材，也可用浸塑蜂窝纸板代替木骨架。为了使夹板内的湿气易于排出，减少面板变形，骨架内的空气应贯通，并在上部设小通气孔。面板可用胶合板，硬质纤维板或塑料板等，用胶结材料双面胶结在骨架上。胶合板有天然木纹，有一定的装饰效果，表面可涂刷聚氨酯漆、蜡克漆或清漆。纤维板的表面一般先涂底色漆，然后刷聚氨酯漆或清漆。塑料面板有各种装饰性图案和色彩，可根据室内设计要求选用。另外，门的四周可用 15～20mm 厚的木条镶边，以取得整齐美观的效果。

根据功能的需要，夹板门上也可以局部加玻璃或百叶，一般在装玻璃或百叶处，做一个木框，用压条镶嵌。

图 11-16 是常见的夹板门构造实例，图 11-16（a）为医院建筑中常用的大小扇夹板门，大扇的上部镶一块玻璃；图 11-16（b）为单扇夹板门，下部装一百叶，多用于卫生间的门，腰窗为中悬式窗。

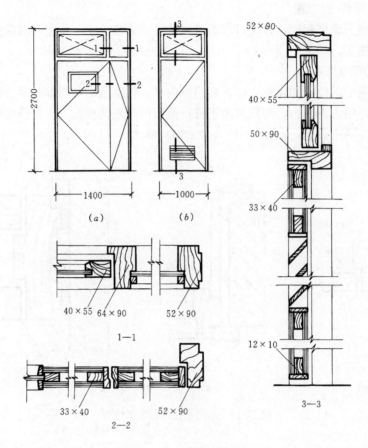

图 11-16　夹板门构造

夹板门由于骨架和面板共同受力,所以用料少,自重轻,外型简洁美观,常用于建筑物的内门,若用于外门,面板应做防水处理,并提高面板与骨架的胶结质量。

2. 镶板门

镶板门门扇是由骨架和门芯板组成。骨架一般由上冒头、下冒头及边梃组成,有时中间还有一道或几道横冒头或一条竖向中梃。门芯板可采用木板、胶合板、硬质纤维板及塑料板等。有时门芯板可部分或全部采用玻璃,则称为半玻璃(镶板)门或全玻璃(镶板)门。构造上与镶板门基本相同的还有纱门、百叶门等。

木制门芯板一般用 10~15mm 厚的木板拼装成整块、镶入边梃和冒头中,板缝应结合紧密,不能因木材干缩而裂缝。门芯板的拼接方式有四种,分别为平缝胶合、木键拼缝、高低缝和企口缝(图 11-17)。工程中常用的为高低缝和企口缝。

图 11-17　门芯板的拼接方式
(a) 平缝胶合;(b) 木键拼缝;(c) 高低缝;(d) 企口缝

门芯板在边梃和冒头中的镶嵌方式有暗槽、单面槽以及双边压条等三种（图 11-18）。其中，暗槽结合最牢，工程中用得较多，其他两种方法比较省料和简单，多用于玻璃、纱网及百叶的安装。

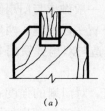 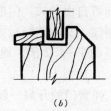 

(a) (b) (c)

图 11-18 门芯板的镶嵌方式
(a) 暗槽；(b) 单面槽；(c) 双边压条

镶板门门扇骨架的厚度一般为 40～45mm，纱门的厚度可薄一些，多为 30～35mm。上冒头、中间冒头和边梃的宽度一般为 75～120mm，下冒头的宽度习惯上同踢脚高度，一般为 200mm 左右，较大的下冒头，对减少门扇变形和保护门芯板不被行人撞坏有较大的作用。中冒头为了便于开槽装锁，其宽度可适当增加，以弥补开槽对中冒头材料的削弱。

图 11-19 是常用的半玻璃镶板门的实例。图 11-19 (a) 为单扇，图 11-19 (b) 为双扇，腰窗为中悬式窗，门芯板的安装采用暗槽结合，玻璃采用单面槽加小木条固定。

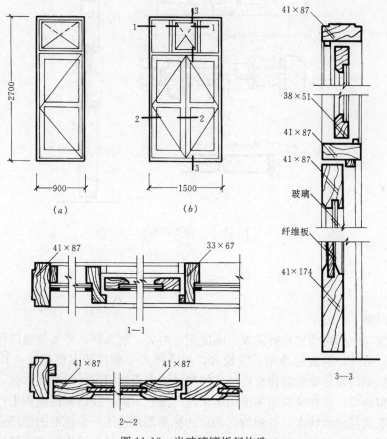

图 11-19 半玻璃镶板门构造

3. 弹簧门

弹簧门是指利用弹簧铰链，开启后能自动关闭的门。弹簧铰链有单面弹簧、双面弹簧和地弹簧等形式。单面弹簧门多为单扇，与普通平开门基本相同，只是铰链不同。双向弹簧门通常都为双扇门，其门扇在双向可自由开关，门框不需裁口，一般做成与门扇侧边对应的弧形对缝，为避免两门扇相互碰撞，又不使缝过大，通常上下冒头做平缝，两扇门的中缝做圆弧形，其弧面半径约为门厚的1~1.2倍。地弹簧门的构造与双扇弹簧门基本相同，只是铰轴的位置不同，地弹簧装在地板上。

弹簧门的构造如图11-20所示。弹簧门的开启一般都比较频繁，对门扇的强度和刚度要求比较高，门扇一般要用硬木，用料尺寸应比普通镶板门大一些，弹簧门门扇的厚度一般为42~50mm，上冒头、中冒头和边梃的宽度，一般为100~120mm，下冒头的宽度一般为200~300mm。

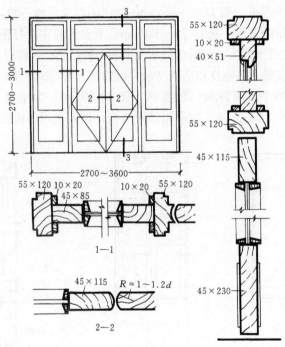

图 11-20 弹簧门构造

第三节 金属及塑钢门窗

一、钢门窗

钢制门窗与木门窗相比具有强度、刚度大，耐久、耐火好，外型美观以及便于工厂化生产等特点。另外，钢窗的透光系数较大，与同样大小洞口的木窗相比，其透光面积高15%左右，但钢门窗易受酸碱和有害气体的腐蚀。由于钢门窗可以节约木材，并适用于较大面积的门窗洞口，故在建筑中的应用越来越广泛。当前，我国钢门窗的生产已具备标准化、工厂化和商品化的特点，各地均有钢窗的标准图供选用。非标准的钢门窗也可自行设计，委托工厂进行加工，但费用高，工期长。故设计中应尽量采用标准钢门窗。

（一）钢门窗料型

钢门窗的料型有实腹式和空腹式两大类型。

1. 实腹式钢门窗

实腹式钢门窗料用的热轧型钢有 25、32、40mm 三种系列，肋厚 2.5～4.5mm，适用于风荷载不超过 0.7kN/m² 的地区。民用建筑中窗料多用 25mm 和 3.2mm 两种系列，钢门料多用 32mm 和 40mm 两种系列，图 11-21 中列举了部分实腹钢窗料的料型与规格。

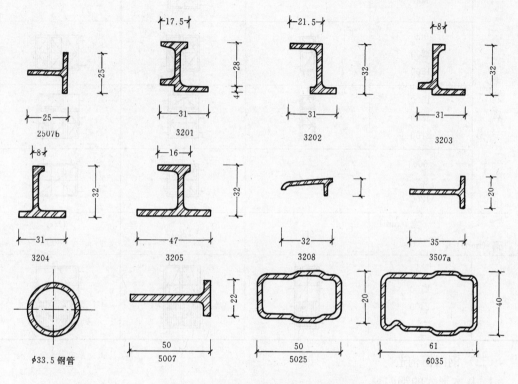

图 11-21 实腹式钢窗料型与规格举例

2. 空腹钢门窗

空腹式钢门窗料是采用低碳钢经冷轧、焊接而成的异型管状薄壁钢材，壁厚 1.2～1.5mm。当前在我国分京式和沪式两种类型（图 11-22）。

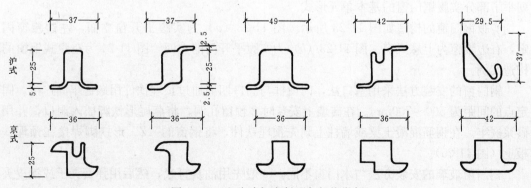

图 11-22 空腹式钢窗料型与规格举例

空腹式钢门窗料壁薄，重量轻，节约钢材，但不耐锈蚀，应注意保护和维修。一般在成型后，内外表面需作防锈处理，以提高防锈蚀的能力。

实腹钢门窗基本单元　　　　　　表 11-1

高(mm) \ 宽(mm)	600	900 1200	1500 1800
平开窗	600		
	900 1200 1500		
	1500 1800 2100		
	600 900 1200		

高(mm) \ 宽(mm)	900	1200	1500 1800
门	2100 2400		

（二）钢门窗构造

1. 基本形式的钢门窗

为了适应不同尺寸门窗洞口的需要，便于门窗的组合和运输，钢门窗都以标准化的系列门窗规格作为基本单元。其高度和宽度为 3M（300mm），常用的钢窗高度和宽度为 600、900、1200、1500、1800、2100mm。钢门的宽度有 900、1200、1500、1800mm，高度有 2100、2400、2700mm。大型钢窗就是以这些基本单元进行组合而成的。表 11-1 中列举了部分实腹钢门窗的基本单元形式。

实腹钢门窗的构造如图 11-23 所示。图 11-23（a）为实腹平开窗立面，左边腰窗固定，右边腰窗为上悬式窗。图 11-23（b）为实腹平开门的立面。图 11-24 为空腹式钢窗的构造实例。

钢门窗的安装方法采用塞口法，门窗框与洞口四周通过预埋铁件用螺钉牢固连接。固定点的间距为 500～700mm。在砖墙上安装时多预留孔洞，将燕尾形铁脚插入洞口，并用砂浆嵌牢。在钢筋混凝土梁或墙柱上则先预埋铁件，将钢窗的"Z"形铁脚焊接在预埋铁板上（图 11-25）。

钢门窗玻璃的安装方法与木门窗不同，一般先用油灰打底，然后用弹簧夹子或钢皮夹子将玻璃嵌固在钢门窗上，然后再用油灰封闭（图 11-26）。

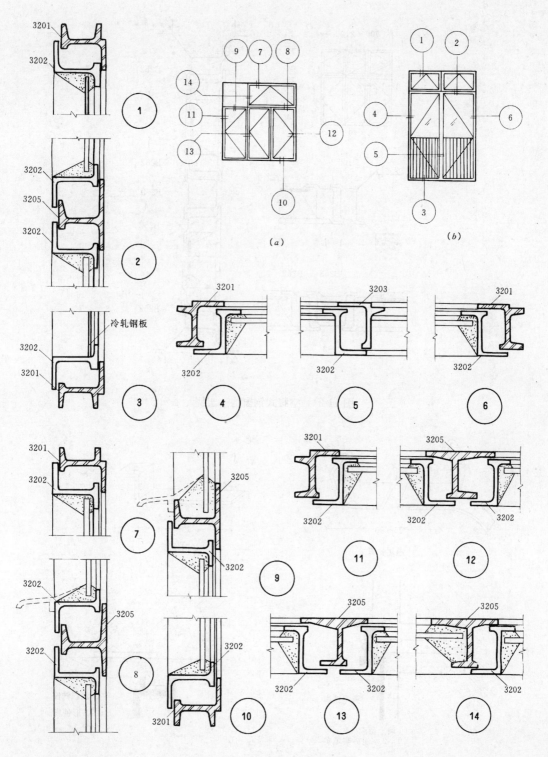

图 11-23 实腹钢门窗构造实例

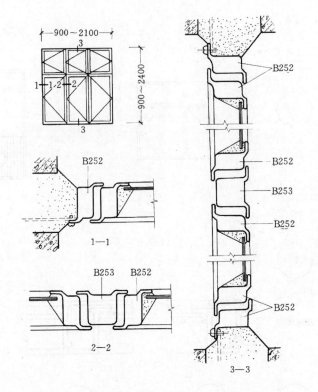

图 11-24 空腹式钢窗构造实例

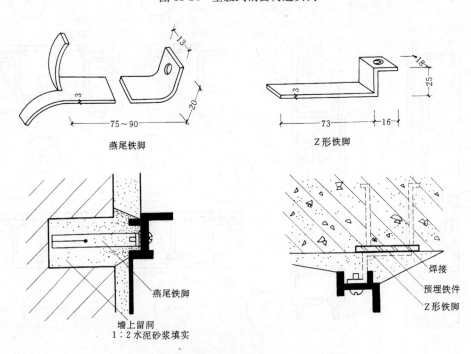

图 11-25 钢门窗框与洞口连接方法

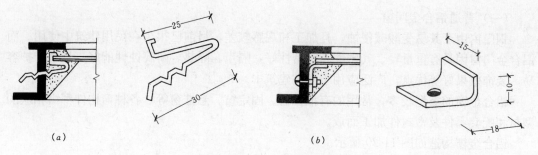

图 11-26 钢门窗玻璃的安装
(a) 弹簧夹子；(b) 钢皮夹子

2. 钢门窗的组合与连接

钢门窗洞口尺寸不大时，可采用基本钢门窗，直接安装在洞口上。较大的门窗洞口则需用标准的基本单元和拼料组拼而成，拼料支承着整个门窗，以及保证钢门窗的刚度和稳定性。

基本单元的组合方式有三种，即竖向组合、横向组合和横竖向组合（图 11-27）。基本钢门窗与拼料间用螺栓牢固连接，并用油灰嵌缝（图 11-28）。

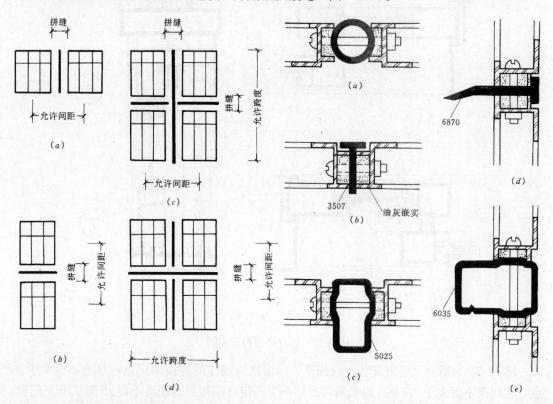

图 11-27 钢门窗组合方式
(a) 横向组合；(b) 竖向组合；(c)、(d) 横竖向组合

图 11-28 基本钢门窗与拼料的连接
(a)、(b)、(c) 竖向拼接；(d)、(e) 横向拼接

二、铝合金门窗

根据保温性能的不同，铝合金门窗又分为普通铝合金门窗和彩色断桥隔热铝合金门窗。

（一）普通铝合金门窗

钢门窗由于其易受酸碱侵蚀，且加工和观感较差，目前已很少在民用建筑中使用。而铝合金门窗因具有重量轻、气密性和水密性好，隔声、隔热、耐腐蚀性能好、日常维护容易，装饰效果好等优点，广泛应用于各类建筑中。

铝合金窗的类型较多，常用的有推拉窗、固定窗、悬挂窗等。各种窗构件都由相应的型材和配套零件及密封件加工而成。

铝合金窗构造如图 11-29 所示。

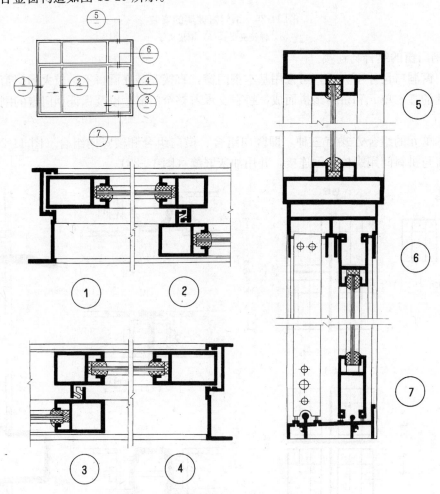

图 11-29 铝合金窗构造实例

图 11-30 为铝合金门窗安装节点构造。门窗框与墙体的连接固定点，每边不得少于 2 点，且间距不得大于 0.7m。边框端部的第一个固定点距端部的距离不得大于 0.2m。门窗框固定好后，窗框与门窗洞四周的缝隙，采用弹性材料填塞，如泡沫条、矿棉毡条等，应分层填补，外表留 5~8mm 的槽口用密封膏密封。窗扇玻璃用橡皮压条固定在窗扇上，窗扇四周利用密封条与窗框保持密封。

（二）彩色断桥隔热铝合金门窗

目前，世界发达的工业国家较普遍地采用彩色断桥隔热铝合金门窗，如日本、美国、德国、意大利等国家在建筑工程中占有很大比例,而且技术比较成熟。

彩色断桥隔热铝合金门窗是在铝型材表面喷涂丙烯酸漆、氟碳漆喷漆或聚氨酯粉末,在型材中间增加非金属隔层冷桥,使用中空玻璃新型铝合金门窗。该种门窗除具有良好的保温性能外,还具有抗尘、防粉化、抵御紫外线、不褪色、隔声、颜色靓丽等优点。

(三)塑钢门窗

塑钢门窗以聚氯乙烯(PVC)树脂为主要原料,加上一定比例的稳定剂、着色剂、填充剂、紫外线吸收剂等,经挤出成型,然后通过切割、焊接或螺接的方式制成门窗框扇,配装上密封胶条、毛条、五金件等,同时为增强型材的刚性,超过一定长度的型材空腔内需要填加钢衬的一类门窗。

目前,塑钢门窗的种类很多,按开启方式分为平开窗、平开门、推拉窗、推拉门、固定窗、旋窗等;按构造分为单玻、双玻门窗;按颜色分为单色(白色或彩色)、双色(共挤、覆膜或喷涂)。

塑钢门窗具有保温节能性、气密性、水密性、抗风压性、隔音性、耐腐蚀性、耐候性、防火性、绝缘性、价格适中等特点,广泛应用于各类建筑中。

塑钢门窗玻璃的安装同铝合金门窗相似,也采用塞口法安装。安装前先核准洞口尺寸、预埋木砖位置和数量。安装时,用金属铁卡或膨胀螺钉把窗框固定到预留洞口上。安装固定检查无误后,在窗框与墙体间的缝隙处填入防寒毛毡卷或泡沫塑料,再用建筑油膏密封。先在窗扇异型材一侧凹槽内嵌入密封条,并在玻璃四周安放橡塑垫块,待玻璃安装到位后,再将已镶好密封条的塑料压玻璃条嵌装固定压紧。塑钢门窗安装节点构造如图11-31所示。

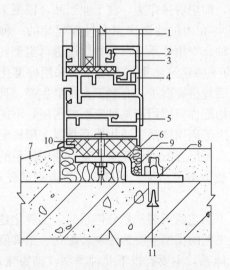

图11-30 铝合金门窗安装节点构造
1—玻璃;2—橡胶条;3—压条;4—内扇;
5—外框;6—密封膏;7—砂浆;8—地脚;
9—软填料;10—塑料垫;11—膨胀螺栓

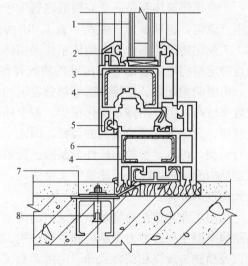

图11-31 塑钢门窗安装节点构造
1—玻璃;2—玻璃压条;3—内扇;4—内钢衬;
5—密封条;6—外框;7—地脚;8—膨胀螺栓

第十二章 民用工业化建筑体系简介

建筑工业化是指用现代工业的生产方式来建造房屋，即将现代工业生产的成熟经验应用于建筑业，像生产其他工业产品那样，用机械化方法来生产建筑定型产品。这是建筑业生产方式的根本改变。长期以来，人们都是由手工劳动来建造房屋，不仅劳动强度大，耗费大量人工，而且建造速度慢，质量也难以保证。建筑工业化就是以现代化的科学技术手段，把这种分散落后的手工业生产方式改变为集中、先进的现代化工业生产方式，从而加快建设速度，降低劳动强度，提高生产效率和施工质量。

建筑工业化的基本特征是设计标准化，生产工厂化，施工机械化，组织管理科学化。设计标准化是建筑工业化的前提。只有设计标准化、定型化的建筑构配件及其房屋等，才能实现工厂化、机械化的大批量生产。生产工厂化是建筑工业化的手段。标准、定型的建筑构配件、组合件等建筑产品的工厂化生产，可以改善劳动条件，提高生产效率，保证产品质量，另外，也促进了产品生产的商业化。施工机械化是建筑工业化的核心。施工的各个环节以机械化代替手工操作，可以降低劳动强度，加快施工速度，提高施工质量。管理科学化是实现建筑工业化的保证。从设计、生产到施工的各个过程，都必须有科学化的管理，避免出现混乱，造成不必要的损失。

工业化建筑体系是一个完整的建筑生产过程，即把房屋作为一种工业产品，根据工业化生产原则，包括设计、生产、施工和组织管理等在内的建造房屋全过程配套的一种方式。工业化建筑体系分为专用体系和通用体系两种。专用体系是以某种房屋进行定型，再以这种定型房屋为基础进行房屋的构配件配套的一种建筑体系。专用体系采用标准化设计，房屋的构配件、连接方法等都是定型的，因而规格类型少，有利于大批量生产，且生产效率较高。但专用体系变化很少，各个体系的构配件只能用于某种定型的房屋，不能互换使用，无法满足各类建筑的需要，因此，又产生了通用体系。通用体系是以房屋构配件进行定型，再以定型的构配件为基础进行多样化房屋组合的一种建筑体系。通用体系的房屋定型构配件可以在各类建筑中互换使用，具有较大的灵活性，可以满足多方面的要求，做到建筑多样化。

民用工业化建筑通常是按建筑结构类型和施工工艺的不同来划分体系的。工业化建筑的结构类型主要为剪力墙结构和框架结构。施工工艺的类型主要为预制装配式、工具模板式以及预制与现浇相结合式等。民用建筑工业化体系，主要有以下几种类型：砌块建筑、大板建筑、大模板建筑、滑模建筑、升板建筑、盒子建筑等等。

第一节　砌　块　建　筑

砌块建筑是用混凝土或工业废料等为原料预制成块状材料来砌筑墙体的预制装配式建筑。砌块建筑适应性强，生产工艺简单，施工简便，造价较低，可以充分利用工业废料或地方材料，减少对耕地的破坏。由于砌块的尺寸比普通砖大，因而可以加快砌墙速度，减少施工现场的砌筑工作量。但砌块建筑的工业化程度不太高，一般强度较低，通常适合建造3～5层的建筑，若提高砌块强度或配置钢筋，层数也可以适当增加。

一、砌块的种类及规格

砌块的种类很多，按材料分有普通混凝土砌块和煤矸石混凝土砌块、陶粒混凝土砌块、炉渣混凝土砌块、加气混凝土砌块等；按品种分有实体砌块、空心砌块；按规格分有小型砌块、中型砌块和大型砌块。

小型砌块尺寸小，重量轻（一般在20kg以内），适应于人工搬运、砌筑；中型砌块尺寸较大，重量较重（一般在350kg以内），适应于中、小型机械起吊和安装；而大型砌块则是向板材过渡的一种形式，尺寸大、重量大（一般达350kg以上），故需大型起重设备吊装施工，目前采用较少。我国部分地区所采用的砌块规格见表12-1。

部分地区砌块常用规格　　　　　　　　表12-1

分类	小型砌块	中型砌块		大型砌块
用料及配合比	C15细石混凝土配合比经计算与实验确定	C20细石混凝土配合比经计算与实验确定	粉煤灰 530～580kg/m³ 石灰 150～160kg/m³ 磷石膏 35kg/m³ 煤渣 960kg/m³	粉煤灰 68%～75% 石灰 21%～23% 石膏 4% 泡沫剂 1%～2%
规格 厚×高×长 (mm)	90×190×190 190×190×190 190×190×390	180×845×630 180×845×830 180×845×1030 180×845×1280 180×845×1480 180×845×1680 180×845×1880 180×845×2130	190×380×280 190×380×430 190×380×580 190×380×880	厚：200 高：600、700、800、900 长：2700、3000、3300、3600
最大块重量（kg）	13	295	102	650
使用情况	广州、陕西等地区，用于住宅建筑和单层厂房等	浙江，用于3～4层住宅和单层厂房	上海，用于4～5层宿舍和住宅	天津，用于4层宿舍、3层学校、单层厂房

二、砌块的排列组合

砌块的排列组合是指不同规格的砌块在墙体中的具体安放位置。由于砌块的尺寸比较大，砌筑的灵活性不如砖，因此在设计时，应做出砌块的排列，并绘出砌块排列组合图，施工时按图进料和安装。砌块排列组合图一般有各层平面、内外墙立面分块图,如图12-1所示。

在进行砌块的排列组合时,应按墙面尺寸和门窗布置,对墙面进行合理的分块,正确选择砌块的规格尺寸,尽量减少砌块的规格类型,优先采用大规格的砌块做主要砌块,并且尽量提高主要砌块的使用率,减少局部补填砖的数量。砌块的排列应整齐,有规律,上下砌块要错缝搭接,避免通缝,纵横墙交接处应咬砌,保证砌块墙的整体性和稳定性。如采用混凝土空心砌块,其上下砌块的孔宜对齐,使结构受力合理,并且便于孔内配筋灌浆。

三、砌块建筑构造

(一)砌块墙的接缝处理

由于砌块的尺寸比较大,使砌块墙的接缝内外贯通。因此,砌块墙的接缝不仅是保证砌体坚固性和稳定性的重要环节,而且也影响着砌体的保温、隔声和防水等性能。砌块墙的接缝有水平缝和垂直缝,缝的形式一般有平缝、凹槽缝和高低缝等,见表12-2。

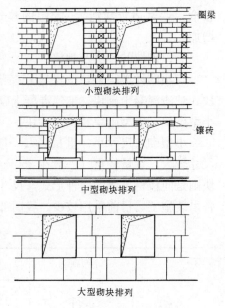

图12-1 砌块排列示意

砌 块 缝 型　　　　　　　　　　　表 12-2

垂 直 缝	水 平 缝	缝宽及砂浆标号
平接　高底　单槽　双槽	平接　双槽	1. 小型砌块缝宽 10～15mm 　中型砌块缝宽 15～20mm 　加气混凝土块缝宽 10～15mm 2. 砂浆强度由计算定,空心混凝土砌块砂浆强度应大于 M50

平缝构造简单,制作方便,多用于水平缝;凹槽缝和高低缝使砌块连接牢固,且凹槽缝灌浆方便,因此多用于垂直缝。砌块墙一般采用水泥砂浆砌筑,灰缝的宽度主要根据砌块材料的规格大小而定。一般情况下,小型砌块为10～15mm,中型砌块为15～20mm。缝中砂浆应饱满,其砂浆强度应由计算而定。

(二)砌块墙的拉结

砌块砌体必须分皮错缝搭砌(图12-2)。中型砌块上下皮搭接长度不少于砌块高度的1/3且不小于150mm;小型空心砌块上下皮搭砌长度不小于90mm。当搭砌长度不满足这一要求或出现通缝时,应在水平灰缝内设置不小于2ϕ4的钢筋网片,网片每端均应超过该垂直缝,其长应不少于300mm(图12-3)。

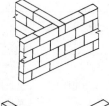
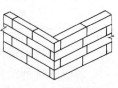

图12-2 砌块搭接

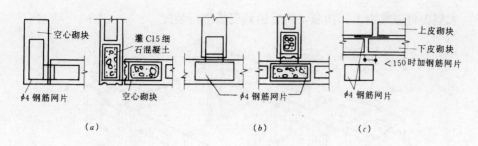

图 12-3 通缝处理

(a) 转角配筋；(b) 丁字墙配筋；(c) 错缝配筋

（三）圈梁

为了保证砌块建筑的整体性，砌块建筑应在适当的位置设置圈梁。通常可将圈梁与过梁合并在一起，以圈梁兼作过梁。空旷的单层砌块建筑，当墙厚小于 240mm 时，其檐口标高为 4～5m，应设置一道圈梁，檐口高度大于 5m 应适当增设。对于住宅、办公楼等多层砌块房屋的外墙、内纵墙的屋盖处应设置圈梁，楼盖处应隔层设置。横墙的屋盖处宜设置圈梁，其水平间距不宜大于 15m。

圈梁的位置、截面尺寸及配筋等其他要求均应符合砖砌体房屋的有关规定。

（四）构造柱

混凝土空心砌块建筑，由于上下砌块之间的砂浆粘结面积较小，因此应采取加固措施，提高房屋的整体性。混凝土中型空心砌块建筑，应在外墙转角处，楼梯间四角的砌体孔洞内设置不少于 1ϕ12 的竖向钢筋，并用 C20 细石混凝土灌实，形成构造柱。竖向钢筋应贯通墙高并锚固于基础和楼盖圈梁内，使建筑物连成一个整体（图 12-4）。混凝土小型空心砌块建筑，应在外墙转角处楼梯间四角，距墙中心线每边不小于 300mm 范围内的孔洞，采用不低于砌块材料强度等级的混凝土灌实，灌实高度应为全部墙身高度。

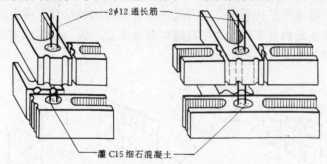

图 12-4 空心混凝土砌块建筑的构造柱

另外，砌块建筑在室内外地坪以下部分的墙体，应做好防潮处理。除了应设防潮层以外，对砌块材料也有一定的要求，通常在选用密实而耐久的材料，不能选用吸水性强的砌块材料，如加气混凝土砌块、粉煤灰砌块等。勒脚处应用水泥砂浆抹面。

第二节 大板建筑

大板建筑是由预制的大型墙板、楼板和屋面板等构件装配而成的一种全装配建筑（图

12-5）。大型板材通常由工厂预制，然后运到现场进行装配。

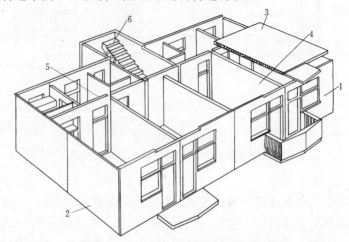

图 12-5　装配式大板建筑示意图
1—外纵墙板；2—外横墙（山墙）板；3—楼板；4—内横墙板；5—内纵墙板；6—楼梯

大板建筑由于采用了大型的预制构件，其施工机械化程度比较高，施工速度快，可以缩短工期，提高劳动生产率，施工受气候条件限制少，可改善劳动条件，板材墙的承载能力比较好，可以减轻结构的重量，提高抗震能力，减小墙体厚度，以扩大建筑使用面积。但由于大板建筑的预制板材的规格类型不宜太多，而且又是剪力墙承重的结构体系，因此，对建筑的造型和布局有较大的制约性；另外，大板建筑的施工需要大型的机械设备，其用钢量较多，房屋的造价比同类砖混结构高。

大板建筑常用于多层和高层住宅、宿舍等小开间的建筑。

一、大板建筑的结构体系

大板建筑属于墙承重结构系统，也有采用与框架结构相结合形成内骨架结构形式的。

大板建筑按楼板的搁置不同，主要有横向墙板承重、纵向墙板承重和纵横双向墙板承重等结构体系（图 12-6）。

横墙板承重　　　　　纵墙板承重　　　　　双向墙板承重

图 12-6　大板建筑的结构体系

（一）横向墙板承重

楼板搁置在横向墙板上，由横向墙板承受楼板传下来的荷载，纵向外墙板仅起围护作用。这种结构体系的结构刚度大，整体性好，有利于抗震，板的跨度比较经济，但房屋内部的分隔缺少灵活性，适用于房间面积不大的小开间建筑，如住宅、宿舍等。若要扩大开间，改变空间布局，可采用大跨度楼板，形成大开间横向墙板承重体系，内部可设轻质隔墙灵活分隔。横向墙板承重的结构体系采用较多。

（二）纵向墙板承重

楼板搁置在纵向墙板上，由纵向墙板承受楼板传下来的荷载，横向内墙板主要起分隔作用。纵向墙板承重的结构体系，内部分隔灵活，但房屋的横向刚度较差，应间隔一定距离设横向剪力墙拉结。当采用大跨度楼板时，可将楼板直接支承在两侧纵向外墙板上，使内部分隔更灵活。

（三）纵横双向墙板承重

楼板四边搁置在纵横两个方向的墙板上，由纵向和横向墙板共同承受楼板传下来的荷载，楼板一般双向受力，形成双向板。这种结构体系的楼板近于方形，房间的平面尺寸受到限制，房间布置不灵活。

二、大板建筑的板材类型

大板建筑是由内墙板、外墙板、楼板、屋面板等主要构件，以及楼梯、阳台板、挑檐板和女儿墙板等辅助构件组成。

（一）内墙板

内墙板按受力情况分有承重内墙板和非承重内墙板，在大板建筑中，大多数采用的是承重内墙板。承重内墙板承受楼板传下来的垂直荷载，并承受水平力。非承重内墙板不承受楼板传下来的垂直荷载，但承受水平力，并与承重内墙板共同作用，以加强建筑物的空间刚度。因此，承重和非承重内墙板通常采用同一类型的墙板，而且都应具有较高的强度和刚度。同时，内墙板也是分隔内部空间的构件，应满足隔声、防火、防潮等要求。在大板建筑中，有时还需设置只起分隔作用的隔墙板。隔墙板应满足隔声、防火、防潮等要求，尽量做到轻、薄。

内墙板一般一间一块，即高度与层高相适应，通常是层高减去楼板厚度，宽度与房间的开间或进深相适应。一间一块的内墙板构造简单。也可以根据生产、运输和吊装能力，采用一间两块或一间三块。

由于内墙板通常不需要保温或隔热，因此，内墙板多采用单一材料墙板。按其构造和结构形式不同，主要有空心墙板和实心墙板，另外，还有密肋、框壁板等几种形式。

实心墙板常采用混凝土制作，有普通混凝土墙板，还有粉煤灰矿渣混凝土和陶粒混凝土等轻质混凝土墙板。混凝土实心墙板一般可不必配筋，只在边角、洞口等薄弱处配构造钢筋，墙板的厚度一般为120～140mm。若为高层大板建筑，则应采用钢筋混凝土墙板，墙板厚度有的加大到160mm。

空心墙板多采用钢筋混凝土制作，孔洞可做成圆形、椭圆形、去角长方形等。为保证楼板的支承长度，墙板厚一般不小于140mm，一般为140～180mm。

复合材料的内墙板主要有振动砖墙板，还有夹层内墙板等。振动砖墙板是用振动的方法将小块砖预制成大块墙板，常用空心砖或多孔砖，以减轻自重。一般采用半砖墙，两边有10～15mm厚的水泥砂浆，墙板总厚度为140mm，板内配置构造钢筋。

几种常见的内墙板构造如图12-7所示。

隔墙板一般常用加气混凝土条板、陶粒混凝土板、石膏多孔板等轻质薄板。

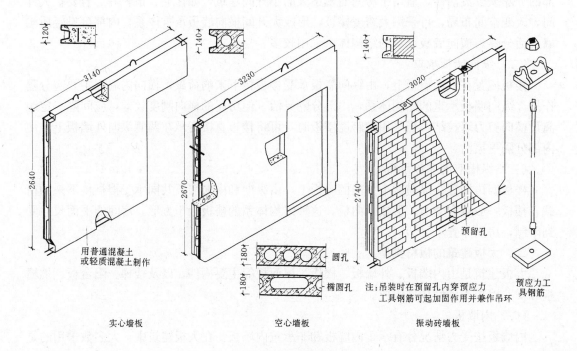

图 12-7 各种内墙板

(二) 外墙板

外墙板是大板建筑的外围护构件,应满足保温、隔热、抗风雨、隔声和美观等要求。外墙板按受力情况分,也有承重和非承重两种。按墙板的布置方向不同,有纵向外墙板和山墙板之分。在多层建筑中,非承重外墙板通常多为自承重墙;在高层建筑中,非承重外墙板也有做成悬挂墙板或填充墙板的。承重外墙板应具有足够的强度和刚度。

纵向外墙板采用较多的划分形式是一间一块板,即墙板的宽度同房间的开间一致,高度与层高相同。也可以采用横向加长两个或三个开间的两间或三间一块板和竖向加高两个或三个层高的两层或三层一块板,这种横向或纵向大块墙板减少了吊装次数和接缝数量。山墙板由于开洞面积较小,自重大,若吊装有困难,可采用一层一间几块的形式。外墙板的划分形式如图 12-8 所示。

外墙板有单一材料外墙板和复合材料外墙板。

单一材料外墙板主要有实心和空心墙板,另外,也有带框或带肋的外墙板(图 12-9)。

实心板多为平板及框肋板;空心外墙板的孔洞形状一般与内墙板相同。寒冷地区为了避免冷桥而出现结露现象,常做成两排或三排扁孔形式(图 12-9c、d)。外墙板的材料一般选用普通混凝土。为了就地取材,利用当地工业废料,并减轻自重和增加保温能力,此外,尚有各种轻骨料混凝土、加气混凝土等材料。

复合材料外墙板是用两种或两种以上功能不同的材料结合而成的多层墙板,其主要层次有:结构层、保温层、饰面层、防水层等,各层应根据功能要求组合。结构层通常采用钢筋混凝土。承重外墙板结构层应设在墙板内侧,使结构受力合理,墙板外侧设能防水的外饰面层,中间设保温层;非承重外墙板的结构层设在墙板外侧,与防水层结合在一起,

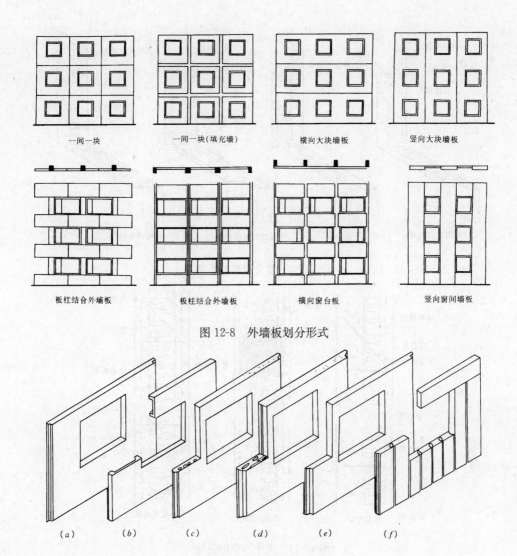

图 12-8 外墙板划分形式

图 12-9 单一材料外墙板
(a) 实心外墙板;(b) 框肋外墙板;(c) 空心外墙板;(d) 双排孔外墙板;
(e) 轻骨料混凝土外墙板;(f) 加气混凝土组合外墙板

墙板内侧做内饰面层,中间为保温层;保温层还可以夹在内外两层钢筋混凝土之间,形成夹层外墙板(图 12-10)。

复合材料外墙板内的保温材料既可以用散状材料,也可以用预制块状材料和现浇材料,常见的有加气混凝土、泡沫混凝土、岩棉板等。

振动砖墙板也是复合材料墙板,两侧是水泥砂浆面层,中间为砖层,通过机械振动成型。既可用作内墙板,也可用作外墙板。

夹层外墙板是在内外两层钢筋混凝土板层之间夹有一层高效保温材料,内外层钢筋混凝土平板常采用特制钢件连接,如拉结钢筋、钢筋网、钢筋桁架等(图 12-11)。

外墙板的外饰面,既要防止外界自然因素的侵袭,又要有一定的饰面效果,为了减少现场作业,最好在工厂中一次加工完成。外饰面的做法除了抹灰、贴面和涂料等常见做法

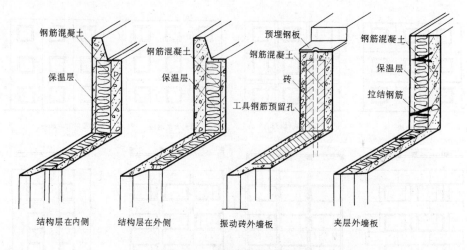

图 12-10 复合材料外墙板

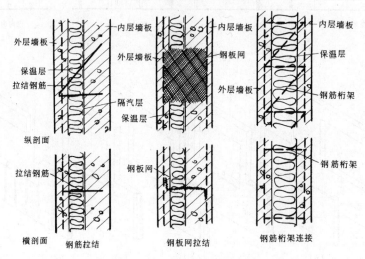

图 12-11 夹层墙板的连接

以外,还可以利用混凝土的可塑性,做出表面有凹凸纹路的模纹饰面或有立体变化的异型外墙板(图 12-12)。

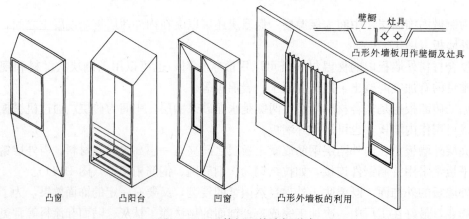

图 12-12 立体板面外墙板形式

(三) 楼板和屋面板

楼板起承重和分隔作用，应满足结构和隔声、防火等构造要求。

大板建筑中的大型预制楼板，在生产、运输和吊装能力允许的情况下，尽量采用一间一块式，即板宽、板长分别与房间的开间、进深一致。这种形式的楼板中间没有接缝，板面平整，装配化程度高，结构整体性好。若受吊装能力限制或面积较大的房间，也可采用一间两块或三块板。

楼板的材料一般为钢筋混凝土。板的形式有空心板、实心板、肋形板等（图 12-13）。

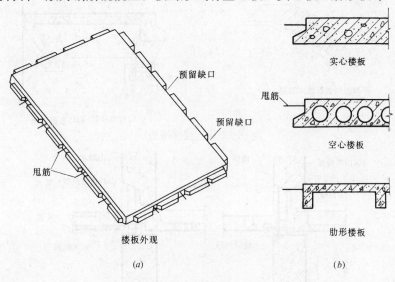

图 12-13 预制楼板形式

实心平板一般为单向受力板，有时也用做双向受力板，通常用于跨度小的地方；空心板用普通的钢筋混凝土板，也是单向受力板；肋形板有单向肋板和双向肋板两种，板肋可以设在下面，也可以设在上面。肋在下面时，结构受力合理，但隔声较差；肋在上面时，可在肋间填散状轻质材料，上面做混凝土面板层或做木地面，这种形式对隔声有利，板底平整，但结构受力不合理，施工复杂。

为了便于板材间的连接，楼板的四边应预留缺口，并甩出连接用的钢筋（图 12-13a）。

大板建筑中的屋面板与楼板相同。

(四) 辅助构件

1. 楼梯

大板建筑中的楼梯，通常采用大、中型钢筋混凝土预制构件。一种是梯段、平台板分开预制，梯段与平台板之间有可靠的连接；另一种是将梯段与平台板连在一起预制成一个构件（图 12-14）。

2. 阳台板

挑阳台板有两种设置形式：一种是利用大型楼板向外出挑形成阳台板，即阳台板与楼板预制成一个构件。这种形式整体性好，构造简单，装配化程度高，但构件尺寸、重量较大，对运输和吊装要求较高，因而目前较少采用。另一种是阳台板单独预制，通常悬挑在纵向外墙上，阳台板与楼板应进行整体连接，如图 12-15 所示。

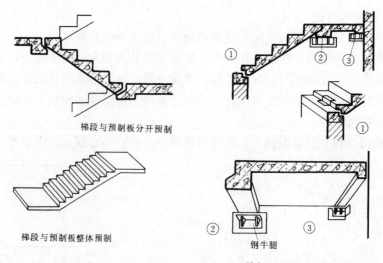

图 12-14 楼梯构造

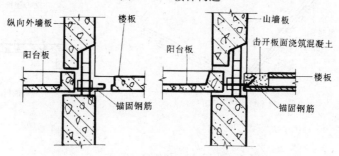

图 12-15 阳台板构造

3. 挑檐板和女儿墙板

挑檐板通常也为两种形式，如图 12-16 所示。一种是利用大型屋面板出挑形式，即与屋面板连成一体的挑檐板；另一种是单独预制挑檐板，它可不增加屋面板的规格类型。女儿墙属于非承重构件，女儿墙板与屋面板之间应有可靠连接（图 12-16）。女儿墙板的厚度，为便于连接，一般与下部墙板同厚。

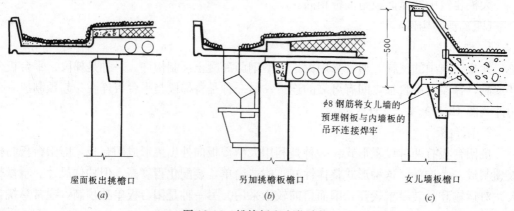

图 12-16 挑檐板和女儿墙板

三、大板建筑的连接构造

大板建筑的节点连接是设计的关键之一。板材间的连接要满足结构上的要求，采用合理的连接方法，保证板与板之间传力合理，具有足够的强度和刚度，在正常荷载作用下不破坏，同时，还要保证房屋结构的整体性。另外，板间连接还应满足使用功能上的要求，如保温、隔热、抗风、隔声等。

（一）板材连接

板材连接包括墙板之间的连接和楼板与墙板间的连接等。

1. 墙板之间的连接

墙板之间的连接主要包括内、外墙板之间的连接和纵横内墙板之间的连接。墙板之间通常既要对上下两端加以连接，又要考虑墙板之间形成的竖向接缝内的连接。

墙板的弯曲产生的应力主要集中在墙板的上下两端，而且安装时也是主要依靠上下两端的连接来定位，因此，墙板上、下两端应有可靠的连接。常见的连接方法主要有两种：一种是墙板上下端伸出连接钢筋搭接或加筋连接，再现浇混凝土连成整体（图12-17a）；另一种是在墙板上下端预埋铁件，用钢筋或钢板焊接连接（图12-17b）。

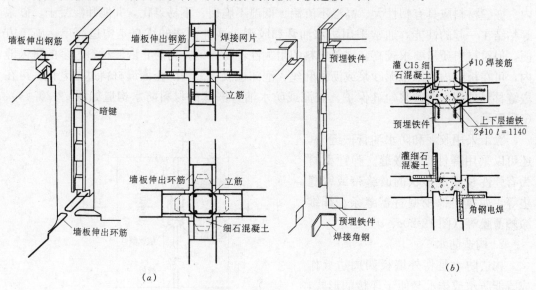

图 12-17　墙板连接构造
(a) 伸出钢筋电焊连接；(b) 预埋钢板电焊连接

墙板的侧面通常预制成凹槽，使墙板之间的竖向接缝形成凹缝，以消除两板之间出平面变形的可能。为了增加抵抗竖向相对位移的能力，在凹槽中设暗销键。在墙板之间的竖向接缝内通常设竖向插筋，并现浇混凝土灌缝。竖向插筋应伸入楼板顶面以上和楼板底面以下不小于500mm，使上下墙板形成整体。

在地震区，除上述接缝之外，通常在墙板间竖向接缝的中间部位，也应预留锚环和插筋加以连接（图12-18）。

2. 楼板与墙板之间的连接

楼板在承重墙板上的支承长度一般不小于60mm。楼板的四角通常伸出连接钢筋，焊接或加筋连接，并且上下墙板之间的竖向插筋也应相焊，然后浇筑混凝土，使各板材之间连成整体。为加强抗震，楼板的四边适当位置，可留出缺口伸出钢筋焊接，或利用下层墙板的吊环与上层墙板伸出的钢筋或钢环焊接，然后浇筑混凝土连成整体（图12-19）。

（二）外墙板接缝防水构造

外墙板连接主要有水平缝和垂直缝，水平缝是指上下外墙板之间形成的接缝，垂直缝是指左右外墙之间形成的接缝。

外墙板接缝处，由于温度和湿度变化、地基不均匀下沉以及接缝材料本身性能变化带来的不利因素，使其成为墙板防水的薄弱环节，因此应采取相应的防水构造措施，使外墙板接缝处满足防水的需要。

进行外墙板接缝防水构造设计的要点：尽量使接缝处少接近雨水，避免形成渗流通道，断绝或减轻小的渗透压力，将渗入接缝处的雨水迅速引导外流。

外墙板接缝防水构造做法通常有两种，即材料防水和构造防水，也可以两种方法结合使用。

1. 材料防水

材料防水是采用有弹性和附着性的嵌缝材料或衬垫材料封闭接缝，以阻止雨水进入缝内。嵌缝材料应具有塑性大、高温不流淌、低温不脆裂、不易老化，并能和混凝土、砂浆等粘结在一起的性能，通常采用防水油膏和胶泥，这种做法的优点是构造简单、施工方便，但对材料质量要求较高，嵌缝材料的耐久性不易保证。为防止嵌缝材料过多的进入缝内，可在板缝内填塞水泥砂浆或沥青麻丝、泡沫橡胶等。为防止嵌缝材料过早老化，可在嵌缝材料外用水泥砂浆勾缝保护。胶泥或防水油膏嵌缝的材料防水构造如图12-20（*a*）、（*b*）所示。

除了采用胶泥和防水油膏嵌缝外，还可以采用弹性型材嵌缝。弹性型材为有弹性和固定形状的嵌缝带或密缝垫等，如氯丁橡胶型材盖缝条、纤维涂塑薄膜等（图12-20*c*、*d*）。

2. 构造防水

构造防水是将外墙板四周边缝作成既能防水或排水又便于连接的形式，用以切断雨水的通路，防止雨水因风压和毛细管作用向室内渗透。

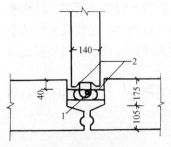

图12-18 墙板侧边锚环构造
1—插铁；2—锚环

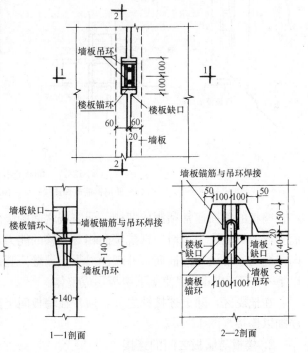

图12-19 上下楼层墙板与楼板之间的锚接

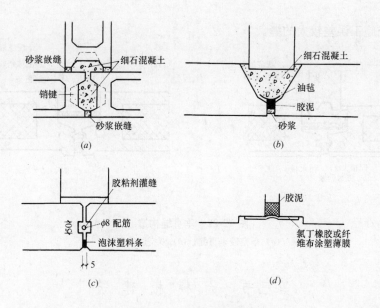

图 12-20 材料防水构造

(a) 砂浆嵌缝；(b) 胶泥嵌缝；(c) 加气混凝土板泡沫塑料条嵌缝；(d) 薄膜贴缝

(1) 水平缝　水平缝的构造防水，一般采用高低缝的形式，即墙板的上边作挡水台阶，下边缘向下作凸边，上下墙板安装时咬合成高低缝，使雨水不能渗入缝内，即使渗入，也能沿槽口引流至墙外。这种做法防水效果好，雨水在重力作用下不易越过挡水台阶，施工简单，应用广泛，但在运输和施工中墙板下边凸出部分易被破坏，应注意保护。

水平缝的外缝可作成敞开式，缝内不嵌材料，因此，既可节约材料，又能简化操作工序。但这种形式容易透风，对接缝处保温不利（图 12-21a）。

为了改善接缝的保温性能，水平缝的外缝还可做成封闭式，用水泥砂浆或油膏嵌缝，使它与内侧灰缝砂浆间形成空腔，但应间隔一定距离布置一排小孔，使空腔内外空气流通，保持内外压力平衡，并可使渗入空腔内的雨水迅速排出。这种构造防水又称压力平衡空腔防水（图 12-21b）。

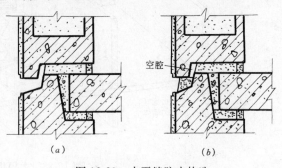

图 12-21 水平缝防水构造

(a) 敞开式高低缝；(b) 封闭式高低缝

(2) 垂直缝　垂直缝的构造防水做法也有敞开式和封闭式两种。垂直缝敞开式构造防水是将墙板的边缘作成凸榫或槽沟，用以防水，但因制作和安装工艺复杂，采用较少。垂直缝的构造防水采用较多的是封闭式空腔防水，有单空腔防水和双空腔防水两种，视防水要求和墙板厚度而定，双空腔的防水效果更好。垂直缝封闭式构造防水的做法为：在缝中分层设挡风板（或挡风层）和挡雨板，中间形成空腔。挡雨板可用金属片或塑料片，靠它本身弹性所产生的横向推力嵌入垂直缝的凹槽内。挡风板可用油毡条或橡胶条贴缝，里面做保温层，用混凝土灌缝（图 12-22）。空腔也起沟槽作用，将渗入的雨水导至与水平缝交叉的十字缝处所设置的排水导管内或排水挡板外，排出墙外。这种做法适用于较宽的缝或施工误差较大的缝。

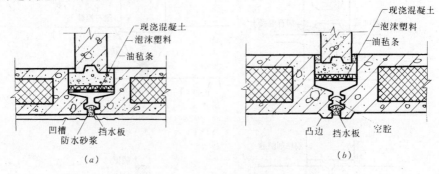

图 12-22　垂直缝构造
(a) 单空腔垂直缝；(b) 双空腔垂直缝

第三节　大模板建筑

大模板建筑是建立在现代化工业生产混凝土基础上的一种现浇建筑。它所用的钢制模板可作为工具，重复使用，所以又称工具式大模板建筑。工具式大模板与操作台常结合在一起，由大模板板面、支架和操作台三部分组成（图12-23）。

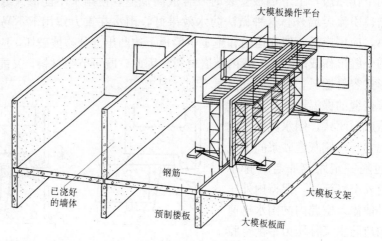

图 12-23　大模板建筑

一、大模板建筑的特点

大模板建筑与砖混结构的房屋相比，其优点是：建筑适应性强，结构整体性好，抗震能力强，用工量省，施工速度快，还可以减薄墙体和减少内外饰面的湿作业；缺点是：现场浇筑混凝土工作量大，工地施工组织较为复杂，钢材水泥用量多。一般多用于多层或高层建筑。

通常采用的大模板是根据某一类大量性建造的建筑物的通用设计参数来设计制定的，有一定的专用性。一般要求模板的尺寸、类型、规格要少，拆装方便，便于组织施工流水作业，并希望模板在吊装中不着地或减少落地，即从一个流水段拆模后，直接吊到本幢房屋或就近房屋的下一个流水段去支模。

还有一种是通用性拼装式模板,即按一定模数和补充尺寸做出各种尺寸的中小型模板,根据每个建筑不同尺度要求进行组装。它有一定的灵活性,适用于不同的建筑要求,但每次需要重新组装,比较麻烦。

二、大模板建筑的节点构造

大模板建筑的主要承重构件,如内墙、外墙、楼板(包括屋面板)均可采用大模板现浇,而内隔墙多是在建筑主体形成以后,以预制板形式安装,所以可采用轻型板组装,比较简单。大模板建筑的承重内墙在任何情况下都采用大模板现浇方式,而外墙和楼板只能有一项是大模板,另一项多采用预制方式(包括采用砌筑的外墙)。这是因为大模板要在构件浇筑拆模后撤出,所以必须在外墙或楼板预留空位才能实现。因此,大模板建筑根据楼板和外墙的施工方法不同,大致可分为以下几种情况:

(一) 现浇内墙与外挂墙板的连接

在"内浇外挂"的大模板建筑中,外墙板是在现浇内墙之前先安装就位,并将预制外墙板的甩出钢筋与内墙钢筋绑扎在一起,在外墙板缝中插入竖向钢筋(图12-24a)。上下墙板的甩出钢筋也相互搭接焊牢(图12-24b)。当浇筑内墙混凝土后,这些接头连接钢筋便将内外墙锚固成整体。

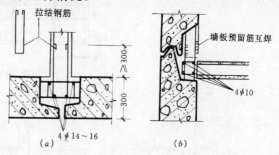

图 12-24 现浇内墙与外挂墙板连接
(a) 内外墙连接(平面);(b) 山墙板楼板连接(剖面)

(二) 现浇内墙与外砌砖墙的连接

在"内浇外砌"的大模板建筑中,砖砌外墙必须与现浇内墙相互拉结才能保证结构的整体性。施工时,先砌砖外墙,在与内墙交接处砖墙砌成凹槽(图12-25b),并在砖墙中边砌边放入锚拉钢筋(又称甩筋,或胡子筋)。立内墙钢筋时将这些拉筋绑扎在一起,待浇筑内墙混凝土后,砖墙的预留凹槽中便形成一根混凝土构造柱,将内外墙牢固地连接在一起。山墙转角处由于受力较复杂,虽然与现浇内墙无连接关系,仍应在转角处砌体内现浇钢筋混凝土构造柱(图12-25a)。

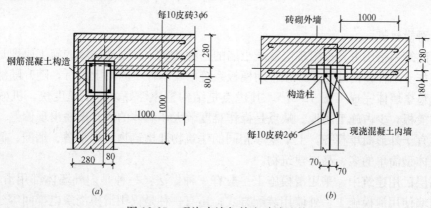

图 12-25 现浇内墙与外砌砖墙连接

(三) 现浇内墙与预制楼板的连接

楼板与墙的整体工作有利于加强房屋的刚度,所以楼板与墙体应有可靠的连接,具体构造如图12-26所示。安装楼板时，可将钢筋混凝土楼板伸进现浇墙内35～45mm，相邻两楼板之间至少有70～90mm的空隙作为浇筑混凝土的位置。楼板端头甩出的连接筋与墙体竖向钢筋以及水平附加钢筋相互交搭，浇筑墙体时，在楼板之间形成一条钢筋混凝土现浇带，将楼板与墙体连接成整体。若外墙采用砖砌筑时，应在砖墙内的楼板部位设钢筋混凝土圈梁（图12-26a）。

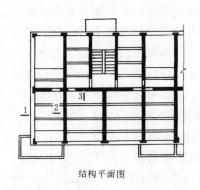

结构平面图

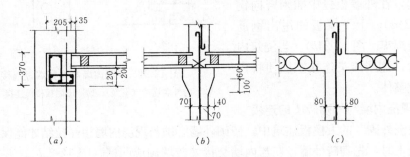

图12-26 墙与楼板连接
(a) 1—1剖面，(b) 2—2剖面；(c) 3—3剖面

第四节 其他类型的工业化建筑

一、滑模建筑

滑模建筑系指用滑升模板现浇混凝土墙的一种建筑。滑模现浇墙的施工原理是利用墙体内钢筋作支承杆，由油压千斤顶带动模板系统沿支承杆不断向上滑行，随升随浇筑混凝土，直至整个墙体完成（图12-27）。其优点是结构整体性好，施工速度快，机械化程度高，节省模板，少占施工场地。缺点是操作难度较大，墙体的垂直度易出现偏差。这种施工方法适宜于外形简单整齐，上下壁厚相同的建筑物和构筑物，如水塔、烟囱、筒仓等构筑物以及体型简单的多、高层建筑物。

在高层民用建筑中，采用滑模施工一般有三种做法：一种是内外墙体都用滑模施工；一种是内墙使用滑模施工，外墙用装配方式；还有一种是仅用滑模浇筑电梯间等建筑的筒体核心结构部分，建筑物的其余部分仍用骨架或壁板等方式施工（图12-28）。

在滑模建筑中，墙体滑升很快，应采取措施使楼板施工能配合进行。目前，有以下几种方法可供参考，如图12-29所示。

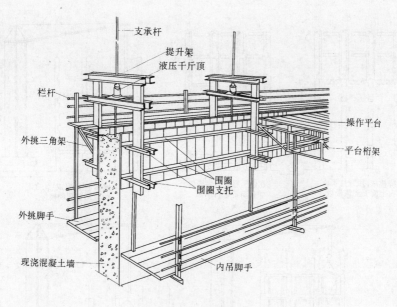

图 12-27 滑模示意

为了发挥滑模施工的特点,建筑平面应简单规整,开间要适当大一些,不能有突出的横线条。为了抵抗模板滑升时的摩擦阻力,墙体的厚度要适当加大一些,外墙面必要时可以利用模板滑出竖线条,也可以作喷涂或其他饰面。

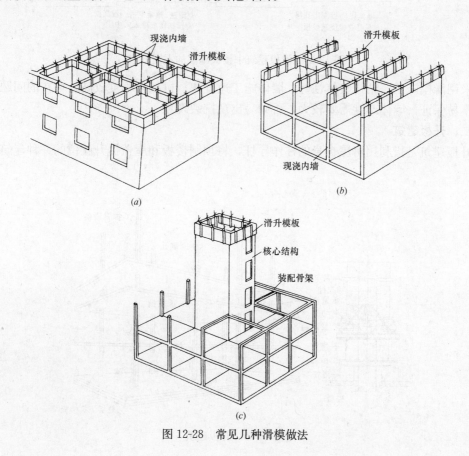

图 12-28 常见几种滑模做法

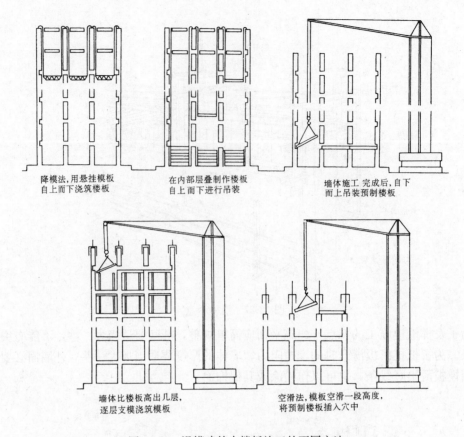

图 12-29 滑模建筑中楼板施工的不同方法

采用滑模施工,结构整体性好,墙体施工速度快、机械化程度较高。存在的问题是垂直度不易保证,墙体厚度需要较大,否则易出现抗裂现象。

二、升板建筑

升板建筑是指利用房屋自身的柱作导杆,将预制楼板和屋盖提升就位的一种建筑(图 12-30)。

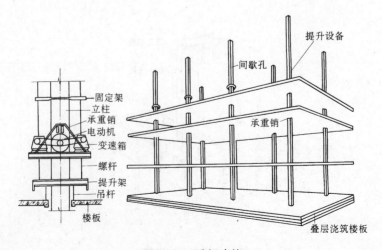

图 12-30 升板建筑

它具有节约模板、简化工序、提高工效、减少高空作业、施工设备简单、施工受季节影响小等优点。由于它所需的施工场地较小,特别适用于城市狭小工地和山区工程建设。目前,我国多用于隔墙少、楼面荷载大的建筑,如商场、书库和其他仓储建筑。建筑物外墙可用砌块墙、砖墙、预制墙板和滑模现浇墙等。图12-31为升板建筑的施工顺序,图12-31(a)做基础:平整施工场地开挖基槽,施工基础;图12-31(b)立柱子:以立好的柱子作为提升楼板和屋盖的导杆,柱子可分段现浇或预制拼接;图12-31(c)打地坪:室内地坪回填土后作为叠浇第一层楼板的底模;图12-31(d)叠浇板:各层楼板重叠浇筑,板与板间作隔离层;图12-31(e)逐层提升:各层楼板自上而下逐层提升,考虑到柱子的稳定性,板与板的提升间隔不易过大;图12-31(f)逐层就位:楼板提升到设计标高后,从底层开始自下而上逐层就位,并加以永久固定。

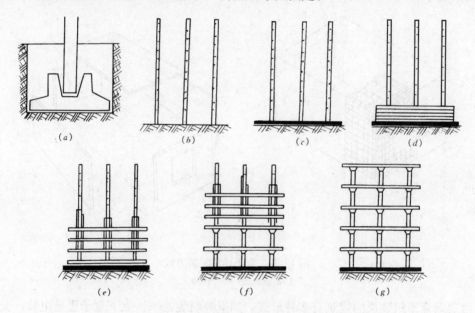

图12-31 升板建筑施工顺序
(a)做基础;(b)立柱子;(c)打地坪;
(d)叠层预制楼板;(e)逐层提升;(f)逐层就位;(g)全部就位

升板建筑的楼板通常为钢筋混凝土平板、双向密肋板以及预应力板。平板制作简单,较常用,柱网尺寸常为6m左右;双向密肋板的刚度较大,适应于6m以上的柱网;预应力混凝土板是由于施加预应力后,改善了板的性能,可适用于9m左右的柱网。

三、盒子建筑

盒子建筑是指在工厂预制成整间的空间盒子结构,运到工地进行组装的建筑(图12-32)。一般在工厂不但完成盒子的结构部分和围护部分,而且内部的装修也都在工厂做好,有些甚至连家具、地毯、窗帘等也已布置好,只要安装完成,接通管线,即可交付使用。

盒子建筑的优点在于:工厂化程度高,现场工

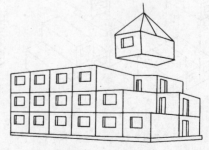

图12-32 盒子建筑

作量少；全部装配化，极少湿作业，机械化程度高，劳动强度低；生产效率高，建设速度快；盒子构件空间刚度好，自重小。但这种建筑由于盒子尺寸大，工序多而杂，对工厂的生产设备、盒子运输设备、现场吊装设备要求高，投资大，技术要求高。

盒子构件的主要制作材料有钢、钢筋混凝土、木、铝、塑料。盒子构件的高度与层高相应，长宽尺寸根据盒子内小空间结合情况而定，如一个、三个房间为一个盒子。又如住宅的厨房或住宅、宾馆的卫生间等也可以做成独立的盒子，这类房间的空间小，设备多，管线集中，一切设备、管线和装修工程均于预制厂中完成。采用卫生间盒子，有利于减少这类房间在现场的工作量。

钢筋混凝土盒子构件可以是整浇式或拼装式。后者是以板材形式预制再拼合连接成完整的房间盒子（图12-33）。

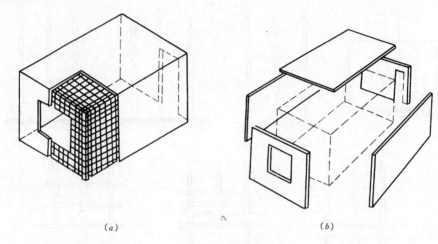

图12-33 盒子建筑组装方式
(a) 整浇式；(b) 拼装式

由房间盒子组装成的建筑有多种形式，如重叠组装式——上下盒子重叠组装；交错组装式——上下盒子交错组装；与大型板材联合组装式；与框架结合组装式——盒子支承和悬挂在刚性框架上，框架是房屋的承重构件；与核心筒体相结合——盒子悬挑在建筑物的核心筒体外壁上，成为悬臂式盒子建筑等（图12-34）。

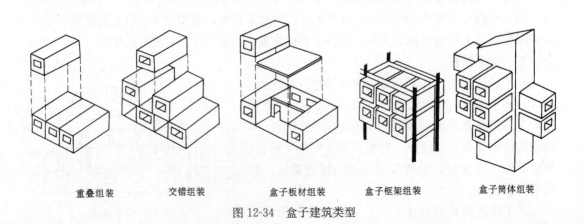

重叠组装　　交错组装　　盒子板材组装　　盒子框架组装　　盒子筒体组装

图12-34 盒子建筑类型

第二篇 工 业 建 筑

第十三章 工业建筑设计概论

第一节 工业建筑的分类与特点

工业建筑是人们进行生产活动所需要的各种房屋，这些生产房屋通常称为厂房或车间。

工业建筑设计要按照坚固适用、技术先进、经济合理的原则，根据生产工艺的要求，来确定工业建筑的平面、立面、剖面和建筑体型，并进行细部设计，以保证良好的工作环境。

一、工业建筑的分类

由于生产工艺的多样化和复杂化，工业建筑的类型很多，在设计中常按厂房的用途、生产状况和层数进行分类。

（一）按厂房的用途分

1. 主要生产厂房

用于完成主要产品从原料到成品的整个加工装配过程的各类厂房，例如机械制造厂的铸造车间、机械加工车间和装配车间等。

2. 辅助生产厂房

为主要生产车间服务的各类厂房，如机械厂的机修车间、工具车间等。

3. 动力用厂房

为全厂提供能源的各类厂房，如发电站、变电站、锅炉房、煤气发生站、压缩空气站等。

4. 贮藏用建筑

贮藏各种原材料、半成品或成品的仓库，如金属材料库、木料库、油料库、成品、半成品仓库等。

5. 运输用建筑

用于停放、检修各种运输工具的库房，如汽车库、电瓶车库等。

（二）按生产状况分

1. 热加工车间

在高温状态下进行生产，在生产过程中散发大量的热量、烟尘的车间，如炼钢、轧钢、铸造车间等。

2. 冷加工车间

在正常温湿度条件下生产的车间,如机械加工车间、装配车间等。

3. 恒温恒湿车间

为保证产品质量的要求,在稳定的温湿度状态下进行生产的车间,如纺织车间和精密仪器车间等。

4. 洁净车间

根据产品的要求需在无尘无菌、无污染的高度洁净状况下进行生产的车间,如集成电路车间、药品生产车间等。

（三）按厂房层数分

1. 单层厂房

这类厂房是工业建筑的主体,广泛应用于机械制造工业、冶金工业、纺织工业等（图13-1）。

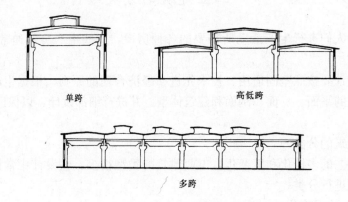

图 13-1　单层工业厂房

2. 多层厂房

在食品工业、化学工业、电子工业、精密仪器工业以及服装加工业等应用较广（图13-2）。

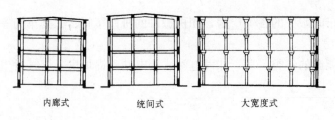

图 13-2　多层工业厂房

3. 混合层数厂房

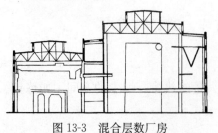

图 13-3　混合层数厂房

在同一厂房内既有单层也有多层的厂房称为混合层数厂房,多用于化工工业和电力工业厂房（图13-3）。

二、工业建筑特点

（一）工艺流程要求决定着厂房的平面布置和形式

生产工艺流程的要求是厂房平面布置和形式的主要依据之一。如在重型机械、冶金这类厂房中，有大量的原材料、半成品、成品运入运出，不仅运输量大，而且体积和重量也大，这就要求兴建以水平交通运输为主的平面布置厂房。而电子工业，产品小，重量轻，适合于多层厂房的建筑形式。

（二）生产设备的要求决定着厂房的空间尺度

由于生产的要求，往往需要配备大中型的生产设备，而为了各工部之间联系方便需要起重运输设备，这就决定着厂房内有较大的面积和宽敞的空间。

（三）厂房荷载决定着采用大型承重骨架结构

工业建筑由于生产上的需要，楼面和屋面荷载较大，因此，单层厂房经常采用装配式的大型承重构件组成，多层厂房则采用钢筋混凝土骨架结构或钢结构。

（四）生产产品的需要影响着厂房的构造

由于对生产产品的特殊要求使厂房结构和构造比较复杂。如冶金和机械加工车间除根据设计要求选择侧窗及天窗形式外，还应确定合理的构造做法满足生产的需要。对有恒温恒湿要求的生产车间，则要根据产品的需要制定保温、隔热等构造措施。

第二节　厂房内部的起重运输设备

为在生产过程中运送原料、半成品和成品，以及安装检修设备的需要，在厂房内部一般需设置起重设备。不同类型的起重设备直接影响到厂房的设计。

一、单轨悬挂吊车

在厂房的屋架下弦悬挂单轨，吊车装在单轨上，吊车按单轨线路运行起吊重物。轨道转弯半径不小于2.5m，起重量不大于5t。它操纵方便，布置灵活。由于单轨悬挂吊车悬挂在屋架下弦，由此对屋盖结构的刚度要求较高（图13-4）。

二、梁式吊车

梁式吊车包括悬挂式与支承式两种类型，悬挂式是在屋顶承重结构下悬挂梁式钢轨，钢轨平行布置，在两行轨梁上设有可滑行的单梁（图13-5a）；支承式是在排架柱上设牛腿，牛腿上安装吊车梁和钢轨，钢轨上设有可滑行的单梁，在单梁上安装滑行

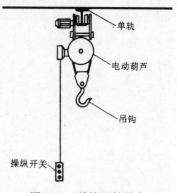

图13-4　单轨悬挂吊车

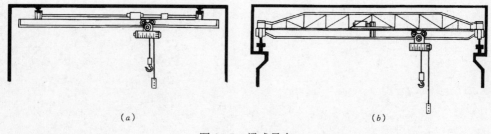

图13-5　梁式吊车

(a) 悬挂式；(b) 支承式

的滑轮组，这样在纵横两个方式均可起重（图13-5b）。梁式吊车起重量一般不超过5t。

三、桥式吊车

它是由桥架和起重行车（或称小车）组成。吊车的桥架支承在吊车梁的钢轨上，沿厂房纵向运行，起重小车安装在桥架上面的轨道上，横向运行（图13-6），起重量从5t到数百吨，甚至更大，适用于大跨度的厂房。吊车一般由专职人员在吊车一端的司机室内操纵。厂房内需设供司机上下的钢梯。

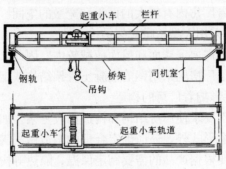

图13-6 桥式吊车

第十四章 单层厂房设计

第一节 厂房的组成

一、功能组成

单层厂房的功能组成是由生产性质、生产规模和工艺流程所决定的，它一般有主要生产工部、辅助生产工部及生产配套设施房间等组成。这些部位布置在一幢厂房或几幢厂房内，满足厂房的功能要求。图14-1是一个金工车间，它包括机械加工，装配两大生产工部和为生产配套的高压配电、油漆调配、水压实验、动力平衡场地等房间。

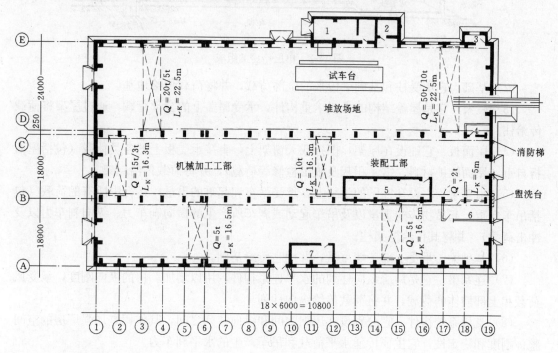

图14-1 某金工车间平面图
1—高压配电；2—管理；3—油漆调配；
4—水压实验；5—动力平衡场地；6—中间库；7—工具分发

二、构件组成

目前，我国单层工业厂房一般采用的结构体系是装配式钢筋混凝土排架结构。这种体系由两大部分组成，即承重构件和围护构件（图14-2）。

1. 承重构件

（1）排架柱　它是厂房结构的主要承重构件，承受屋架、吊车梁、支撑、连系梁和外墙传来的荷载，并把它传给基础。

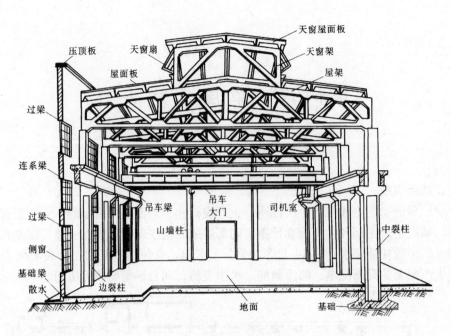

图 14-2 单层厂房的组成

(2) 基础　它承受柱和基础梁传来的全部荷载，并将荷载传给地基。

(3) 屋架　它是屋盖结构的主要承重构件，承受屋盖上的全部荷载，通过屋架将荷载传给柱。

(4) 屋面板　它铺设在屋架，檩条或天窗架上，直接承受板上的各类荷载（包括屋面板自重，屋面维护材料，雪、积灰及施工检修等荷载），并将荷载传给屋架。

(5) 吊车梁　它设在柱子的牛腿上，承受吊车和起重的重量，运行中所有的荷载（包括吊车自重、起吊物体的重量以及吊车起动或刹车所产生的横向刹车力、纵向刹车力以及冲击荷载），并将其传给框架柱。

(6) 基础梁　承受上部砖墙重量，并把它传给基础。

(7) 连系梁　它是厂房纵向柱列的水平连系构件，用以增加厂房的纵向刚度，承受风荷载和上部墙体的荷载，并将荷载传给纵向柱列。

(8) 支撑系统构件　它分别设在屋架之间和纵向柱列之间，其作用是加强厂房的空间整体刚度和稳定性，它主要传递水平荷载和吊车产生的水平刹车力。

(9) 抗风柱　单层厂房山墙面积较大，所受风荷载也大，故在山墙内侧设置抗风柱。在山墙面受到风荷载作用时，一部分荷载由抗风柱上端通过屋顶系统传到厂房纵向骨架上去，一部分荷载由抗风柱直接传给基础。

图 14-3 所示为各承重构件的荷载传递关系。

2. 围护构件

(1) 屋面　单层厂房的屋顶面积较大，构造处理较复杂，屋面设计应重点解决好防水、排水、保温、隔热等方面的问题。

(2) 外墙　厂房的大部分荷载由排架结构承担，因此，外墙是自承重构件，除承受墙体自重及风荷载外，主要起着防风、防雨、保温、隔热、遮阳、防火等作用。

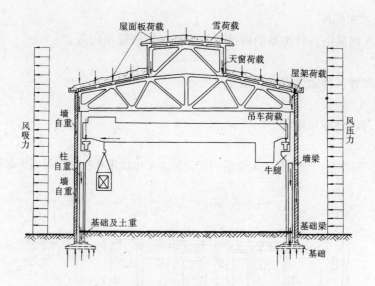

图 14-3 单层厂房结构主要荷载示意

(3) 门窗 供交通运输及采光、通风用。

(4) 地面 满足生产及运输要求，并为厂房提供良好的室内劳动环境。

对于排架结构来讲，以上所有构件中，屋架、排架柱和基础，是最主要的结构构件。这三种主要承重构件，通过不同的连接方式（屋架与柱为铰接，柱与基础是刚接），形成具有较强刚度和抗震能力的厂房结构体系。所有承重构件都采用钢筋混凝土或预应力混凝土构件＋钢结构。为做到设计标准化、构件生产工厂化、施工机械化，国家已将厂房的所有结构构件及建筑配件，编制成标准图集，供设计时选用。

在厂房结构类型中，除了以上介绍的排架结构体系外，还有墙承重结构和刚架结构。墙承重结构是用砖墙、砖壁柱来代替钢筋混凝土排架柱，适用于跨度在 15m 以内，吊车起重量不超过 5t 的小型厂房以及辅助性建筑。刚架结构的特点是屋架与柱为刚接，合并成一个整体，而柱与基础为铰接，它适用于跨度不超过 18m，檐高不超过 10m，吊车起重量在 10t 以下的厂房。

第二节 平 面 设 计

单层厂层的平面设计，应从以下几个方面进行考虑：首先是厂房与工厂总平面的关系，总平面图中运输道路的布置、人流货流的分布以及工厂所处环境、气象条件等对厂房平面设计的影响等；其次是车间内部生产工艺流程对厂房平面设计所提出的要求；车间生产特征对平面设计的作用和影响，标准化柱网的选择等问题。

一、工厂总平面与厂房平面设计的关系

工厂总平面按功能可分为几个区域：

1. 生产区

该区布置主要生产车间，以机械制造厂为例，主要生产车间包括冷加工车间和热加工车间。冷加工车间如金工车间和装配车间，而铸工车间，锻工车间则属于热加工车间（车间生产过程中有余热散发）。

2. 辅助生产车间区

辅助生产车间区由各种类型的辅助车间组成，如修理车间等。

3. 动力区

动力区内布置各种动力设施，如变电所等。

4. 仓库区

区内布置各种仓库和堆场。

5. 厂前区

本区包括厂部办公、食堂及工人生活福利设施、文化娱乐和技术学习培训等民用类建筑。

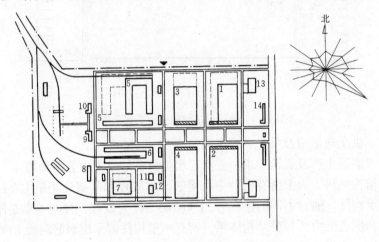

图 14-4 某机械制造厂总平面

1—辅助车间；2—装配车间；3—机械加工车间；4—冲压车间；5—铸工车间；6—锻工车间；7—总仓库；8—木工车间；9—锅炉房；10—煤气发生站；11—氧气站；12—压缩空气站；13—食堂；14—厂部办公楼

生产区是工厂的主要组成部分，设计时应注意与其他区域保持密切的联系。

在总图设计中，一般是厂前区与城市干道相衔接，职工通过厂前区的主要入口进厂。为照顾职工上、下班方便，厂房的平面设计应把生活间设在靠近厂前区的位置上，使人、货流分开。同时，辅助生产区是为生产区服务的，所以与生产区也应该有方便而直接的联系。生产车间的原料入口和成品出入口应该与厂区铁路、公路运输线路以及各种相应的仓库堆场相结合，使厂区运输方便而短捷。

在生产区内，按车间内部生产特征分冷加工和热加工车间，冷加工车间应该设在接近厂前区的上风向，它与备料区（热加工区）要接近布置，以缩短工艺路线。热加工散发有污染的物质，应该设在下风向，以减少对厂前区和整个厂区的不利影响。

生产车间是工厂的主要建筑，要根据当地的气象条件，解决好采光、通风、日照问题，做到主次分明，闹静分区，洁污分开，在满足生产的前提下，创造良好的建筑环境，为生产服务。

二、厂房生产特点与平面设计的关系

（一）生产工艺流程对平面设计的影响

厂房与民用建筑在平面设计中的一个重要区别，在于民用建筑的平面设计主要由建筑设计人员完成,而厂房的平面则是由工艺设计人员进行工艺平面设计,建筑设计人员在生产工艺平面图的基础上,与工艺设计人员配合协商进行厂房的建筑平面设计。工艺设计包括:生产工艺流程的组织;生产起重运输设备的选择和布置;工段的划分;厂房面积、跨度、跨间数量及生产工艺流程对建筑设计的要求等(图14-5)。

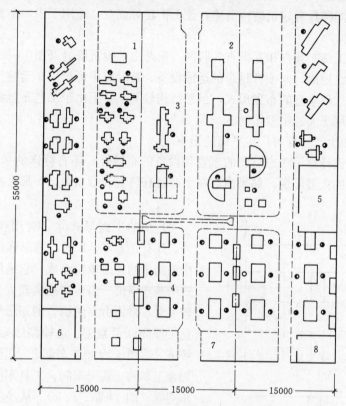

图14-5 金工装配车间生产工艺平面图
1—金属材料;2—毛坯堆放;3—机械加工;4—拆卸装配;5—成品库;
6—工具分发;7—试验及存放;8—办公

金工装配车间的工艺流程为:由铸工与锻工车间运来的毛坯和金属材料,在厂房入口处有临时堆放仓库,属于车间的辅助生产工部。机械加工是该厂房的主要生产工部,它面积大,位置适中,要具有良好的采光通风条件。将材料加工成零部件后,送入中间仓库或堆场。然后在装配工部进行部件装配、检验、总装配和试验。最后在油漆包装工部进行油漆和包装。除上述生产部分外,为配合生产,还有工具室、检查量具和产品检查室等。在平面设计中,将主要生产工部设在厂房主体中,具有方便的生产运输条件和充足的生产工作空间。辅助部分面积小,在不使用吊车的情况下,空间可以降低,一般做法是贴附在厂房外侧,或设在所服务的工段附近,为生产工部提供使用上的方便。

根据工艺要求,机械加工和装配工部两个主要生产车间(工部)和平面组合形式,决定了厂房的平面形式。一般有以下三种组合:

1. 直线布置

这种生产方式是将装配工部布置在加工工部的跨间延伸部分(图14-6a)。毛坯由厂房一端进入,产品从另一端运出,生产线为直线形。零件可直接用吊车运送到加工和装配工段，生产路线短捷，连续性好，这种方式适用于规模不大，吊车负荷较轻的车间。

2. 平行布置

平行布置是将加工与装配两个工部布置在互相平行的跨间，零件从加工到装配的生产线路呈⊐形，运输距离较长（图14-6b），须采用传送装置、平板车或悬挂吊车等越跨运输设备。这种形式同样具有建筑结构简单，便于扩建等优点，适用于中、小型车间。

3. 垂直布置

加工与装配工部布置在相互垂直的跨间，两跨之前设沉降缝（图14-6c）。零件从加工到装配的运输路线短捷，但须有越跨的运输设备。装配跨中可设吊车运输与组装，跨内各工种联系方便。这种垂直的布置形式，虽然结构较复杂，但由于工艺布置和生产运输有优越性，所以广泛用于大、中型车间。

（二）车间内生产特征对厂房平面的影响

厂房的平面设计除了考虑总图的布置和设备的布局外，还有特殊的采光、通风要求，尤其是连续多跨的大型厂房，如果内部在生产时有热量和烟尘散出，那么在平面设计中就要特殊处理。

厂房的平面形式除了应用较多的矩形平面外，还有正方形、L形、槽形和山形。矩形平面中最简单的是由单跨组成，它是构成其他平面形式的基本单位。当生产规模较大、要求厂房面积较多时，常用由多跨组合的矩形平面。它的特点是工段间联系紧密、运输路线短捷、形状规整、经济。适用于冷加工车间和小型的热加工车间，如金工车间、装配车间、工具车间、中小型锻工车间等（图14-7a、b、c）。从经济角度上看，多跨的正方形或接近正方形平面，在室内面积相同情况下，可比矩形节省外围结构材料，并对寒冷地区的冬季保温和炎热地区的夏季隔热都十分有

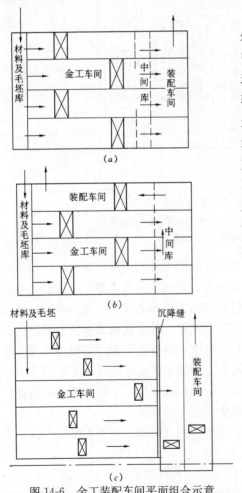

图14-6 金工装配车间平面组合示意
(a) 直线布置；(b) 平行布置；(c) 垂直布置

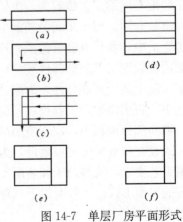

图14-7 单层厂房平面形式
(a)、(b)、(c) 矩形平面；(d) 方形平面；
(e) ⊐形平面，(f) 山形平面

利。另外，从抗震方面来讲，方形也是较好的一种平面形式。因此，近年来方形或接近方形的单层厂房在国外发展很快，有的联合厂房可以达到相当大的规模，尤其在机械工业中应用较多（图 14-7d）。

生产过程中散发大量热量、烟尘或其他有害气体的厂房，其内部生产特征对厂房的平面设计有较大的影响。散热排尘是这类厂房平面设计的主要问题之一。

为了使室内热量、烟尘或有害气体能迅速排出，厂房平面宽度不宜过大，最好采用长条形。当跨数在 3 跨以下时，可以选用矩形平面，当跨数超过 3 跨时，则需设垂直跨，形成⊔形、槽形或山形平面（图 14-7e、f）。

这些平面形式的特点是厂房各部跨度都不大，在较长的外墙上可以开门窗自然通风，以改善室内的生产条件。如将⊔形或⊓形的开口部分朝向夏季主导风向，通风散热效果会更佳。若总图设计有困难，也应使凹口内有不小于 15m² 的自然通风口，两翼之间的距离应大于等于 15m（车间内不产生有害物质时可为 12m）。图 14-8 是厂房平面方位与主导风向的关系。

在上述这三种平面形式中都有纵横跨相交的问题，在相交处结构构造复杂，而且由于外墙面积大，增加了投资，室内管线也较长，因而只用于生产中产生大量余热和烟尘的热加工车间。

随着工艺的发展，传统的平面形式也在发生着变化，如铸造方面出现了高压造型、流态砂精密铸造等新工艺，则要求车间洁净，生产线运行方向有时需要垂直与水平相结合，因而铸工车间有可能设计成密闭式厂房。又如，由于生产工艺的机械化和自动化水平的提高，计算机控制技术的应用，通风除尘技术的发展，使生产特点不同的厂房有可能合并成整片的联合厂房。在联合厂房中，对于少数有热源的工部（热处理）、有害工部（电镀、油漆），在平面布局时可分别根据各自特点适当集中或分散布置在下风向并予以隔离，以减少对相邻工部的污染。

现代工业生产对产品质量与生产环境的要求越来越高，一些现代化生产项目需要采用空气调节设备来达到恒温恒湿的条件。这种厂房宜采用联跨整片式平面，并将仓库、生活

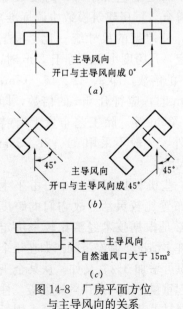

图 14-8 厂房平面方位与主导风向的关系

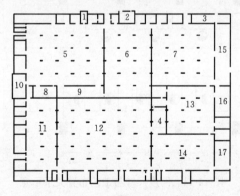

图 14-9 某毛纺厂平面布置

1—空调机房；2—配电房；3—成品库；4—织呢分等；5—后纺车间；6—前纺车间；7—整理车间；8—细纱库；9—粗纱库；10—蒸纱；11—准备车间；12—织呢车间；13—染色车间；14—修补车间；15—成品检验；16—烘干；17—烧毛

间等室内温湿度要求不严格的房间设在主要生产工部的外围，以保证生产环境不受阳光直射和室外气温变化的影响，减少能源的消耗。图14-9是某毛纺厂的平面图。

三、柱网选择

在厂房中，排架柱与屋架、基础为三大主要承重构件。柱的作用是承受屋架和吊车梁的荷载。从图14-10中可以看出，柱距B（横向定位轴线间的距离）决定着屋面板、吊车梁的跨度尺寸，它的跨度L（纵向定位轴线间的距离）决定了屋架的尺寸。柱在平面中排列所形成的网络称之为柱网。柱网的标准化设计，可以减少厂房构件的尺寸类型，加速厂房的建设速度，简化构造节点的做法，降低厂房造价。

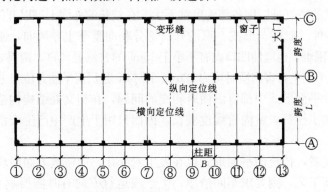

图14-10 柱网示意

当然，建筑设计人员在选择柱网时，在满足工艺要求的同时，遵守建筑统一化的规定，还要选择通用性较大和经济合理的柱网。

（一）跨度尺寸的确定

跨度尺寸首先是根据生产工艺要求确定的，工艺设计中应考虑如下因素：设备大小、设备布置方式、交通运输所需空间、生产操作及检修所需的空间等（图14-11）。

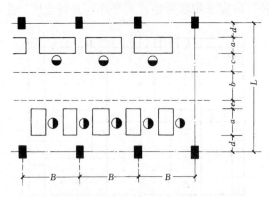

图14-11 跨度尺寸与工艺布置关系示意
a—设备宽度；b—行车通行宽度；c—操作宽度；
d—设备与轴线间距；e—安全距离

除了满足工艺要求外，跨度尺寸还必须符合《厂房建筑模数协调标准》的规定，使屋架的尺寸统一化。根据规范规定，凡跨度小于或等于18m时，采用3m的倍数，即9、12、15、18m；大于18m时，应符合6m的倍数，即24、30、36m等。除工艺布置上有特殊要求外，一般不采用21、27、33m等跨度尺寸。

在一些机械加工车间中，由于生产设备布置比较灵活，故它们的跨度大小常常是根据技术经济比较来决定的。在厂房总宽度和柱距不变的情况下，适当加大跨度在许多情况下是经济的。如在一个中型机械厂中，用2个18m跨代替3个12m跨，生产面积可增加3%。又如，从某金工车间的不同跨度技术经济分析资料看，当面积及起重设备起重量不变，采用的屋面板、柱基础都相同，跨度由15m改为18m时，承重结构部分的钢材可节约3.3%，混凝土用量可节约3.5%，车间单位面积造价降低3.5%，由于跨度加大，当布置具有同等生产能力的同样数量的设备时，面积可节省4.8%（图14-12）。

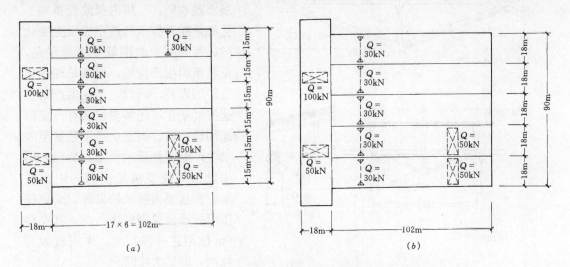

图14-12 不同跨度的平面图
(a) 15m跨原方案；(b) 18m跨新方案

（二）柱距尺寸的确定

在横向排架结构体系中，排架柱的柱距决定了屋面板的跨度尺寸和吊车梁的长度。我国装配式钢筋混凝土单层厂房使用的基本柱距是6m，因为6m柱距厂房的单方造价最经济，所用的屋面板、吊车梁、墙板等构配件已经配套，并积累了比较成熟的设计与施工经验。

由于厂房生产线多为顺跨间布置，所以柱距的尺寸主要取决于结构型式与材料，以及构件标准化的要求。但如果厂房内有大型设备需要布置，则设备的外部尺寸、加工工件大小、起重运输工具的型式等因素，就会对柱距提出比较特殊的要求。如前所述，6m的柱距造价经济，施工方便，是目前采用较普遍的一种柱距尺寸，但为了布置大型生产设备，有时就要在相应位置采用

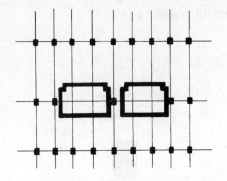

图14-13 越跨布置设备示意

6m整倍数的扩大柱距，即12m或18m的柱距，这即是局部的抽柱做法（图14-13）。上部用托架梁承托6m间距的屋架，有条件时，也可采用12m屋面板等构件。图14-14所示为托架（下承式）方案举例，由于设在12m柱距间的托梁，托住6m间距的屋架，屋架支撑在托架的上弦上，屋面板仍为6m跨度，此托架也可设计成18m的跨度，柱距进一步扩大，从而利于更大型设备的布置。

（三）扩大柱网

柱网尺寸的选择依据，不外乎以下两个方面，一是生产工艺的要求，二是结构造价的比较。

从生产工艺的要求来看，除了少数大型设备外，目前，一般的厂房，6m柱距，18m

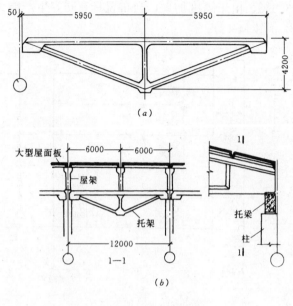

图 14-14 托架承重方案
(a) 托架；(b) 托架布置

跨度是可以满足生产工艺要求的。但从长远来看，国内外工业生产发展实践表明，厂房内部的设备和工艺都是随着技术的进步而发生变化的，每隔一个时期就要更新设备，重新组织生产流程，以满足现代化生产的需要。同时，工业生产的迅速发展变化，还需要厂房有一定的通用性，适合调整生产工艺甚至改动生产流程性质的要求。所以，厂房设计不仅要满足当前的生产要求，而且要为将来的发展、变化提供可行性。要做到这一点，就要将6m柱距进一步扩大，采用较大的柱网，即扩大柱网。

扩大柱网的特点为：

1. 提高厂房面积的利用率

在厂房中每个柱子周围都有一块不好利用的面积，对基础较深的设备来说，与柱基础的关系就不容易很好的处理，如柱子断面为400mm×600mm，设备离柱的最小距离应为500mm，则每柱周围就有 $2m^2$ 的面积不好利用（图14-15）。如将柱距扩大，设备的数量就可增加（图14-16）。

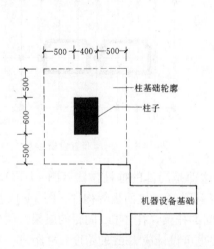

图 14-15 柱周围不能布置较深基础的设备

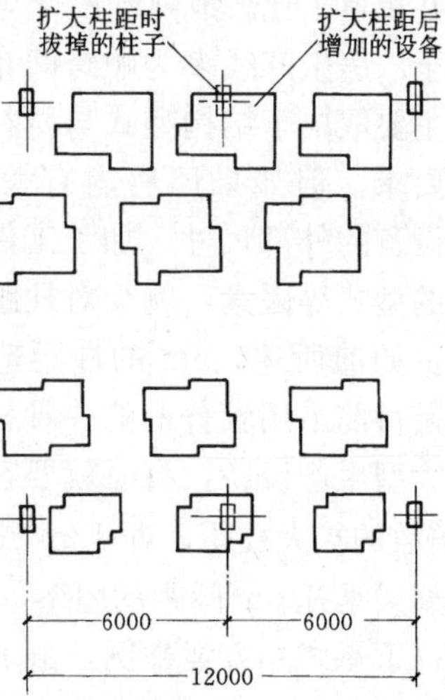

图 14-16 扩大柱距后设备布置情况

2. 使厂房具有灵活性和通用性

扩大柱网有利于提高厂房工艺流程布置的灵活性，便于技术改革、设备调整与更新，以适应扩大生产的要求。如近年来国内外建筑实践中出现的矩形或方形柱网（图4-17），其优点是纵横向都能布置生产线，工艺改革后的设备更新、生产线的调整不受柱距的限制,具有很强的灵活性和通用性。厂房内部的起重运输设备可采用悬挂式吊车,也可采用将吊车梁支承在专用柱子上的桥式吊车,这种柱子与厂房柱没有联系,当工艺流程改变时,可以拆卸,保证厂房的通用性。

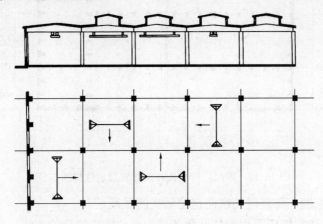

图 14-17　方形柱网选择

3. 有利于结构施工

目前,在我国的单层厂房中,如果将 6m 柱距扩大到 12m 时,采用前面提到的托架方案,则混凝土消耗量增加 3%,钢材消耗量增加 11%,造价增加 10% 左右,虽然一次投资加大了,但它的使用面积也增加了(18m 跨为 1.7%,24m 跨为 3.3%),而且提高了厂房的通用性,所以从长远看还是经济、合理的。同时,构件数量减少了,加快了构件制作、运输及安装的速度,有利于建设工期的缩短。

所以,扩大柱网对于生产工艺的发展、面积的利用率以及施工周期的缩短都是有利的,在设计过程中应根据具体情况,权衡生产工艺要求与长期发展以及工程造价与工程进度之间的关系,从而确定合理的柱网方案。

第三节　定位轴线的划分

单层厂房的定位轴线是确定厂房主要承重构件位置的基准线,同时也是设备安装、施工放线的依据。厂房设计应执行我国现行的《厂房建筑模数协调标准》GBJ 6—86 中的规定,定位轴线的划分与柱网布置是一致的,通常把厂房定位轴线分为横向和纵向。垂直于厂房长度方向的称为横向定位轴线,平行于厂房长度方向的称为纵向定位轴线。在厂房平面图中,横向定位轴线从左到右按①、②、③……顺序编号,纵向定位轴线从下而上按Ⓐ、Ⓑ、Ⓒ……顺序编号(图 14-18)。

一、横向定位轴线

横向定位轴线用来标注厂房纵向构件如屋面板、吊车梁、连系梁、纵向支撑等的标志尺寸长度。

(一) 柱与横向定位轴线的联系

厂房中间柱的横向定位轴线与柱的中心线相重合,屋架的中心线也与横向定位轴线相重合,它标明了屋面板、吊车梁等的标志尺寸(图 14-19)。

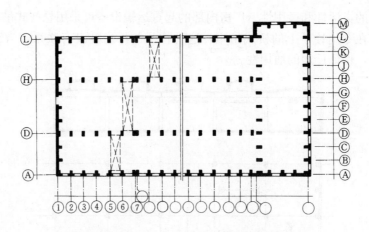

图 14-18 单层厂房平面柱网布置及定位轴线划分

(二) 横向伸缩缝、防震缝与横向定位轴线的联系

横向伸缩缝、防震缝应采用双柱及两条横向定位轴线划分的方法,柱的中心线应自定位轴线向两侧各移 600mm。两条横向定位轴线间加插入距 a_i。a_i 就是伸缩缝或防震缝的宽度,它的取值应符合国家标准的规定(图 14-20)。

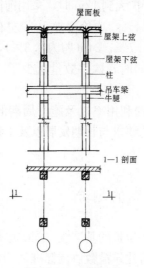

图 14-19 中间柱与
横向定位轴线的联系

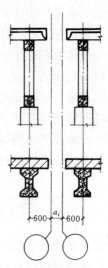

图 14-20 设缝处柱与
横向定位轴线的联系

这种横向双轴线定位的方法,将伸缩缝与防震缝处的定位轴线划分方法统一起来,无需利用标志尺寸和构造尺寸的差值来处理伸缩缝,使接缝处构造简单合理,便于构件统一尺寸。而且双柱间保证了一定的距离,使各柱有自己的基础杯口。

(三) 山墙与横向定位轴线的联系

山墙与横向定位轴线的联系按山墙受力情况不同,有两种定位方法。

1. 山墙为非承重墙

此时横向定位轴线与山墙内缘相重合,端部柱的中心线应自横向定位轴线向内移 600mm。其主要目的是保证山墙抗风柱能通至屋架上弦,使山墙传来的水平荷载传至屋面与排架柱；另外，与横向伸缩缝、抗震缝内移 600mm 一致，这样构件可减少类型，互换通用，屋面板、吊车梁等构件采取悬挑处理（图 14-21a）。

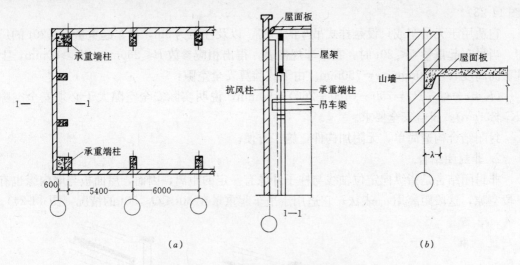

图 14-21 山墙与横向定位轴线的联系
(a) 非承重山墙与横向定位轴线；(b) 承重山墙与横向定位轴线

2. 山墙为砌体承重墙

横向定位轴线应设在砌体块材中距墙内缘半块或半块的倍数以及墙厚一半的位置上（图 14-21b）。

二、纵向定位轴线

纵向定位轴线是用来标注厂房横向构件如屋架或屋面梁的标志尺寸长度。纵向定位轴线与墙柱之间的关系和吊车吨位、型号、构造等因素有关。

（一）外墙、边柱与纵向定位轴线间的联系

在有吊车的厂房中，为了保证吊车的安全使用，吊车跨度与屋架跨度之间应满足以下关系：

$$L=L_K+2e$$

式中 L——厂房跨度（纵向定位轴线之间的距离）。

L_K——吊车跨度，吊车两条轨道之间的距离（吊车的轮距）。

e——纵向定位轴线至吊车轨道中心线的距离，其值一般为 750mm，当吊车为重级工作制而需设安全走道板，或者吊车起重量大于 50t 时，采用 1000mm。如图 14-22 所示：

$$e=B+K+h$$

B——轨道中心线至吊车端头外缘的距离，可从吊车规格表中查到。

K——安全空隙。它根据吊车吨位和安全要求来确定，当吊车起重量大于 75t 时，K 大于 100mm。

h——上柱截面高度。

由于吊车型式、起重量、厂房跨度、高度、柱距等不同，以及是否设置安全走道板等条件，外墙、边柱与纵向定位轴线的联系方式可出现下述两种情况：

1. 封闭结合

当定位轴线与柱外缘和墙内缘相重合、屋架和屋面板紧靠外墙内缘时，称为封闭结合（图 14-23）。

它适用于无吊车或只设悬挂式吊车的厂房，以及柱距为 6m，吊车起重量 $Q \leqslant 20t$ 的厂房。当吊车起重量 $Q \leqslant 20t$ 时，查吊车规格表，得出相应参数 $B \leqslant 260mm$，$K \geqslant 80mm$，上柱截面高度 $h=400mm$，$e=750mm$。由下式验算安全空隙：

$(K=e-(h+B)=750-(400+260)=90mm$，说明实际安全空隙大于必须安全空隙（$K \geqslant 80mm$），符合安全要求。

封闭结合构造简单，无附加构件，施工方便。

2. 非封闭结合

非封闭结合是指纵向定位轴线与柱子外缘有一定的距离，因而，屋面板与墙内缘也有一段空隙，这段距离用 a_c 表法，它适用于吊车起重量在 $30t \leqslant Q \leqslant 50t$ 的情况（图 14-24）。

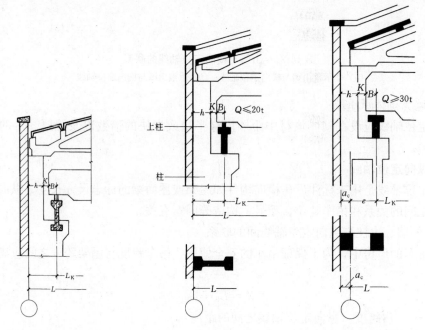

图 14-22 吊车与纵向边柱定位轴线的关系　　图 14-23 外墙边柱与纵向定位轴线的联系（封闭结合）　　图 14-24 外墙边柱与纵向定位轴线的联系（非封闭结合）

当吊车吨位 Q 为 30/5t 时，其参数 $B=300mm$，$h=400mm$，$K \geqslant 80mm$，$e=750mm$。若按封闭结合的情况下考虑，$K=e-(h+B)=750-(400+300)=50mm$，不满足安全空隙 $K \geqslant 80mm$ 的要求，这时则需将边柱自定位轴线外移一个距离 a_c，称为联系尺寸。在不做走道板的厂房中，a_c 值为 50mm 时，安全空隙为 $50+50=100mm$，大于必需安全空隙 80mm。

在某些重级工作制吊车的厂房，在吊车运行中可能有工人在安全走道板上行走，为了保证工人经过柱时不被挤伤，应至少设置 400mm 宽安全通行宽度。这样，从吊车轨道中心线至上柱外缘的距离 $e=B+K+h=300+100+400=800mm$，超过了 $e=750mm$ 的一般规定，在这样情况下应将 e 值 750mm 改为 1000mm（图 14-25）。

（二）中柱与纵向定位轴线的联系

在多跨厂房中，中柱有平行等高跨和平行不等高跨两种形式，而且中柱有设变形缝的和不设变形缝的情况。下面仅介绍应用较广的不设变形缝的中柱和纵向定位轴线的联系，设变形缝的情况参见《厂房建筑模数协调标准》。

1. 平行等高跨中柱

这种情况通常设置单柱和一条定位轴线，柱的中心线一般与纵向定位轴线相重合。上柱截面一般为600mm，以保证屋架结构的支承长度（图14-26a）。

当等高跨中柱需采用非封闭结合时，即需要有插入距 a_i，可采用单柱双定位轴线的方法，插入距 a_i 应符合3M。柱中心宜与插入距中心线相重合（图14-26b）。

2. 平行不等高跨中柱

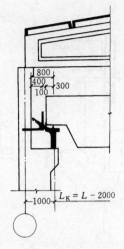

图14-25 某些重级工作制吊车厂房柱与纵向定位轴线的联系

平行不等高跨中柱与纵向定位轴线的关系，根据吊车吨位、屋面结构、构造情况来决定，有以下几种类型：

（1）单轴线封闭结合。当相邻两跨都采用封闭结合时，高跨上柱外缘、封墙内缘和低跨上屋架（屋面梁）标志尺寸端部与纵向定位轴线相重合（图14-27a）。

（2）双轴线封闭结合。当高低跨都是封闭结合，但低跨屋面板上表面与高跨柱顶之间的距离不能满足设置封墙的构造要求时，应设插入距 a_i，$a_i=t$，t 为封墙厚度。此时，封墙设于低跨屋架端部与高跨上柱外缘之间（图14-27b）。

（3）双轴线非封闭结合。当高跨为非封闭结合时，该轴线与上柱外缘之间设联系尺寸 a_c，低跨处屋架定位轴线应设在屋架的端部，这样两轴线之间有插入距 a_i，此时 $a_i=a_c$（图14-27c）。

当高跨上柱外缘与低跨屋架端部之间设有封墙时，则两条定位轴线之间的插入距 a_i 应等于联系尺寸和墙厚之和，即 $a_i=a_c+t$（图14-27d）。

（三）纵横跨连接处定位轴线的联系

厂房有纵横跨相交时，为了简化结构和构造常将纵跨和横跨分开，各柱与定位轴线的关系按上面所讲的原则处理，然后再将纵横跨厂房组合在一起。此时，要考虑到二者之间设变形缝等问题。

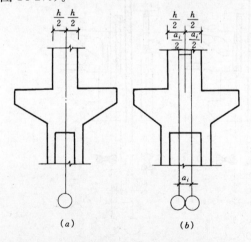

图14-26 等高跨中柱与纵向定位轴线的联系
（a）单轴线；（b）双轴线

当纵跨的山墙比横跨的侧墙低，长度小于或等于侧墙，且横跨为封闭结合时，可采用双柱单墙处理（图14-28a）。单墙靠横跨的外牛腿支承不落地，成为悬墙。纵横跨相交处两定位轴线的插入距 $a_i=a_e+t$，a_e 为变形缝宽度，t 为墙厚。横跨为非封闭结合时，则 $a_i=a_e+t+a_c$，a_c 为非封闭结合的联系尺寸（图14-28b）。

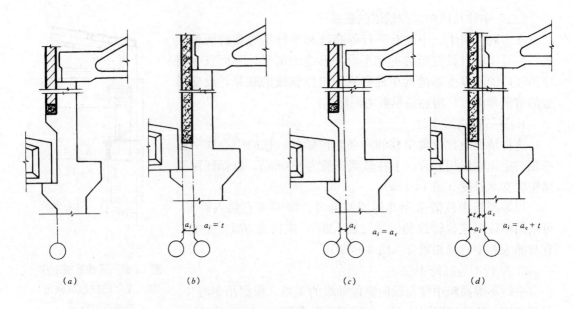

图 14-27 高低跨中柱与纵向定位轴线的联系
(a) 单轴线封闭结合；(b) 双轴线封闭结合；
(c) 双轴线封闭结合 ($a_i=a_c$)；(d) 双轴线非封闭结合 ($a_i=a_c+t$)

当纵跨的山墙比横跨的侧墙短而高时，应采用双柱双墙处理。当横跨为封闭结合时，插入距 $a_i=t+a_e+t$，即两墙厚度之和加变形缝宽度（图 14-28c）。如横跨为非封闭结合时，插入距 $a_i=t+a_e+t+a_c$（图 14-28d）。

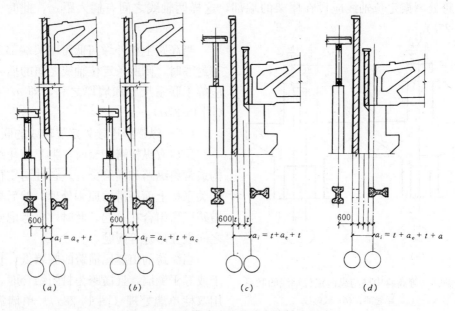

图 14-28 纵横跨连接处的定位轴线划分

单层厂房定位轴线的划分是一项非常具体而严谨的工作，设计时必须根据具体要求，严格执行国家颁布的《厂房建筑模数协调标准》GBJ 6—86。

第四节 剖 面 设 计

单层厂房的剖面设计是单层厂房设计中的重要一环，它一般是在平面设计的基础上进行。厂房的生产工艺流程对剖面设计的影响很大，它包括生产工艺流程特点，生产设备的形状、大小与布置，加工件的大小，起重运输设备的类型等等。具体设计要求是，确定好合理的厂房高度，使其有满足生产工艺要求的足够空间；解决好厂房的采光和通风，使其有良好的室内环境；选择好结构方案和围护结构形式；以及满足建筑工业化要求等。

一、厂房高度的确定

单层厂房的高度是指地面至屋架（屋面梁）下表面的垂直距离。一般情况下，屋架下表面的高度即是柱顶与地面之间的高度，所以单层厂房的高度也可是地面到柱顶的高度（图14-29a）。根据《厂房建筑模数协调标准》的规定，柱顶标高应按3M数列确定，牛腿标高按3M数列考虑，当牛腿顶面标高大于7.2m时按6M数列考虑，钢筋混凝土柱埋入段长度也应满足模数化要求（图14-29b）。

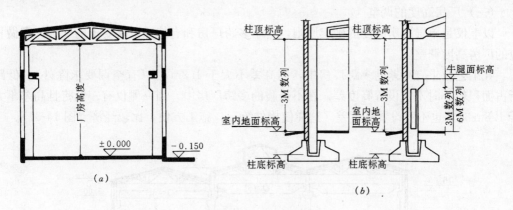

图14-29 厂房高度示意
(a) 厂房高度；(b) 厂房各标高及要求

（一）柱顶标高的确定

柱顶标高的确定对有吊车厂房和无吊车厂房是不一样的。

1. 有吊车厂房

图14-30是有吊车厂房内部影响厂房高度的因素。

（1）确定轨顶标高 H_1

$$H_1 = h_1 + h_2 + h_3 + h_4 + h_5$$

式中　h_1——生产设备或隔断的最大高度。

　　　h_2——被吊物件安全超越高度，一般为400～500mm。

　　　h_3——被吊物件的最大高度。

　　　h_4——吊绳最小高度。

　　　h_5——吊钩距轨顶面最小高度，可由吊车规格表中查出。

（2）确定柱顶标高 H

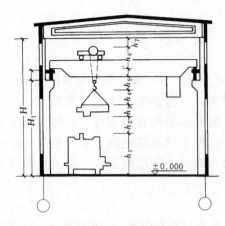

$$H = H_1 + h_6 + h_7$$

式中 h_6——轨顶至小车顶部高度，可由吊车规格表中查出。

h_7——小车顶面至屋架下弦底部的安全高度，根据吊车起重量大小取 300、400、500mm。

2. 无吊车厂房

在无吊车的厂房中，柱顶标高通常是按最大生产设备的高度和安装、检修时所需的高度两部分之和来确定的，柱顶标高应符合扩大模数 3M 的要求。厂房高度还要满足采光和通风等需要。

图 14-30 厂房高度的确定

(二) 室内外地面标高的确定

为了使厂房内外运输方便，单层厂房的室内外高差较小，但要考虑到防止雨水浸入，室内外差通常为 100～150mm，并在室外入口处设坡道。

(三) 厂房高度的调整

以上仅是单层厂房高度的确定原则，对于多跨厂房和有特殊设备要求的厂房，需做相应的厂房高度调整。

在工艺要求有高差的多跨厂房中，当高差不大于 1.2m 时（有空调要求除外），低跨所占面积较小时不宜设置高度差。在不采暖的多跨厂房中，当一侧仅有一低跨且高差不大于 1.8m 时，也不宜设置高度差。这样使构件统一，施工方便，比较经济（图 14-31）。

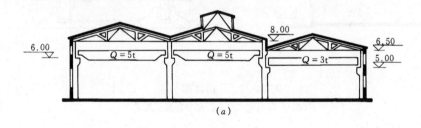

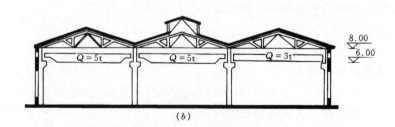

图 14-31 某单层厂房高度的调整
(a) 原方案；(b) 修改后方案

对于厂房内局部有特殊设备，为了保持柱顶的统一高度，通常在厂房一端屋架与屋架之间的空间布置个别高大设备（图 14-32），或降低局部地面标高如设地坑来放置大型设备，以减小厂房空间高度（图 14-33）。

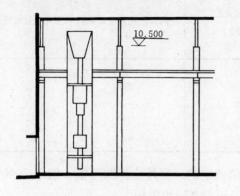
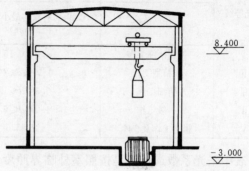

图 14-32　利用屋架空间布置设备　　　图 14-33　利用地坑布置大型设备

二、天然采光

在白天，室内利用天然光线照明的方式叫天然采光。天然光分直射光和散射光。晴天时有直射光和散射光；阴天时，只有散射光。

天然采光是人们易于接受的形式，又很经济，因此，在厂房设计时应首先考虑天然采光。但由于厂房的性质不同，影响天然采光的因素很多，如厂房型式、开窗大小、位置等，这就要进行天然采光设计，以保证室内光线均匀，避免眩光。

（一）天然采光的基本要求

1. 满足采光系数最低值

由于天然光的照度时刻都在变化，室内工作面上的照度也随之改变，因此，采光设计不能用变化的照度来作依据，而是用采光系数的概念来表示采光标准。室内某一点的采光系数 c 等于室内某一点的照度 E_N 与同一时刻室外全云天水平面上天然照度 E_W 比值的百分数。

$$c = \frac{E_N}{E_W} \times 100\%$$

式中　E_N——室内工作面上某点的照度（lx）。

　　　E_W——同时刻露天地平面上全云天散射光照射下的照度（lx）（图 14-34）。

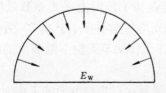
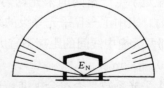

图 14-34　确定采光系数示意

E_N 是室内工作面上的最低照度，E_W 在各地区是一个已确定的常数，则 c 是一个采光系统最低值，以 c 值作为设计标准，不管室外照度如何变化，室内工作面都能满足生产要求。

根据厂房对采光要求的不同，我国《工业企业采光设计标准》中规定，将天然采光分为五级，见表 14-1。

生产车间工作面上采光系数最低值　　　　　　　表 14-1

采光等级	视觉工作分类		室内天然光照度最低值 (lx)	采光系数最低值 (%)
	工作精确度	识别对象的最小尺寸 d (mm)		
Ⅰ	特别精细工作	$d \leqslant 0.15$	250	5
Ⅱ	很精细工作	$0.15 < d \leqslant 0.3$	150	3
Ⅲ	精细工作	$0.3 < d \leqslant 1.0$	100	2
Ⅳ	一般工作	$1.0 < d \leqslant 5.0$	50	1
Ⅴ	粗糙工作及仓库	$d > 5.0$	25	0.5

表中采光系数最低值是按照室外临界照度值确定的，室外临界照度值一般取 5000lx。室外临界照度低于这个标准的地区，其采光等级可提高一级采用。

不同的生产车间及工作场所应具有的采光等级见表14-2。

生产车间和工作场所的采光等级举例　　　　　　　表 14-2

采光等级	生产车间和工作场所名称
Ⅰ	精密机械、机电成品检验车间；工艺美术厂雕刻、刺绣、绘画车间；毛纺厂选毛车间
Ⅱ	精密机械加工、装配，精密机电装配车间；仪表检修车间；主控制室、电视机、收音机装配车间；光学仪器厂研磨车间；无线电元件制造车间；印刷厂排字、印刷车间；针织厂精纺、织造、检验车间；制药厂制剂车间
Ⅲ	机械加工和装配车间；机修、电修车间；理化实验室、计量室、木工车间；面粉厂制粉车间；塑料厂注塑、拉丝车间；制药厂合成药车间；冶金工厂冷轧、热轧、拉丝车间；发电厂汽轮机车间
Ⅳ	焊接、钣金、铸工、锻工、热处理、电镀、油漆车间；食品厂糖果、饼干加工和包装车间；冶金工厂熔炼、炼钢、铁合金冶炼车间；水泥厂烧成、磨房、包装车间
Ⅴ	锅炉房、泵房、汽车库、煤的加工运输、选煤车间；转运站、运输通廊、一般仓库

2. 满足采光均匀度和避免产生眩光

满足采光均匀度和避免产生眩光，是防止工作人员视觉疲劳影响视力和保证正常操作的基本要求。

采光标准中规定了生产车间的采光均匀度是指工作面上采光系数最低值与平均值之比，当顶部采光时，表中Ⅰ～Ⅳ采光等级的采光均匀度不宜小于0.7。为保证采光均匀度0.7的规定，相邻两天窗中线间的距离不宜大于工作面至天窗下沿高度的两倍，通常工作面取地面以上 1.0～1.2m 高。

检验工作面上采光系数是否符合标准，通常是在厂房横剖面的工作面上选择光照最不利点进行验算。将多个测点的值连接起来，形成采光曲线，显示整个厂房的光照情况（图14-35）。

在厂房工作区人的视野范围内，不要出现眩光，即过亮或刺眼的光线，使工作人员视觉不舒适，影响工作。

（二）采光面积的确定

对于采光设计不需要十分精确的厂房，可通过窗地面积比来确定厂房采光面积。首

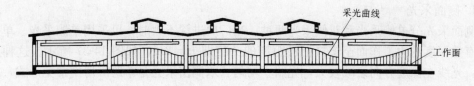

图 14-35 采光曲线示意图

先，根据厂房的使用情况确定厂房的采光等极，然后根据窗的形式确定窗地面积比（表14-3）。

窗 地 面 积 比 A_c/A_d　　　　表 14-3

采光等级	侧面采光	顶部采光		
	侧 窗	矩形天窗	锯齿形天窗	平天窗
Ⅰ	1/2.5	1/3	1/4	1/6
Ⅱ	1/3	1/3.5	1/5	1/8
Ⅲ	1/4	1/4.5	1/7	1/10
Ⅳ	1/6	1/8	1/10	1/13
Ⅴ	1/10	1/11	1/15	1/23

在确定窗地面积的同时，还要考虑到厂房采光均匀、通风良好以及立面效果等综合因素。

（三）采光方式

单层厂房的采光方式，根据采光口的位置可分为侧面采光、顶部采光和混合采光（图14-36）。

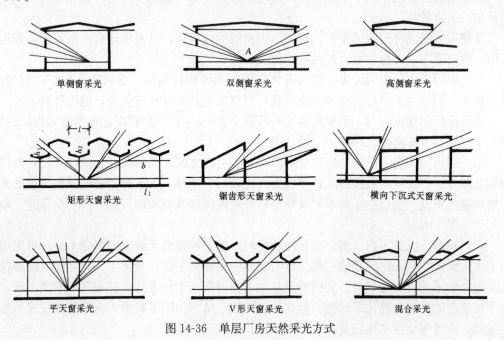

图 14-36 单层厂房天然采光方式

1. 侧面采光

侧面采光分单侧采光和双侧采光两种。当厂房进深不大时，可采用单侧采光。单侧采光的有效深度约为工作面至窗口上沿距离的一倍即 $B=2H$，如图14-37所示。这种采光方式，光线在深度方向衰减较大，光照不均匀。双侧窗采光是单跨厂房中常见形式，它提高了厂房采光均匀程度，可满足较大进深的厂房。

在有吊车梁的厂房中，为了加大侧窗的采光面积，可采用高低侧窗的采光方式（图14-38）。高侧窗的下沿距吊车轨道顶面600mm，低侧窗下沿略高于工作面，这样透过高侧窗的光线，提高了远离窗户处的采光效果，改善了厂房光线的均匀程度。

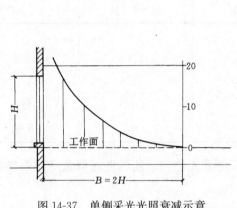

图14-37 单侧采光光照衰减示意

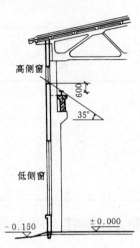

图14-38 高低侧窗示意

2. 顶部采光

顶部采光通常用于侧墙不能开窗或连续多跨的厂房，它照度均匀，采光率较高，但构造复杂，造价较高。

顶部采光是通过设置天窗来实现的。天窗的形式很多，常见形式有矩形天窗、锯齿形天窗、横向下沉式天窗和平天窗几种（图14-39）。

（1）矩形天窗 矩形天窗一般为南北布置，光线比较均匀，通风效果良好，积尘少，易于防水，但增加了厂房空间和屋面荷载，对抗震不利，且构造复杂，造价较高。

为保证厂房照度均匀，天窗的宽度一般取1/2～1/3的厂房跨度，相邻两天窗的距离 l 应大于相邻两天窗高度之和的1.5倍（图14-40）。

（2）锯齿形天窗 厂房的屋顶呈锯齿形，在两齿之间设天窗扇。它的特点是，窗口一般朝北向开设，光线不直接射入，室内光线比较均匀柔和，无眩光。斜向顶棚反射的光线可增加室内照度。它适应于要求光线稳定，并对温湿度有要求的厂房，如纺织车间、印染车间等（图14-41）。

（3）横向下沉式天窗 当厂房东西朝向时，如采用矩形天窗，则朝向不好，可采用横向下沉式天窗。它是将屋顶的一部分屋面板布置在屋架下弦，利用上下弦之间屋面板位置的高差作为采光口和通风口。它的特点是：天窗可隔一个柱或几个柱布置，形式灵活；降低了建筑物的高度，简化了结构。但这种天窗使厂房纵向刚度降低，窗扇形式受屋架形式的限制，而且屋面排水比较复杂（图14-42）。

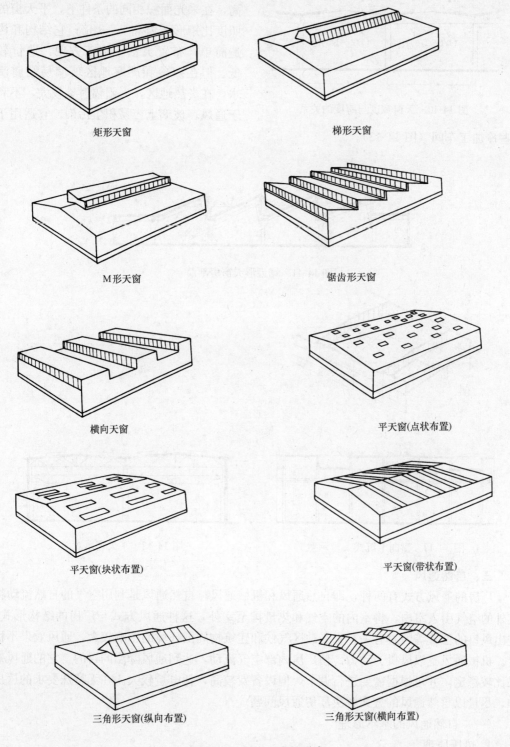

图 14-39 采光天窗的形式

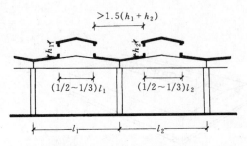

图 14-40 天窗宽度与跨度的关系

(4) 平天窗 在屋面上直接开设采光口的是平天窗。它的特点是：采光效率高，在采光面积相同的条件下，平天窗的照度比矩形天窗高 2~3 倍；它结构和构造简单，布置灵活，施工方便，造价较低。但在寒冷和严寒地区玻璃易结露滴水，在炎热地区，太阳辐射量较大，不利于通风，玻璃上容易积尘污染。它适用于一些冷加工车间（图 14-43）。

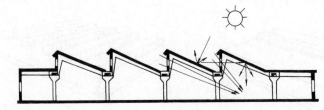

图 14-41 锯齿形天窗房剖面

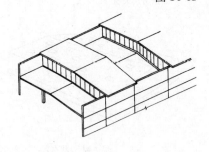

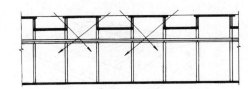

图 14-42 横向下沉式天窗示意

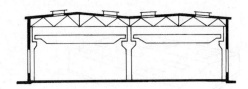

图 14-43 平天窗示意

三、自然通风

厂房的通风方式有两种，即自然通风和机械通风。自然通风是利用空气的自然流动将室外的空气引入室内，将室内的空气和热量排至室外，这种通风方式与厂房的结构形式、进出风口的位置等因素有关，它受地区气候和建筑物周围环境的影响较大，通风效果不稳定。机械通风是以风机为动力，使厂房内部空气流动，达到通风降温的目的，它的通风效果比较稳定，并可根据需要进行调节，但设备费较高，耗电量较大。在无特殊要求的厂房中，尽量以自然通风的方式解决厂房通风问题。

（一）自然通风的基本原理

1. 热压原理

厂房内部由于生产过程中所产生的热量（如炉子和热部件所发出的热量等）和人体散

发热量的影响，使室内空气膨胀，密度减小而上升。由于室外空气温度相对较低，密度较大，当厂房下部的门窗敞开时，室外空气进入室内，使室内外的空气压力趋于相等。如将天窗开启，由于热空气的上升，天窗内侧的气压大于天窗外侧的气压，使室内热气不断排出。如此循环，从而达到通风目的。这种通风方式称为热压通风（图14-44）。

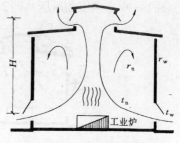

图14-44 热压通风示意图

由室内外温差造成的空气压力差叫热压。热压值用下式计算：

$$\Delta P = H(r_w - r_n)$$

式中 ΔP——热压（kg/m²）。

H——进排风口中心线的垂直距离。

r_w——室外空气密度（kg/m³）。

r_n——室内空气密度（kg/m³）。

从上式中可看出热压值的大小取决于进排气口的距离和室内外的温差。开设天窗和降低进风口高度，都是加大热压的有效措施。

2. 风压原理

当风吹向建筑物时，遇到建筑物而受阻，如图14-45所示，在Ⅰ-Ⅰ位置处，迎风面空气压力增大，超过了大气压力为正压区，用"＋"表示，在Ⅱ-Ⅱ位置处，气流通过房屋两侧和上方迅速而过，此处气流变窄，风速加大，使建筑物的侧面和顶面形成了一个小于大气压力的负压区，用"－"表示。风到Ⅲ-Ⅲ处时，空气飞越建筑物，并在背风一面形成涡流，出现一个负压区。因此，根据这一现象，应将厂房的进风口设在正压区，排风口设在负压区，使室内外空气更好地进行交换。这种利用风的流动产生的空气压力差而形成的通风方式为风压通风。

在厂房剖面和通风设计时，要根据热压和风压原理考虑二者共同对厂房通风效果的影响，恰当地设计进、排风口的位置，选择合理的通风天窗形式，组织好自然通风。

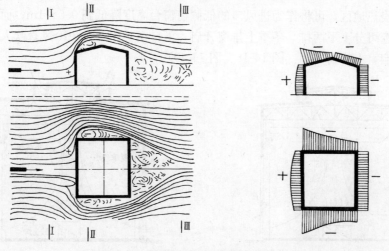

图14-45 风绕房屋流动状况及风压分布

图 14-46 是热压和风压共同工作时的气流状况示意。

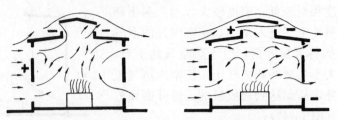

图 14-46　热压和风压共同工作时的气流状况

（二）厂房的自然通风

冷加工车间，一般没有大量的生产余热，室内外温差较小，组织自然通风时可结合工艺与总平面设计进行，尽量使厂房长轴与夏季主导风向垂直，限制厂房的宽度在 60m 以内，以便组织穿堂风。与此同时，合理地选择进排风口的位置，有利于加速室内空气的流动。

热加工车间产生的余热和有害气体较多，组织好自然通风尤其重要，除了在平面设计中要考虑的因素之外，还要对排风口的位置和天窗的形式进行设计与选择。

1. 进、排风口的布置

热加工车间主要利用低侧窗进风，利用高侧窗和天窗排风。根据热压原理，进排风口之间的高差越大，通风效果越好。图 14-47 是进、排风口位置与高度的关系。

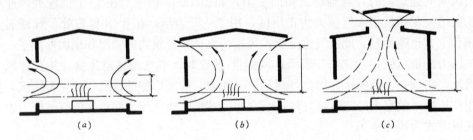

图 14-47　进、排风口位置与高度关系
(a) 只设低侧窗；(b) 设高、低侧窗；(c) 设低侧窗及天窗

在南方炎热地区，可将作为进风口的低侧窗窗台高度降低到 0.5～1m；而在北方寒冷地区，低侧窗可分上下两排，冬季上排窗开启，下排窗关闭，避免冷风直吹人体，夏季则将下排窗开启，上排窗关闭（图 14-48、图 14-49）。

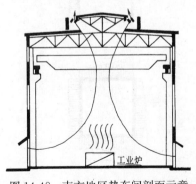

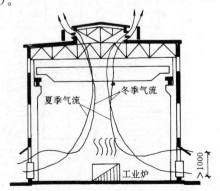

图 14-48　南方地区热车间剖面示意　　图 14-49　北方地区热车间剖面示意

2. 通风天窗的类型

以满足通风为主的天窗称为通风天窗，通风天窗的类型主要有矩形通风天窗和下沉式通风天窗。

（1）矩形通风天窗　为了防止风压大于室内热压，室外气流进入室内，产生气流倒灌现象（图14-50），即保证在天窗两侧产生负压区。通风天窗的显著特点是在天窗两侧设置挡风板（图14-51）。

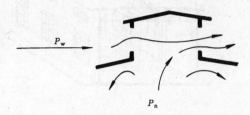

图14-50　天窗口处外压大于内压的排气情况
P_w—室外风压；P_n—天窗口内压

在无风时，车间内部靠热压通风；有风时，风速越大，则负压绝对值也越大，排风量也增加。挡风板距天窗的距离一般为1.1～1.5倍的排风口高度，即$L=(1.1\sim1.5)h$。当平行等高跨两矩形天窗排风口的$T\leqslant 5h$时，可不设挡风板，此时两天窗之间始终为负压区（图14-52）。

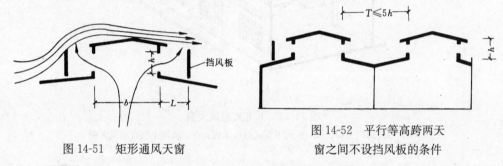

图14-51　矩形通风天窗　　　　图14-52　平行等高跨两天窗之间不设挡风板的条件

（2）下沉式通风天窗　下沉式通风天窗就是将下沉的天窗采光口作为排风口。由于天窗下沉，排风口在任何风向时均处于负压区，排风效果较好。

下沉式天窗有以下三种常见形式（图14-53）：

井式通风天窗是将部分屋面板下沉而形成"井"。风向变化时不影响排风，它可根据厂房热源等位置和排风量确定井式通风天窗的位置。

纵向下沉式通风天窗是沿厂房纵向将一定宽度范围内的屋面板下沉形成天窗，要求纵向每隔30m设挡风板，以保证风向变化时的排风效果。

横向下沉式通风天窗是在厂房纵向每隔一个柱距或几个柱距，将屋面板下沉形成的天窗。

下沉式通风天窗比矩形通风天窗有荷载小、造价低、通风稳定、布局灵活等特点，但也存在着排水构造复杂、易漏水等缺点。

3. 开敞式外墙

在我国南方及中部地区，夏季炎热，这些地区的热加工车间，除了采用通风天窗外，外墙还可采取开敞式的形式。

开敞式厂房设置挡雨板，防止雨水进入室内。开敞式厂房的主要形式有全开敞、上开敞和下开敞三种（图14-54）。

开敞式厂房的特点是：通风量大，室内外空气交换迅速，散热快，构造简单，造价低；缺点是：防寒、防风、防沙能力差，通风效果不太稳定。

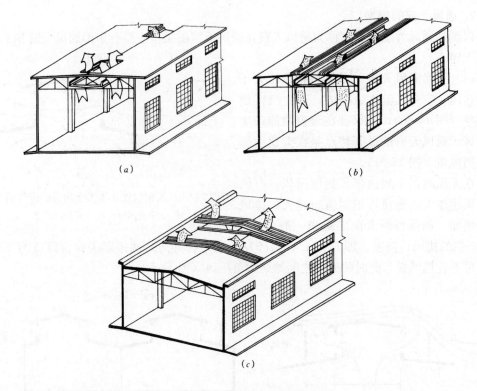

图 14-53 下沉式通风天窗
(d) 井式通风天窗;(b) 纵向下沉式通风天窗;(c) 横向下沉式通风天窗

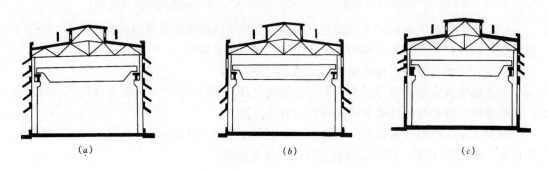

图 14-54 开敞式厂房示意
(a) 全开敞;(b) 下开敞;(c) 上开敞

第十五章 单层厂房构造

单层厂房构造包括外墙、侧窗、大门、天窗、地面等（图 15-1）。在我国单层厂房的承重结构、围护结构及构造做法均有全国或地方通用的标准图，可供设计者直接选用或参考。

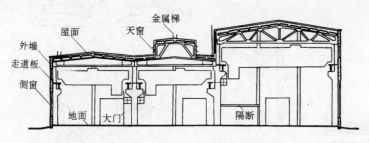

图 15-1 单层厂房主要构造示意

第一节 外墙及门窗

一、外墙

单层厂房的外墙，按承重情况可分为承重墙、自承重墙及骨架墙等类型。

承重墙一般用于中、小型厂房。当厂房跨度小于 15m，吊车吨位不超过 5t 时，可做成条形基础和带壁柱的承重砖墙。承重墙和自承重墙的构造类似民用建筑。

骨架墙是利用厂房的承重结构作骨架，墙体仅起围护作用。它与砖结构相比，不仅可以减少结构面积，能够适应高大及有振动的厂房条件，便于建筑施工和设备安装，而且还便于建筑工业化的发展，适应厂房的改建、扩建及生产工艺的变更。因而，当前应用很广泛。依据使用要求、材料和施工条件，骨架墙有块材墙、板材墙和开敞式外墙等。

（一）砖墙、块材墙

厂房围护墙与柱的平面关系有两种，一种是外墙位于柱子之间，这种做法节约用地，且能提高柱列刚度，但构造复杂，热工性能差；第二种是设在柱的外侧，它具有构造简单、施工方便、热工性能好、便于统一等特点，故用的较多（图 15-2）。

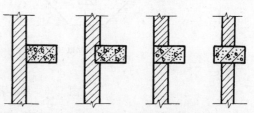

图 15-2 砖墙与柱的平面关系

围护墙一般不做基础，下部墙身支承在基础梁上，上部墙身通过连系梁经牛腿将重量传给柱再传至基础（图 15-3）。

基础梁的顶面标高通常比室内地面低 50mm，以便门洞口处的地面做面层保护基础梁。基础梁与柱基础的连接与基础的埋深有关，当基础埋置较浅时，可将基础梁直接或通过混凝土垫块搁置在基础顶面。当基础埋置较深时，一般用牛腿支托基础梁（图15-4）。在保温厂房中，基础梁下部宜用松散保温材料填铺，如矿渣等（图15-5）。松散的材料可以保证基础梁与柱基础共同沉降，避免基础下沉，而梁下填土不沉或冻融等产生的反拱作用对墙体产生不利的影响。温暖地区，可在梁下部铺砂或炉渣等垫层。

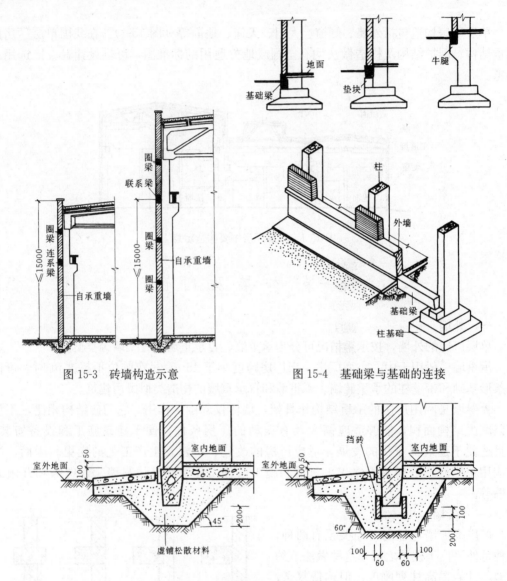

图15-3 砖墙构造示意　　　　图15-4 基础梁与基础的连接

图15-5 基础梁下部构造处理

连系梁与柱是用螺栓或焊接连接牢固（图15-6），它不仅承担墙身的重量，且能加强厂房的纵向刚度。其断面通常为矩形，当墙为370mm厚时，亦可做成L形。

砖墙与柱、屋架端部常用钢筋连接，由柱、屋架沿高度每隔500～600mm伸出2φ6钢筋砌入砖墙内（图15-7）。有时为了进一步加强墙体的稳定性，可沿高度每4m左右设一道圈梁。图15-8为钢筋混凝土圈梁与柱的连接。

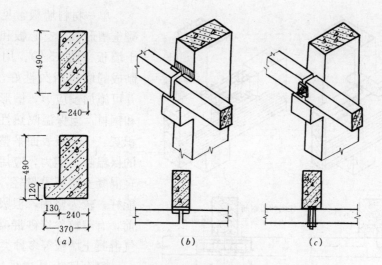

图 15-6 连系梁与柱的连接
(a) 断面形式;(b) 预埋钢板电焊;(c) 预埋螺栓连接

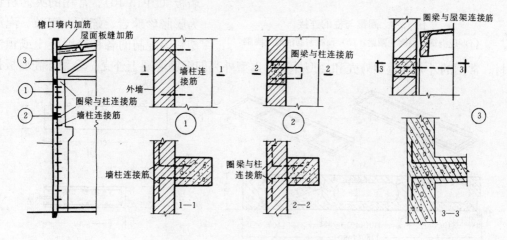

图 15-7 砖墙与柱和屋架的连接

(二) 板材墙

发展大型板材墙不仅可以加快厂房建筑工业化,减轻劳动强度,而且可充分利用工业废料,节省耕地,加快施工速度。实践证明,板材墙的抗震性能也远比砖墙优越。板材墙目前存在的主要问题是钢材、水泥用量比砖墙多,连接构造复杂且不易保证质量。但从长远的观点看,板材墙的使用将越来越广泛。我国常用的板材为钢筋混凝土板材和波形板材两种。

1. 钢筋混凝土板材墙

(1) 墙板的规格、类型　在我国现行工业建筑墙板规格中,板的长度和高度采用扩大模数 3M,厚度采用分模数 $\frac{1}{5}$M。长度有 4500、6000、7500、12000mm 四种,高度有 900、1200、500mm 和 1800mm 四种,常用的厚度为 160~240mm。依其材料和构造方式,墙板分单一材料墙板和复合墙板。

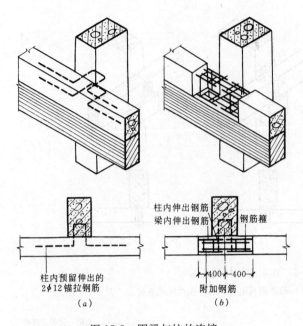

单一材料墙板常见的有钢筋混凝土槽形板、空心板和配筋轻混凝土墙板（图15-9）。用钢筋混凝土制成的墙板耐久性好，制作简单。并可施加预应力。槽形板节省水泥和钢材，但保温隔热性能差，且易积灰。空心板表面平整，并有一定的保温隔热能力，应用较多。配筋轻混凝土墙板重量轻，保温隔热性能好，较为坚固，但吸湿性大。目前，有陶粒珍珠砂混凝土墙板、加气混凝土墙板等多种类型。

复合墙板是指采用承重骨架、外壳及各种轻质夹芯材料所组成的墙板（图15-10）。常用的夹芯材料为膨胀珍珠岩、蛭石、陶粒、泡沫塑料等配制的各种轻混凝土或预制

图15-8 圈梁与柱的连接
(a) 现浇钢筋混凝土圈梁；(b) 预制钢筋混凝土圈梁

板材。常用的外壳有重型外壳和轻型外壳。重型外壳即钢筋混凝土外壳。轻型外壳墙板是

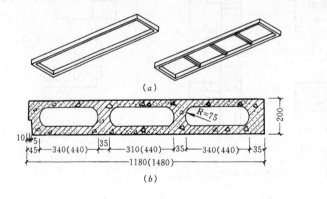
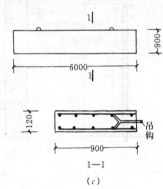

图15-9 单一材料墙板
(a) 钢筋混凝土槽形板；(b) 钢筋混凝土空心板；(c) 配筋轻混凝土墙板

将石棉水泥板、塑料板、薄钢板等轻外壳固定在骨架两面，再在空腔内填充轻型保温隔热材料制成复合墙板。复合墙板的优点是：材料各尽所长，重量轻，防水，防火，保温，隔热，且具有一定的强度；缺点是：制作复杂，仍有热桥的不利影响，需要进一步改进。

(2) 墙板布置 分横向布置、竖向布置和混合布置，其中横向布置用得最多，其次是混合布置。竖向布置板长受侧窗高度的限制，板型较多，应用较少。

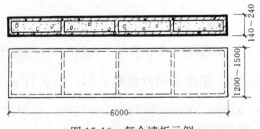

图15-10 复合墙板示例

横向布板以柱距为板长,板柱相接,可省去窗过梁和连系梁,板型少,并有助于加强厂房刚度,接缝处理也较易。混合布置墙板虽增加板型,但立面处理灵活(图 15-11)。

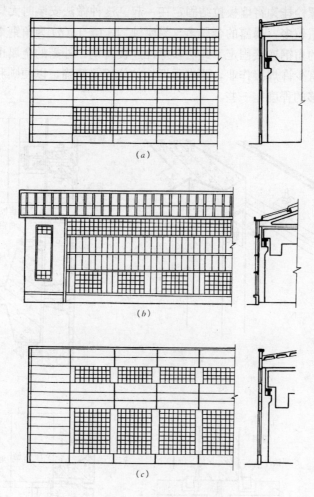

图 15-11 墙板布置示例
(a) 横向布置;(b) 竖向布置;(c) 混合布置

横向布板在山墙处,墙身部分同侧墙,山尖处的布置有台阶形、人字形、折线形等(图 15-12)。

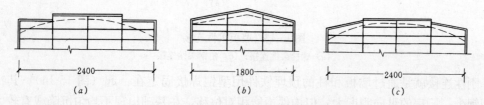

图 15-12 山墙尖处墙板布置
(a) 台阶形;(b) 人字形;(c) 折线形

(3) 墙板和柱的连接应安全可靠,并便于安装和检修,一般分柔性连接和刚性连接。柔性连接是指通过墙板和柱的预埋件和连接件将二者拉结在一起。其特点是墙板与骨架以及墙板之间在一定范围内可相对位移，能较好地适应各种振动引起的变形。图 15-13(a)为螺栓挂钩柔性连接，它是在垂直方向每隔 3～4 块板柱上设钢托支承墙板荷载，在水平方向用螺栓挂钩将墙板拉结固定在一起。这种做法安装时无焊接作业，维修也方便，缺点是用钢量较多，暴露的金属多，易腐蚀。图 15-13(b)为角钢柔性连接，它是利用焊在柱和墙板上的角钢连接固定。此法较螺栓连接省钢，外露的金属也少，且施工速度快，同上下墙板间有少许焊接作业，要求预埋件的位置要精确，以便顺利安装。另外，它比螺栓连接适应位移的程度差一些。

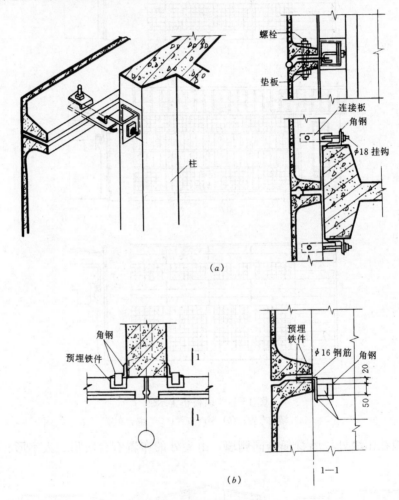

图 15-13 墙板柔性连接
(a)螺栓柔性连接；(b)角钢柔性连接

刚性连接就是通过墙板和柱的预埋铁件用型钢焊接固定在一起（图 15-14）。其特点是用钢少，厂房的纵向刚度大，但构件不能相对位移，在基础出现不均匀沉降或有较大振动荷载时，墙板易产生裂缝等现象。

墙板在转角部位的处理，为了避免过多增加板型，一般结合纵向定位轴线的不同定位方式，采用山墙加长板或增补其他构件（图 15-15）。

墙板上无论水平缝还是垂直缝的处理，要满足防水要求及制作安装方便、保温、防

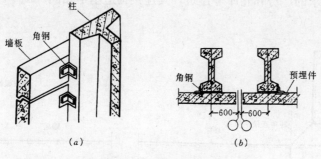

图 15-14 墙板刚性连接
(a) 刚性连接示意；(b) 伸缩缝处连接

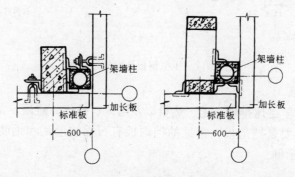

图 15-15 转角部位墙板处理

风、经济美观、坚固耐久等要求。其防水做法分构造防水和材料防水（图 15-16）。

2. 波形板墙

波形板墙按材料可分为压型钢板、石棉水泥波形板、塑料玻璃钢波形板等，这类墙板

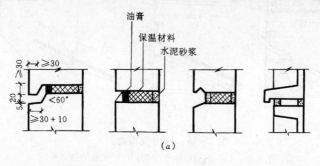

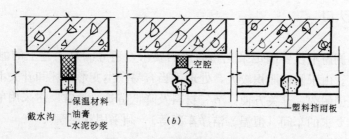

图 15-16 墙板缝隙构造示意
(a) 水平缝；(b) 垂直缝

主要用于无保温要求的厂房和仓库等建筑，其连接构造基本相同。图15-17为压型钢板外墙构造示例。

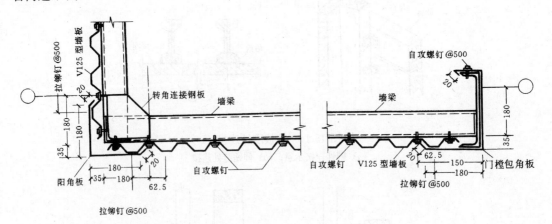

图15-17 压型钢板外墙构造示例

（三）开敞式外墙

有些厂房车间为了迅速排烟、尘、热量以及通风、换气、避雨，常采用开敞式或半开敞式外墙。其构造主要是挡雨板。常见的挡雨板有石棉波形瓦和钢筋混凝土挡雨板。图15-18为挡雨板构造示例。

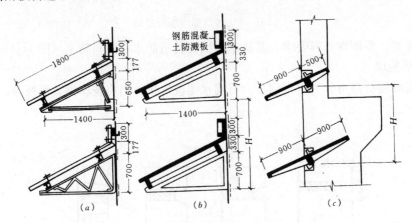

图15-18 挡雨板构造
(a) 钢支架；(b) 钢筋混凝土支架；(c) 无支架挡雨板

二、侧窗及大门

（一）侧窗

单层厂房的侧窗不仅要满足采光和通风的要求，还应满足工艺上的泄压、保温、隔热、防尘等要求。由于侧窗面积较大，处理不当容易产生变形损坏和开关不便，因此，侧窗的构造还应坚固耐久，开关方便，节省材料及降低造价。通常厂房采用单层窗，但在寒冷地区或有特殊要求的车间（恒温、洁净车间等），须采用双层窗。

1. 侧窗的类型

按侧窗采用的材料可分为钢窗、木窗、铝合金窗及塑钢窗等。

按侧窗的开关方式可分为中悬窗、平开窗、固定窗和垂直旋转窗。

中悬窗：窗扇沿水平轴转动，开启角度大，有利于泄压，并便于机械开关或绳索手动开关，常用于外墙上部。中悬窗缺点是构造复杂、开关扇周边的缝隙易漏雨和不利于保温。

平开窗：构造简单，开关方便，通风效果好，并便于组成双层窗。多用于外墙下部，作为通风的进气口。

固定窗：构造简单节省材料，多设在外墙中部，主要用于采光。对有防尘要求的车间，其侧窗也多做成固定窗。

垂直旋转窗：又称立转窗。窗扇沿垂直轴转动，并可根据不同的风向调节开启角度，通风效果好，多用于热加工车间的外墙下部，作为进风口。

根据厂房和通风需要，厂房外墙的侧窗，一般将悬窗、平开窗或固定窗等组合在一起如图 15-19 所示。

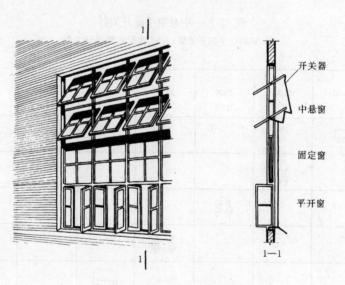

图 15-19 侧窗组合示例

2. 钢侧窗构造

钢窗具有坚固耐久、防火、关闭紧密、遮光少等优点，对厂房侧窗比较适用。我国有实腹钢窗和空腹钢窗两种。

厂房侧窗的面积较大，多采用基本窗拼接组合，靠竖向和水平的拼料保证窗的整体刚度和稳定性。钢侧窗的构造及安装方式同民用建筑部分。

厂房侧窗高度和宽度较大，窗的开关常借助于开关器。开关器分手动和电动两种。图 15-20 为中悬窗的手动开关器。

（二）大门

1. 大门的尺寸与类型

厂房大门主要用于生产运输和人流通行。因此，大门的尺寸应根据运输工具的类型、运输货物的外型尺寸及通行方便等因素确定。一般门的尺寸比装满货物时车辆宽出 600～1000mm，高出 400～600mm。常用厂房大门的规格尺寸如图 15-21 所示。

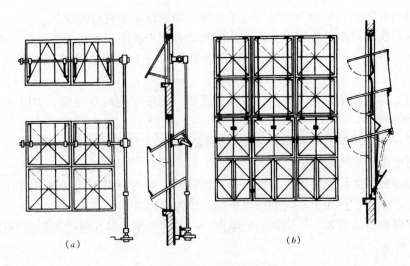

图 15-20 中悬窗手动开关器
(a) 蜗轮杆手摇开关器；(b) 掌臂式简易开关器

洞口宽 (mm) 运输工具	2100	2100	3000	3300	3600	3900	4200 4500	洞口高 (mm)
3t 矿车	▯							2100
电瓶车		☻						2400
轻型卡车			🚗					2700
中型卡车				🚙				3000
重型卡车					🚚			3900
汽车起重机						🚛		4200
火车							🚂	5100 5400

图 15-21 厂房大门尺寸

厂房大门按使用材料分为木大门、钢木大门、钢板门等。一般当门宽小于 1.8m 时，可采用木门。门洞尺寸较大时，当防止门扇变形，常用型钢作骨架的钢木大门或钢板门。

按大门的开关方式分为平开门、推拉门、折叠门、上翻门、升降门、卷帘门（图 15-22）。厂房大门可用人力、机械或电动开关。

平开门：推拉门的特点同民用建筑。

折叠门：是由几个较窄的门扇通过铰链组合而成。开启时通过门扇上下滑轮沿导轨左

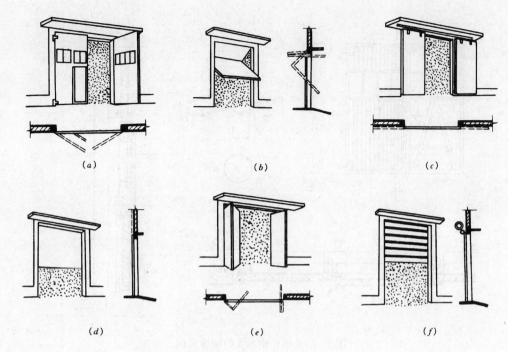

图 15-22 大门开启方式
(a) 平开门；(b) 上翻门；(c) 推拉门；(d) 升降门；(e) 折叠门；(f) 卷帘门

右移动并折叠在一起。这种门占用空间较少，适用于较大的门洞口。

上翻门：开启时门扇随水平轴沿导轨上翻至门顶过梁下面，不占使用空间。这种门可避免门扇的碰损，多用于车库大门。

升降门：开启时门扇沿导轨上升，不占使用空间，但门洞上部要有足够的上升高度。

卷帘门：门扇是由许多冲压成型的金属叶片连接而成。开启时通过门洞上部的转动轴将叶片卷起。适合于4000～7000mm宽的门洞，高度不受限制。这种门构造复杂，造价较高，多用于不经常开启和关闭的大门。

2. 平开钢木大门

平开钢木大门由门扇和门框组成。门洞尺寸一般不大于3.6m×3.6m。门扇采用焊接型钢骨架，上贴15～25mm厚的木门芯板。寒冷地区要求保温的大门，可采用双层木板，中间填保温材料。

大门门框有钢筋混凝土和砖砌两种。当门洞宽度小于3m时可用砖砌门框。门洞宽大于3m时，宜采用钢筋混凝土门框。在安装铰链处预埋铁件，一般每个门扇设两个铰链，铰链焊接在预埋铁件上。图15-23为常见钢木大门的构造示例。

3. 推拉门

推拉门由门扇、上导轨、地槽（下导轨）及门框组成。门扇可采用钢木大门、钢板门等。每个门扇宽度一般不大于1.8m。推拉门的支承方式可分为上挂式和下滑式两种。当门扇高度小于4m时采用上挂式，即门扇通过滑轮挂在门洞上方的导轨上。当门扇高度大于4m时，采用下滑式。在门洞上下均设导轨，下面导轨承受门的重量。推拉门位于墙外时，门上部应结合导轨设置雨篷。图15-24为常见的上挂式双扇推拉门构造示例。

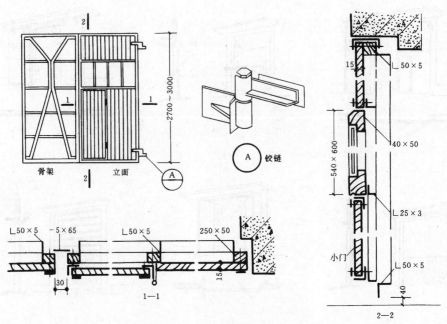

图 15-23　平开钢木大门构造示例

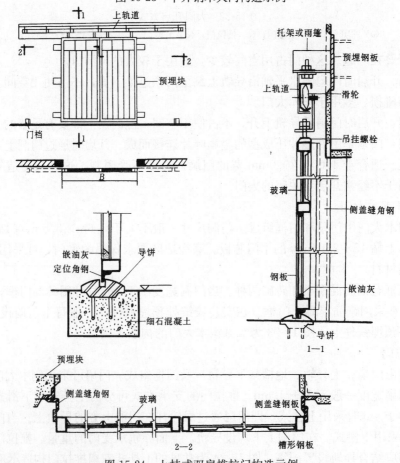

图 15-24　上挂式双扇推拉门构造示例

第二节　屋　顶

单层厂房屋顶的作用、设计要求及构造与民用建筑屋顶基本相同，在有些方面也存在一定的差异。一是单层厂房屋顶要承受生产过程中的机械振动，高温及吊车的冲击荷载。这就要求屋面不仅要具有足够的强度和刚度，而且还应解决好通风和采光问题。二是在保温隔热方面，对恒温恒湿车间，其保温隔热要求很高，而对于一般厂房，当柱顶标高超过8m时可不考虑隔热，热加工车间的屋面，可不保温。三是厂房屋面面积大，重量大，排水防水构造复杂，对厂房的造价影响较大。因而在设计时，应根据具体情况，选用合理、经济的厂房屋面方案，降低厂房屋面的自重。

一、厂房屋盖的类型与组成

厂房屋盖的基层分有檩体系和无檩体系两种（图15-25）。

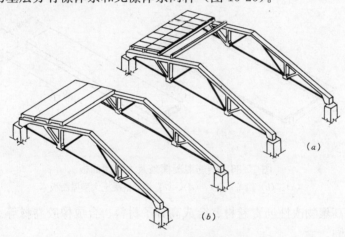

图15-25　屋面基层结构类型
(a) 有檩体系；(b) 无檩体系

有檩体系是指先在屋架上搁置檩条，然后放小型屋面板。这种体系构件小，重量轻、吊装容易，但构件数量多、施工周期长。多用于施工机械起吊能力小的施工现场。无檩体系是指在屋架上直接铺设大型屋面板。这种体系虽要求较强的吊装能力，但构件大、类型少，便于工业化施工。

单层厂房常用的大型屋面板和檩条形式见图15-26。

二、厂房屋顶的排水及防水构造

与民用建筑一样，单层厂房屋顶的排水方式分无组织排水和有组织排水两种。无组织排水常用于降雨量小的地区，屋面坡长较小、高度较低的厂房。有组织排水又分为内排水和外排水。内排水主要用于大型厂房及严寒地区的厂房，有组织外排水常用于降雨量大的地区。

厂房屋面的防水，依据防水材料和构造的不同，分为卷材防水屋面、各种波形瓦屋面及钢筋混凝土构件自防水屋面。

（一）卷材防水屋面

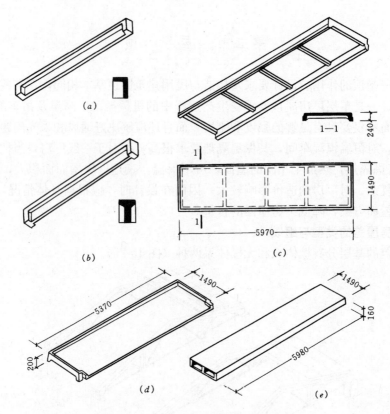

图 15-26 钢筋混凝檩条及大型屋面板
(a)、(b) 檩条；(c)、(d)、(e) 钢筋混凝土大型屋面板

防水卷材有高聚物改性沥青卷材、合成高分子材料、合成橡胶卷材等。其构造做法与民用建筑基本相同。

由于厂房受到各种振动的影响，屋面面积又大，屋面的基层变形较重，更易引起卷材的开裂和破坏。导致屋面变形的原因，一是由于室内外存在较大的温差，屋面板两面的热胀冷缩量不同，产生温度变形；二是在荷载的长期作用下，板的下垂引起挠曲变形；三是地基的不均匀沉降、生产的振动和吊车运停引起的屋面晃动，促使屋面裂缝的开展。屋面基层的变形会引起屋面找平层的开裂，此时，若卷材紧贴屋面基层，横缝处的卷材在小范围内就受拉，当超过卷材的极限抗拉强度时，就会开裂。

防止卷材开裂的措施，首先，应增强屋面基层的刚度和整体性，减小基层的变形；其次，是改进卷材在横缝处的构造，适应基层的变形。图 15-27 做法，是在大型屋面板或保温层上做找平层时，先在构件接缝处留分隔缝，缝中用油膏填充，其上铺 300mm 宽的卷材作为缓冲层，这样对防止横缝开裂有一定的效果。

（二）波形瓦屋面

波形瓦屋面有石棉水泥瓦、镀锌铁皮瓦、压型钢板瓦及玻璃钢瓦等。它们都属有檩体系，构造原理也基本相同。

1. 石棉水泥瓦屋面

石棉水泥瓦厚度薄，重量轻，施工简便，但易脆裂，耐久性及保温隔热性能差，多用于仓库和对室内温度状况要求不高的厂房。其规格有大波瓦、中波瓦和小波瓦三种。厂房

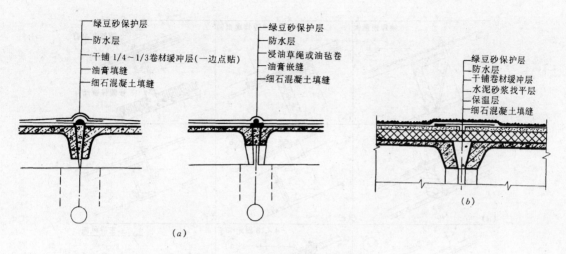

图 15-27 卷材防水屋面横缝处理
(a) 非保温屋面;(b) 保温屋面

屋面多采用大波瓦。

石棉水泥瓦直接铺设在檩条上,一般一块瓦跨三根檩条,铺设时在横向间搭接为半波,且应顺主导风向铺设。上下搭接长度不小于 200mm。檐口处的出挑长度不宜大于 300mm。为避免四块瓦在搭接处出现瓦角重叠,瓦面翘起,应将斜对的瓦角割掉或采用错位排瓦方法,见图 15-28。

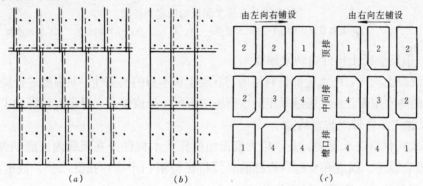

图 15-28 石棉瓦屋面铺钉示意
(a) 不切角错位排瓦方法示意;(b) 切角铺法示意;(c) 切角示意

石棉水泥瓦性脆,与檩条的固定既要牢固又不能太紧,要允许有变位的余地。一般采用挂钩柔性连接,挂钩位置在瓦峰上,并做密封处理,以防漏水(图 15-29)。

2. 镀锌铁皮瓦屋面

镀锌铁皮瓦屋面有良好的抗震和防水性能,在抗震区使用优于大型屋面板,可用于高温厂房的屋面。镀锌铁皮瓦的连接构造同石棉水泥瓦屋面。

3. 压型钢板瓦屋面

压型钢板瓦分单层板、多层复合板、金属夹芯板等。板的表面一般带有彩色涂层。钢板瓦具有重量轻、施工速度快、防腐、防锈、美观、适应性强的特点。但造价高,维修复杂,目前在我国应用较多。图 15-30 为单层 W 形钢板瓦屋面的构造示例。

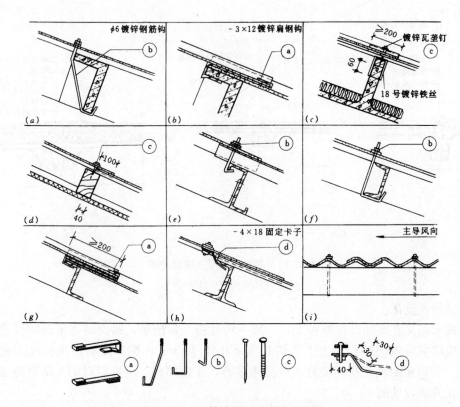

图 15-29　石棉水泥瓦的固定与搭接

(a)、(b)、(c) 钢筋混凝土檩条；(d) 木檩条；(e)、(f)、(g)、(h) 钢檩条；(i) 横向搭接

（三）钢筋混凝土构件自防水屋面

钢筋混凝土构件自防水屋面是利用钢筋混凝土板本身的密实性，对板缝进行局部防水处理而形成的防水屋面。根据板缝采用防水措施的不同，分嵌缝式、脊带式和搭盖式三种。

1. 嵌缝式、脊带式防水构造

嵌缝式构件自防水屋面，是利用大型屋面板作防水构件并在板缝内嵌灌油膏（图 15-31）。板缝有纵缝、横缝和脊缝。嵌缝前必须将板缝清扫干净，排除水分，嵌缝油膏要饱满。横缝容易变形，嵌缝应特别注意。

嵌缝后再贴卷材防水层，即成为脊带式防水（图 15-32）。其防水效果比嵌缝式要好。

2. 搭盖式防水构造

搭盖式构件自防水屋面是采用 F 形大型屋面板作防水构件，板纵缝上下搭接，横缝和脊缝用盖瓦覆盖（图 15-33）。这种屋面安装简便，施工速度快。但板型复杂，盖瓦在振动影响下易滑脱，造成屋面渗漏。

三、厂房屋顶的保温构造

冬季需保温的厂房，在屋面需增加一定厚度的保温层。保温层可设在屋面板上部、下部或在屋面板中间（图 15-34）。

保温层在屋面板上部，多用于卷材防水屋面。其做法与民用建筑平屋顶相同，在厂房屋顶中应用较广泛。

保温层在屋面板下部，多用于构件自防水屋面。其做法分直接喷涂和吊挂两种。直接

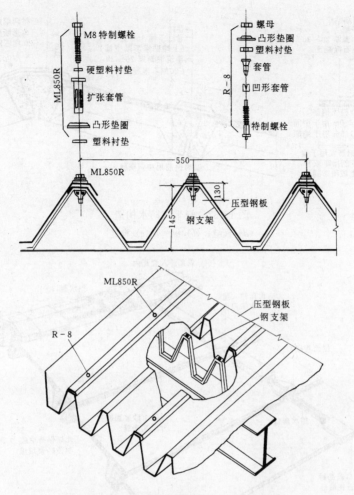

图 15-30　W形压型钢板瓦构造示例

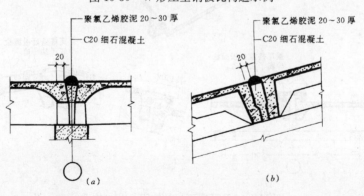

图 15-31　嵌缝式防水构造
(a) 横缝；(b) 纵缝

喷涂是将散状的保温材料加一定量的水泥拌合，然后喷涂在屋面板下面。吊挂固定是将板状轻质保温材料吊挂在屋面板下面。实践证明，这两种做法施工麻烦，保温材料吸附水汽，局部易破落，效果不理想。

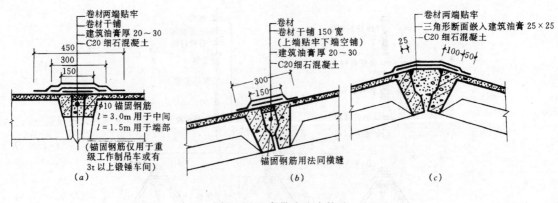

图 15-32 脊带式防水构造
(a) 横缝；(b) 纵缝；(c) 脊缝

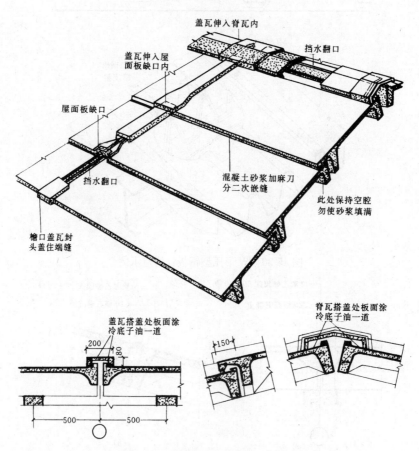

图 15-33 F形屋面板的铺设及节点构造

保温层在屋面板中间，即采用夹心保温屋面板。它具有承重、保温、防水三种功能。这种屋面的优点是施工简便迅速，减少高空作业。缺点是存在不同程度的板面、板顶裂缝和变形，以及热桥等问题。

四、厂房屋顶细部构造

厂房屋顶的细部构造包括檐口、天沟、泛水、变形缝等。它们的作用、要求及构造与

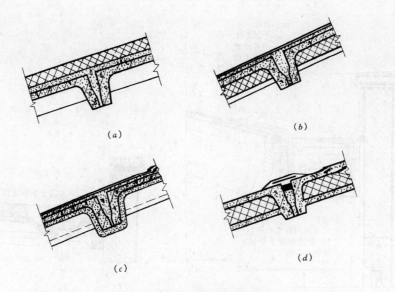

图 15-34 保温层设置的不同位置
(a) 在屋面板上部；(b) 在屋面板下部；(c) 喷涂在屋面板下部；(d) 夹心保温屋面板

民用建筑基本相同。现以卷材防水屋面为例，简要介绍各部位的构造处理。

（一）檐口

厂房无组织排水采用的挑檐，有砖挑檐和钢筋混凝土挑檐，其构造同民用建筑。另外，当挑出长度不大时，也可采用预制檐口板挑檐。檐口板支承在屋架端部伸出的挑梁上（图 15-35）。

厂房屋面采用有组织排水时，檐口处设檐沟板，支承方式同檐口板，防水构造同民用建筑檐口（图 15-36）。

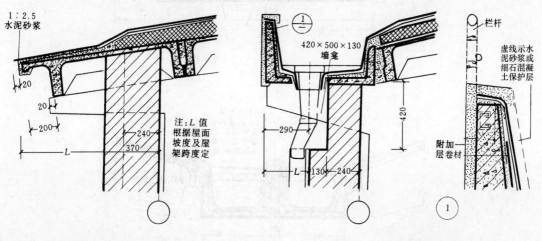

图 15-35 檐口板挑檐构造　　　　图 15-36 檐沟板排水构造

（二）天沟

厂房屋面的天沟分女儿墙边天沟和内天沟两种。利用边天沟组织排水时，女儿墙根部要设出水口（图 15-37）。其构造处理同民用建筑。

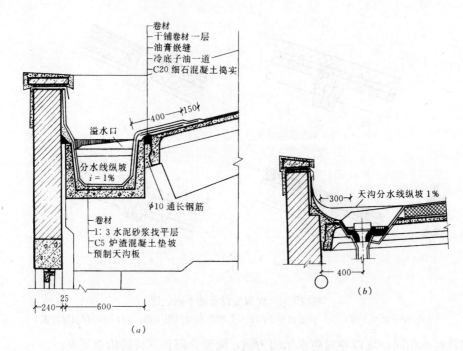

图 15-37 边天沟构造

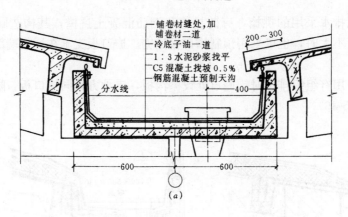

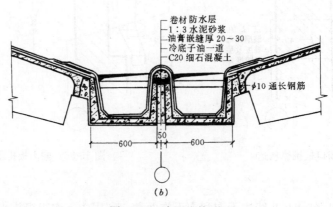

图 15-38 内天沟构造
(a) 宽单槽形天沟板；(b) 双槽形天沟板

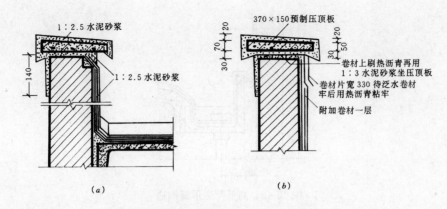

图 15-39 山墙、女儿墙泛水
(a) 水泥砂浆保护层；(b) 油毡保护层

内天沟做法如图 15-38 所示。图 15-38（a）为宽单槽形天沟板，图 15-38（b）为双槽形天沟板。双槽形天沟板施工方便，天沟板统一，应用较多。但应注意两个天沟板的接缝处理。

（三）泛水

厂房屋面的泛水构造与民用建筑屋面基本相同。图 15-39～图 15-41 分别为山墙、女儿墙泛水，管道出屋面泛水和高低跨处的泛水构造。

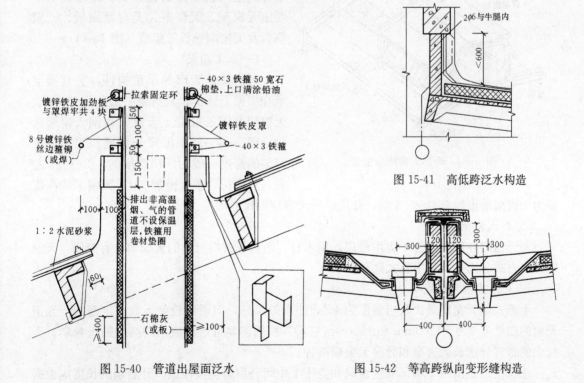

图 15-40 管道出屋面泛水

图 15-41 高低跨泛水构造

图 15-42 等高跨纵向变形缝构造

（四）变形缝

厂房等高平行跨和高低跨处的变形缝构造如图 15-42、图 15-43 所示。变形缝上用预制钢筋混凝土板或镀锌铁皮盖缝，缝内填沥青麻丝。

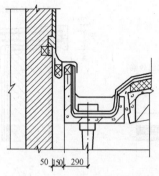

图 15-43　高低跨变形缝构造

第三节　天　窗

在单层厂房屋顶上，常设置各种形式的天窗，以满足厂房天然采光和自然通风的要求。常见天窗形式有矩形天窗、平天窗及下沉式天窗等。

一、矩形天窗

矩形天窗是沿厂房的纵向布置，为简化构造和检修的需要，在厂房两端及变形缝两侧的第一个柱间一般不设天窗，每段天窗的端部设上天窗屋面的检修梯。矩形天窗主要由天窗架、天窗扇、天窗屋面板、天窗侧板及天窗端壁板等组成（图 15-44）。

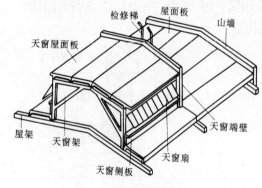

图 15-44　矩形天窗构造组成

（一）天窗架

天窗架是天窗的承重构件，它直接支承在屋架上弦上，其材料一般与屋架一致。天窗架有钢筋混凝土天窗架和钢天窗架两种（图 15-45）。根据采光和通风要求，天窗架的跨度一般为厂房跨度的 1/2～1/3 左右，且应符合扩大模数 3M。天窗架的高度多为天窗架跨度的 0.3～0.5 倍，并应结合天窗扇的尺寸确定。

（二）天窗扇

钢天窗扇在厂房天窗中应用最广，用木材、塑料等材料制作的天窗扇也有应用。天窗扇开启方式分上悬式和中悬式两种。

1. 上悬式钢天窗扇

上悬式钢天窗扇最大开启角度为 45°，防雨效果好，但通风较差。我国定型的上悬钢天窗的高度有 900、1200mm 和 1500mm 三种，根据需要可组合成不同高度的天窗扇。天窗扇的布置分统长天窗扇和分段天窗扇两种。

统长窗扇是由两个端部固定窗扇和若干个中间开启扇连接而成。开启扇的长度应根据采光、通风的需要和天窗开关器的起动能力等因素确定。分段窗扇是在每个柱距内设单独开关的窗。无论是统长窗扇，还是分段窗扇，在开启扇之间，以及开启扇与天窗端壁之间，均需设固定扇来起窗框的作用。上悬式钢天窗扇的构造如图 15-46 所示。

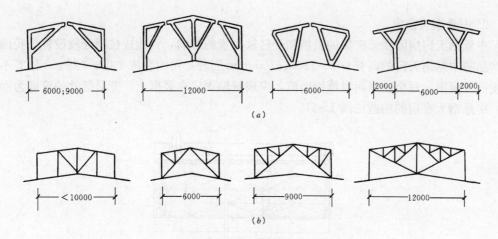

图 15-45 天窗架形式
(a) 钢筋混凝土组合式天窗架；(b) 钢天窗架

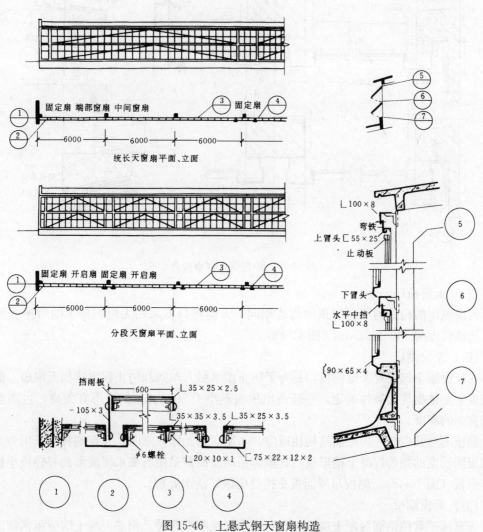

图 15-46 上悬式钢天窗扇构造

2. 中悬钢天窗扇

中悬钢天窗扇因受天窗架的阻挡和受转轴位置的影响，只能按柱距分段设置。我国定型产品的中悬钢天窗的高有900、1200、1500mm三种，可组合成1排、2排、3排等不同高度的天窗扇。每个窗扇间设槽钢竖框，窗扇转轴固定在竖框上。变形缝处的窗扇为固定扇。中悬钢天窗扇的构造见图15-47。

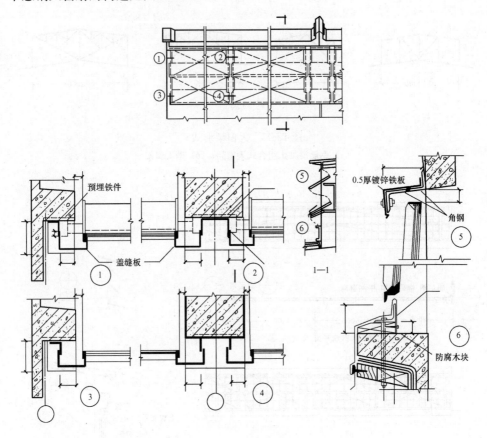

图 15-47 中悬钢天窗扇构造

（三）天窗檐口

天窗屋顶的构造与厂房屋顶的构造相同，天窗檐口多采用无组织排水的带挑檐屋面板，出挑长度为300～500mm（图15-48）。

（四）天窗侧板

在天窗扇下部设置天窗侧板，是为了防止雨水溅入车间和防止积雪遮挡天窗扇。侧板的高度主要依据气候条件确定，一般高出屋面不小于300mm。但也不宜太高，过高会增加天窗架的高度。

侧板的形式应与厂房屋面结构相适应，当屋面为无檩体系时，天窗侧板多采用与大型屋面板同长度的钢筋混凝土槽形板。有檩体系的屋面常采用石棉水泥波形瓦等轻质小板作天窗侧板（图15-48）。侧板与屋面板交接处应做好泛水处理。

（五）天窗端壁

天窗端壁常用钢筋混凝土端壁板和石棉水泥瓦端壁两种。钢筋混凝土端壁板预制成肋

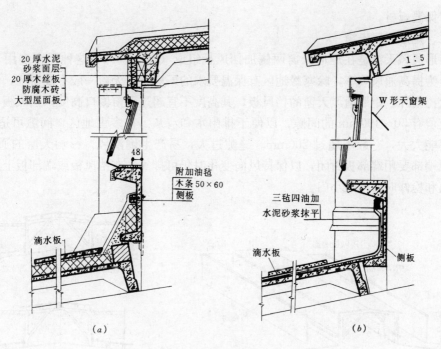

图 15-48　天窗檐口及侧板
(a) 对拼天窗架（屋面保温）；(b) 双 V 形天窗架（不保温）

形板，在天窗端部代替天窗架支承屋面板。根据天窗的宽度，可由 2～3 块板拼接而成（图 15-49）。端壁板焊接固定在屋架上弦的一侧，另一侧铺放与天窗相邻的屋面板。端壁板与屋面板的交接处做好泛水处理，端壁板内侧可根据需要设置保温层。

石棉水泥瓦端壁多用于钢屋架，它固定在天窗架上的横向角钢上。在端壁板与天窗扇交接处，常用 30mm 厚木板封口，外钉镀锌铁皮保护。当要求保温时，可在石棉水泥瓦

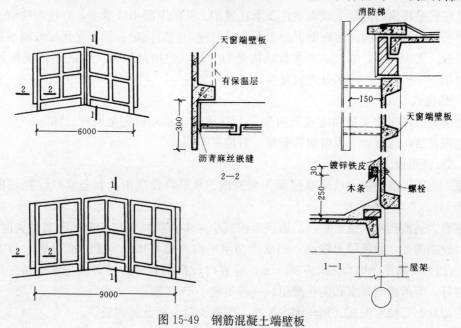

图 15-49　钢筋混凝土端壁板

内侧钉保温板材。

二、矩形通风天窗

矩形通风天窗是在矩形天窗两侧加挡风板组成（图 15-50），这种天窗多用于热加工车间。为提高通风效率，除寒冷地区有保温要求的厂房外，天窗一般不设窗扇，而在进风口处设挡雨片。矩形通风天窗的挡风板，其高度不宜超过天窗檐口高度，挡风板与屋面板之间应留有 50～100mm 的间隙，以便于排雨水和清灰。在多雪地区，间隙可适当增加，但也不能太大，一般不超过 200mm。缝隙过大，易产生倒灌风，影响天窗的通风效果。挡风板端部要用端部板封闭，以保持风向变化时仍可排气。在挡风板或端部板上还应设置供清灰和检修时通行的小门。

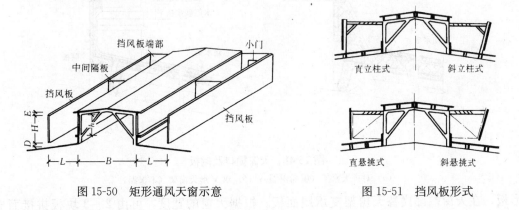

图 15-50　矩形通风天窗示意　　　图 15-51　挡风板形式

（一）挡风板

挡风板的固定方式有立柱式和悬挑式，挡风板可向外倾斜或垂直布置（图 15-51）。挡风板向外倾斜，挡风效果更好。

1. 立柱式

立柱式是将钢筋混凝土或钢立柱支承在屋架上弦的混凝土柱墩上，立柱与柱墩上的钢板件焊接，立柱上焊接固定钢筋混凝土檩条或型钢，然后固定石棉水泥瓦或玻璃钢瓦制成的挡风板（图 15-52）。立柱式挡风板结构受力合理，但挡风板与天窗的距离受屋面板排列的限制，立柱处屋面防水处理较复杂。

2. 悬挑式

悬挑式挡风板的支架固定在天窗架上，挡风板与屋面板完全脱开（图 15-53）。这种布置处理灵活，但增加了天窗架的荷载，对抗震不利。

（二）挡雨设施

矩形通风天窗的挡雨设施有屋面作大挑檐、水平口设挡雨片和竖直口设挡雨板三种（图 15-54）。

屋面大挑檐挡雨，使水平口的通风面积减少，多在挡风板与天窗的距离较大时采用。水平口设挡雨片，通风阻力较小，挡雨片与水平面夹角有 45°、60°、90°几种，目前多用 60°角。挡雨片高度一般为 200～300mm。垂直口设挡雨板时，挡雨板与水平面夹角越小通风越好，但考虑到排水和防止溅雨，一般不宜小于 15°。

挡雨片有石棉水泥瓦、钢丝网水泥板、钢筋混凝土板及薄钢板等。

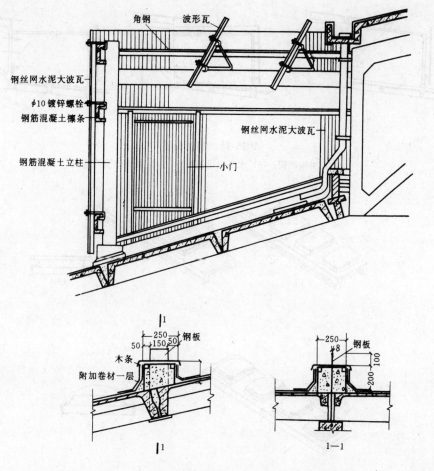

图 15-52 立柱式挡风板

三、平天窗

（一）平天窗的形式

平天窗的形式主要有采光板、采光罩和采光带三种（图 15-55）。

采光板是在屋面板上留孔，装平板式透光材料。如改用弧形采光材料，则形成采光罩，其刚度较平板式好。采光板和采光罩分固定和开启两种，固定的仅作采光用，开启的以采光为主，并兼作通风。采光带是在屋面的纵向或横向开设 6m 以上的采光口，装平板透光材料。瓦屋面、折板屋面常横向布置，大型屋面板屋面多纵向布置。

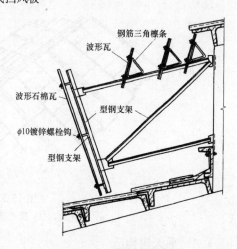

图 15-53 悬挑式挡风板

平天窗的优点是屋面荷载小，构造简单，施工简便，但易造成眩光和太阳直接辐射，易积灰，防雨防雹差。随着采光材料的发展，近年来平天窗的应用越来越多。

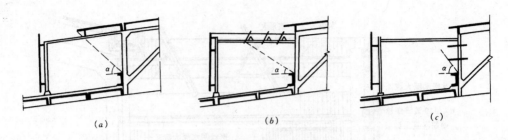

图 15-54 挡雨设施
(a) 大挑檐挡雨；(b) 水平口设挡雨片；(c) 垂直口设挡雨板

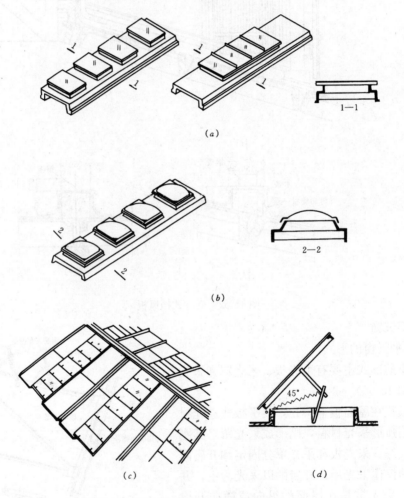

图 15-55 平天窗的形式
(a) 采光板；(b) 采光罩；(c) 采光带；(d) 开启式采光板

(二) 平天窗构造

平天窗的一般构造是在采光口周围作 150~250mm 高的井壁，并做泛水处理，井壁上安放透光材料（图 15-56）。井壁有垂直和倾斜两种，大小相同的采光口，倾斜井壁的采光比垂直井壁好。井壁材料有钢筋混凝土、薄钢板、塑料等。平天窗的构造设计还应解决好防水、防辐射和眩光，以及安全防护和通风问题。

1. 防水

由于平天窗的坡度一般很小,玻璃与井壁之间的缝隙和玻璃的搭接部位容易渗漏雨水,是平天窗防水的重要部位。

玻璃与井壁间的缝隙,宜采用聚氯乙烯胶泥或建筑油膏等弹性好不易干裂的材料垫缝。采光板用卡钩固定玻璃,并将卡钩通过螺钉固定在井壁的预埋木砖上(图 15-57)。为加强天窗防水和防止玻璃内表面形成冷凝水而产生滴水现象,可在井壁顶部设置排水沟,将水接住,顺坡排至屋面。

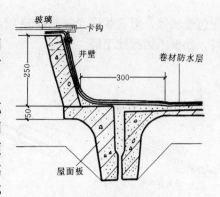

图 15-56　平天窗构造示例

面积较大的采光板由多种玻璃拼接,需要横档固定和相互搭接。玻璃左右搭接处横档构造的几种做法,见图 15-58。上下搭接一般不小于 100mm,并用 Z 形镀锌铁皮卡子固定。为了防止雨雪和灰尘从搭缝处侵入,可用油膏、软塑料管等柔性材料嵌缝(图15-59)。

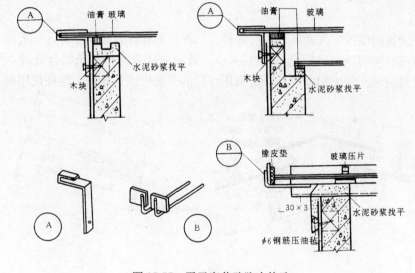

图 15-57　平天窗井壁防水构造

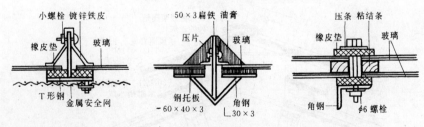

图 15-58　平天窗横档构造

2. 防太阳辐射和眩光

平天窗受阳光直射的强度高、时间长,如采用普通平板玻璃,会造成车间过热和产生眩光,以致影响到人的健康、生产的安全和产品的质量。因此,平天窗宜选用能使阳光扩散、减少辐射和眩光的透光材料。如磨砂玻璃、夹丝压花玻璃、中空玻璃、吸热玻璃以及变色玻璃等，但这些透光材料价格较高，目前较常用的是在平板玻璃下表面刷半透明涂料，如聚乙烯醇缩丁醛。

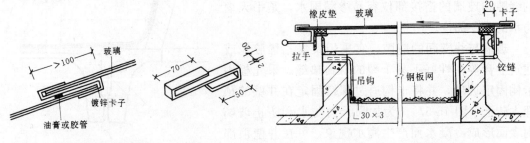

图 15-59　玻璃上下搭接　　　　图 15-60　安全网构造

3. 安全防护

为防止冰雹或其他原因造成玻璃破碎，影响安全生产，可采用夹丝的安全玻璃。当采用普通玻璃时，应在玻璃下面设一道防护网。防护网多为镀锌铁丝网或钢板网，固定在井壁的托铁上（图 15-60）。

4. 通风

采用平天窗的屋顶，其通风方式有两种。一种是单独设置通风屋脊，平天窗只作采光用，靠通风屋脊来解决通风问题（图 15-61）。另一种是采光和通风结合处理，平天窗既可采光，又可通风。解决的办法，一是采用开启的采光板或采光罩，但在使用时不够灵活

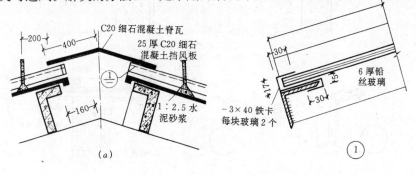

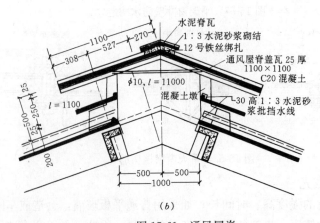

图 15-61　通风屋脊
(a) 混凝土单层挡雨板通风屋脊；(b) 混凝土墩子双层挡雨板通风屋脊

方便。二是在两个采光罩相对的侧面做成百叶，在百叶两侧加挡风板，构成一个通风井（图 15-62）。当天窗采用采光带时，可将井壁加高，装上百叶或窗扇，满足通风的要求。

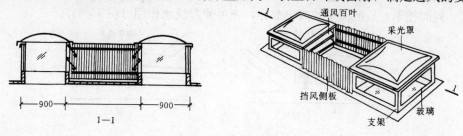

图 15-62 采光罩加挡风板

四、下沉式天窗

下沉式天窗是在一个柱距内，将一定宽度的屋面板下沉，铺在屋架的下弦上，利用上下屋面板之间的高差作采光和通风口。有井式天窗、纵向下沉式天窗和横向下沉式天窗三种。这三种天窗的构造处理相同，在此仅以井式天窗为例讲述。

井式天窗的布置方式有单侧布置、两侧布置和跨中布置（图 15-63）。单侧或两侧布

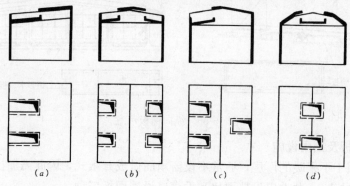

图 15-63 井式天窗布置形式
(a) 单侧布置；(b) 两侧对称布置；(c) 两侧交错布置；(d) 跨中布骨

置的通风效果好，排水清灰比较容易，多用于热加工车间。跨中布置通风较差，排水处理也比较复杂，但可以利用屋架中部较高的空间做天窗，采光较好，多用于有一定采光通风要求，但余热、灰尘不大的厂房。井式天窗的通风效果与天窗的水平口面积与垂直口面积之比有关，适当扩大水平口面积，可提高通风效果。但应注意井口的长度不宜太长，以免通风性能下降。

井式天窗一般由井底板、井底檩条、井口空格板、挡雨设施、挡风墙及排水设施等组成（图 15-64）。

（一）井底板

井底板的布置方式有横向铺板和纵向铺板两种。

1. 横向铺板

横向铺板是先在屋架下弦上搁置檩条，然

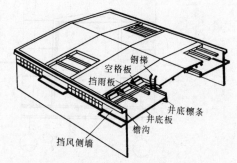

图 15-64 井式天窗构造组成

后在檩条上平行于屋架铺设井底板。井底板边檐做 300mm 高泛水。为了在屋架上下弦之间争取较大的垂直口通风面积，檩条常用下卧式、槽形、L 形等形式，这不但增加了垂直口高度，同时槽形、L 形檩条的高出部分，还可兼起泛水作用（图 15-65）。

图 15-65　井底檩条

2. 纵向铺板

纵向铺板是井底板直接搁置屋架下弦上，可省去檩条和增加天窗高度。天窗水平口长度可根据需要灵活布置。但有的井底板端部会与屋架腹杆相碰，需采用出肋板或卡口板，躲开腹杆（图 15-66）。

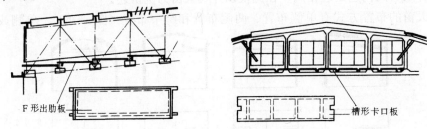

图 15-66　纵向铺板示意

（二）井口板及挡雨设施

井式天窗用于不采暖的厂房，通常不设窗扇而做成开敞式，因此需加挡雨设施。其做法有井上口设挑檐板，井上口设挡雨片和垂直口设挡雨板三种。

1. 井上口设挑檐板

挑檐板的做法一种是直接设挑檐板（图 15-67），纵向由相邻的屋面板加长挑出，横向增设屋面板成挑檐。另一种是在屋架上先放檩条，挑檐板再固定在檩条上。挑檐板的出挑长度应满足挡雨角的要求。由于挑檐占据过多的水平口面积，影响通风，故只适用于较

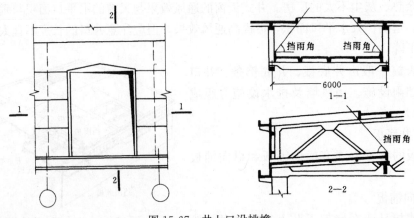

图 15-67　井上口设挑檐

大的天窗。

2. 井上口设挡雨片

这种做法是先在井口上铺空格板，然后在空格板的纵肋上固定挡雨片。挡雨片的构造、材料及角度与矩形通风天窗的水平口挡雨片基本相同（图15-68）。

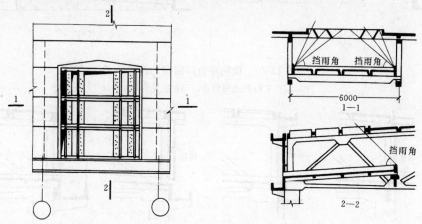

图15-68 水平口设挡雨片

3. 垂直口设挡雨板

垂直口挡雨板的构造与材料与开敞式外墙挡雨板相同，常用石棉瓦或预制钢筋混凝土小板作挡雨板（图15-69）。

（三）窗的设置

冬季有保温要求的厂房，需在垂直口设置窗扇。沿厂房纵向的垂直口可装上悬或中悬窗扇。在横向垂直口上，受屋架腹杆的影响，只能设上悬窗，且由于屋架坡度和井底板的影响，垂直口不是矩形，设置窗扇比较困难，如果窗扇做成平行四边形与屋架上弦平行，则窗扇制作麻烦，玻璃形状不规整。如采用矩形，虽可选用标准窗扇，但两侧的缝隙需作密封处理，且窗扇是斜挂，窗子受扭，耐久性差（图15-70）。因此，横向垂直口一般不设窗扇，如需设置窗扇，宜于跨中布置的天井。

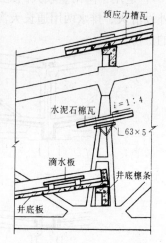

图15-69 垂直口设挡雨板

（四）排水设施

井式天窗的排水需同时考虑屋面排水和井底板排水，构造处理比较复杂。设计时应尽量减少天沟、雨水管和水斗的数量，减少排水系统堵塞的可能性。根据天窗的位置、地区气候条件和生产工艺特点的不同，井式天窗的排水主要有以下几种：

1. 边井外排水

（1）无组织排水　上层屋面及井底板均为自由落水，井底板雨水经挡风板与井底板间的空隙流出，如图15-71（a）所示，这种方式构造简单，施工方便，适用于降雨量不大的地区。

（2）单层天沟排水　一种是上层屋面设通长天沟，井底板做自由落水，如图15-71

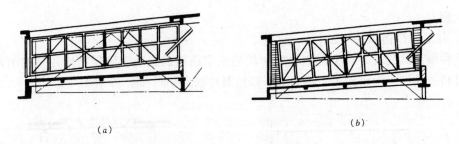

图 15-70　横向垂直口窗扇的设置
(a) 平行四边形窗扇；(b) 矩形窗扇

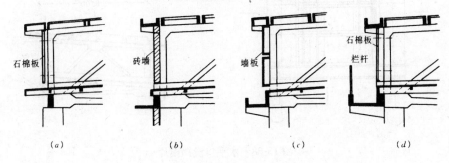

图 15-71　边井外排水
(a) 无组织排水；(b) 上层通长天沟；(c) 下层通长天沟；(d) 双层通长天沟

(b)，适用于降雨量较大的地区，灰尘小的厂房。另一种是上层屋面为自由落水，井底板外设清灰、排水两用通长天沟，如图 15-71 (c) 所示，适用于降雨量较大的地区，灰尘多的厂房。

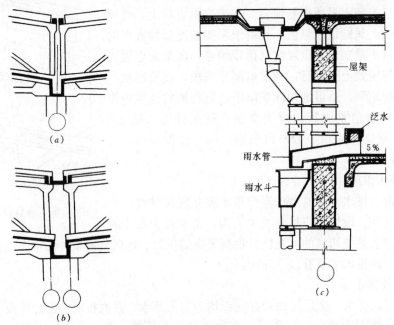

图 15-72　中井排水
(a) 上下间断天沟；(b) 上下通长天沟；(c) 雨水口接内落水管

2. 中井式天窗排水

中井式天窗连跨布置时，对灰尘不大的厂房，可设间断天沟，如图 15-72（a）所示。降雨量大的地区，灰尘多的厂房，可设上下两侧通长天沟，如图 15-72（b）所示。或下层设通长天沟，上层设间断天沟。跨中布置时，用吊管将井底板雨水排至室外。

（五）泛水

为防止屋面雨水流入井内，在井上口四周须做 150～200mm 高的泛水。同样为防止井底板雨水溅入车间，井底板四周也要设不大于 300mm 高的泛水。泛水可用砖砌，外抹水泥砂浆，也可用钢筋混凝土挡水条（图 15-73）。

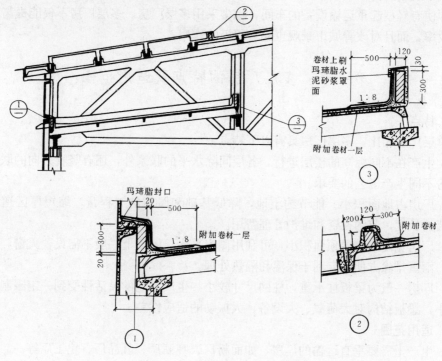

图 15-73 井式天窗泛水构造

第十六章 多层厂房简介

近年来，随着国家工业的协调发展，中小型轻工企业大量出现。由于城市工业用地的紧张和城市规划的需要，常采用多层厂房。一些市区内老厂的扩建和改建，受厂区基地的限制，即使有轻型起重运输设备的车间，也多采用多层厂房。多层厂房不仅能提高城市建筑用地效率，而且对改善城市景观也起着积极的作用。

第一节 多层厂房的特点及适用范围

一、特点

与单层厂房相比，多层厂房具有以下特点：

(1) 生产在不同标高的楼层进行。各层间除水平的联系外，还有竖直方向的联系。能适应厂房不同生产工艺的要求。

(2) 厂房占地面积小。能节约土地，降低基础和屋顶的工程量，缩短厂区道路、管线、围墙的长度，节约投资和维护管理费用。

(3) 厂房宽度小，屋顶面积小，可利用侧窗采光。屋顶上一般不需设置天窗，屋面构造简单，雨雪排除方便，有利于保温和隔热处理。

(4) 厂房一般为梁板柱承重，柱网尺寸较小。生产工艺的灵活性受到一定限制，厂房通用性小，梁板结构对大荷载、大设备、大振动的适应性差。

二、适用范围

(1) 生产上需要垂直运输的厂房，如面粉厂、啤酒厂、乳品厂、化工厂等。

(2) 生产上要求在不同层高操作的企业，如化工厂的大型蒸馏塔等设备，高度比较高，生产又需要在不同的层高上进行。

(3) 生产环境有特殊要求的厂房，如仪表、电子、医药、食品类厂房，采用多层厂房容易解决生产所要求的恒温恒湿、洁净、无尘无菌等问题。

(4) 生产设备、原料及产品较轻，运输量不大的厂房。

(5) 城市建设规划需要，或厂区基地受到限制的厂房。

第二节 平面设计

多层厂房设计是以生产工艺流程为主要设计依据。在平面设计中，应综合考虑工艺流程、工段组合、交通运输，以及建筑、结构、采暖、通风、水电、设备等各种技术要求，合理地确定厂房的平面形式、柱网布置，及楼电梯间、生活间、门厅和辅助用房的位置。

一、平面布置的形式

由于企业的生产性质、生产特点和使用要求不同，平面布置形式也不相同。一般有以下几种布置形式：

（一）内廊式

内廊式布置是厂房每层的中间为走廊，在走廊两侧布用隔墙分隔成各种大小不同的生产车间及办公、服务用房等。这种布置方式适用于各生产工段所需面积不大、相互间既有联系又需避免干扰的生产车间。对有恒温恒湿、防尘、防振等特殊要求的工段，可分别集中布置，以减少设备投资和降低工程造价（图16-1）。

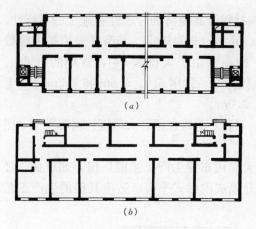

图 16-1 内廊式布置
(a) 两侧房间进深相同；(b) 两侧房间进深不同

（二）统间式

统间式布置是厂房内只有承重柱，不设隔墙。适用于各生产工段需较大面积，且相互间联系紧密，不宜用墙分开的生产车间。对生产中的少数特殊工段，可结合交通集中或分别布置在车间的端部、一侧或中间（图16-2）。

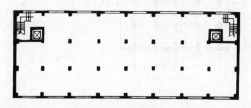

图 16-2 统间式布置

（三）大宽度式

为适应生产工段大面积、大空间和高精度的要求，常采用大宽度式布置。将交通及辅助用房布置在车间中部采光条件较差的部位，保证生产工段的采光和通风（图6-3a）。另外，对一些恒温恒湿、洁净等技术要求高的工段，可采用环廊式布置，各工段通过环廊联系，以满足不同的技术精度要求（图16-3b、c）。

（四）混合式

混合式一般由内廊式和统间式混合布置而成。可用不同的平面空间满足不同的生产工艺要求（图16-4）。这种布置的灵活性大，但平面形状复杂，结构类型难统一，施工麻烦，且不利抗震。

二、柱网布置

柱网的布置首先应满足生产工艺的要求，

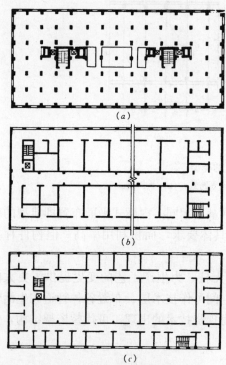

图 16-3 大宽度式布置
(a) 中间布置交通及辅助用房；(b) 外环廊布置；(c) 内环廊布置

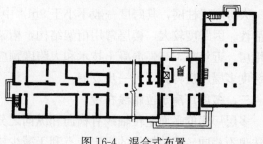

图 16-4 混合式布置

同时还应考虑厂房的平面形状、结构形式、建筑材料及其经济的合理性和施工的可行性。柱网的选择应符合《厂房建筑模数协调标准》GBJ 6—86 的规定。其跨度采用扩大模数 15M，常用的有 6.0、7.5、9.0、10.5、12m，柱距采用扩大模数 6M，常用的有 6.0、6.6m 和 7.2m。内廊式厂房的跨度可采用扩大模数 6M，常用 6.0、6.6m 和 7.2m 等，走廊的跨度应采用扩大模数 3M，常用 2.4、2.7、3.0m。

常用的多层厂房柱网布置主要有等跨柱网、对称不等跨柱网和大跨度柱网等类型（图16-5）。

等跨式柱网易于形成大空间，主要用于需大面积布置生产工艺的厂房，如机械、轻工、电子、仪表等工业厂房。也可用轻质隔墙分隔成内廊式平面，适应其他的生产工艺要求。

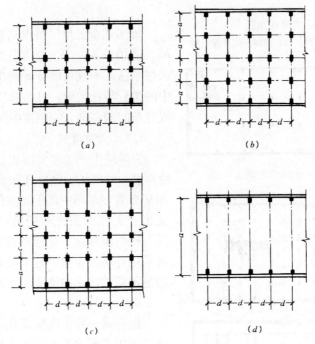

图 16-5 柱网布置的类型
(d) 内廊式；(b) 等跨式；(c) 对称不等跨式；(d) 大跨度式

对称不等跨柱网的特点与适用范围与等跨柱网基本相同。内廊式平面布置即典型的对称不等跨柱网。这种柱网能适应某些特定工艺的具体要求，面积利用率高。但构件种类多，不利于建筑工业化。

大跨度式柱网，其跨度一般不小于 9m，中间无柱，为生产工艺的变更提供了更大的灵活性。因跨度较大，楼层常用桁架结构，桁架空间可作技术层，布置各种管道和生活辅助用房。近年来，高强混凝土技术和大跨度预应力现浇技术的出现，可代替桁架结构，使大跨度多层厂房得到了进一步发展。

三、多层厂房定位轴线布置

多层厂房的平面定位轴线有横向和纵向之分。厂房的结构形式不同，定位轴线的标定方法也不相同。定位轴线的标定应有利于减少构配件的类型及数量，促进构配件的互换性和通用性,并便于施工和设计工作。

(一) 砌块墙承重时定位轴线标定

采用墙承重的小型多层厂房,定位轴线的标定与砖混结构的轴线定位基本相同。横向承重墙的定位轴线一般与顶层横墙的中心线相重合,外墙的定位轴线与顶层墙内缘的距离为半块块材或半块的倍数,亦可与顶层墙中心线相重合(图16-6)。

(二) 框架承重时的定位轴线标定

装配式钢筋混凝土框架承重是多层厂房常采用的结构形式,其定位轴线的标定不仅要考虑框架柱、梁板等构件,而且涉及到轴线和墙柱的关系。常用的标定方法有以下两种:

图16-6 承重砌块墙的定位轴线

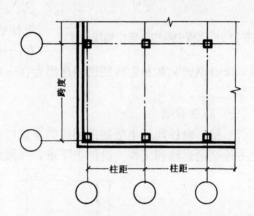

图16-7 "横中纵中"定位轴线的标定

1. "横中纵中"标定法

"横中纵中"是指多层厂房的横向和纵向定位轴线均与框架柱的中心线相重合(图16-7)。这种标定方法具有纵向构件长度相等,有利于统一边跨和中跨框架梁的长度等优点,但墙板在转角和变形缝处的处理比较复杂,板型规格较多(图16-8)。

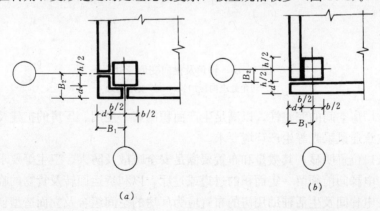

图16-8 转角处墙板处理
(a)增加墙角板;(b)加长纵向墙板

2. "横中纵边"标定法

"横中纵边"是指多层厂房的横向定位轴线与柱中心线相重合,边列柱的纵向定位轴线与边柱的外缘相重合(图16-9)。这种标定方法纵向构件的长度仍然相同,但减少了墙

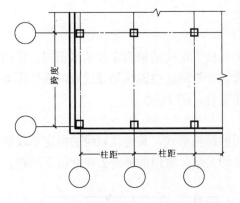

图 16-9 "横中纵边"定位轴线的标定

板规格,转角处除纵向墙板需加长外,其他墙板规格都是统一的。如使转角处墙板与横向变形缝处墙板取得一致,则墙板规格更少(图 16-10)。当顶层为扩大柱网时,屋盖处便于选用单层厂房的相应构件。缺点是横向梁长度不一,平面形状为 L 形或 T 形时,轴线定位复杂。

四、楼梯间、电梯间及生活辅助用房的布置

楼梯和电梯是多层厂房竖向交通运输的工具。一般情况下,楼梯解决人流的交通和疏散,电梯解决货物运输。通常将电梯和主要楼梯布置在一起,组成交通枢纽。为方便使用和节约建筑空间,交通枢纽又常和生活辅助用房组合在一起。它们的具体位置是平面设计中的一个重要问题。

(一)布置原则

(1)楼、电梯间及生活辅助用房的布置应结合厂区总平面的道路、出入口统一考虑,使之方便交通运输和工作人员的上下班,并做到通顺、短捷、避免人流和货流交叉。

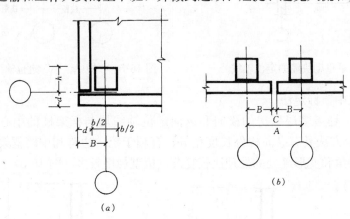

图 16-10 转角及横向变形缝处
(a) 转角处纵向板加长;(b) 变形缝处

(2)注意厂房空间的完整性,以满足生产面积的集中使用、厂房的扩建及灵活性的要求,同时应注意通风采光等生产环境要求。

(3)出入口位置明显,其数量和布置要满足安全疏散及防火、卫生等要求。

(4)楼、电梯间前须留一定面积的过道或过厅,以利货运回转及货物的临时堆放。

(5)楼、电梯间及生活辅助用房的布置应为厂房的空间组合及立面造型创造条件,并注意结构和施工等技术要求。

(二)平面位置

楼、电梯间及生活辅助用房在多层厂房中的布置方式,大致有以下几种,如图 16-11 所示。设计中应根据实际需要,通过分析比较后合理选择,或采用几种方式的混合布置,以适应不同的需要。

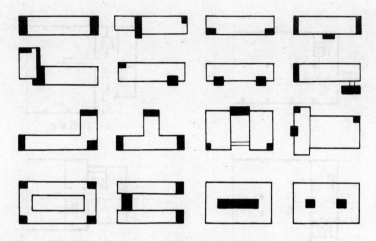

图 16-11 楼、电梯间及生活辅助用房的位置

1. 布置在厂房的端部

生产工艺布置灵活，不影响厂房的采光通风，建筑结构构件统一，建筑造型易于处理。适用于平面不太长的厂房。

2. 布置在厂房内部

交通枢纽部分不靠外墙，在连续多跨、宽度较大的厂房中，能保证生产工段的通风采光。但工艺布置欠灵活，因无直接出入口，交通疏散不利。

3. 布置在厂房外纵墙外侧，或用连接体独立布置

它与厂房的生产部分分开，工艺布置灵活，结构简单，但厂房的体型组合较复杂。

4. 布置在厂房外纵墙内侧

对生产工艺的布置有一定的影响，但对厂房结构的整体刚度有利。

5. 布置在不同区段的交接处

连接厂房相对独立的各个生产工段，便于组织较大规模的生产，厂房的平面布局和整体造型灵活生动。

（三）平面组合

1. 楼梯间的位置与设计要求

在多层厂房中，按楼梯和电梯的相对位置不同，常见的组合方式有：楼梯和电梯在同侧并排布置，楼梯围绕电梯布置，楼梯和电梯分两侧相对布置。不同的组合方式，各有不同的特点。设计中应结合厂房的实际情况，处理好与出入口的关系，组织好人流和货流交通。

常见的楼、电梯间与出入口的关系处理方式有两种。一是人流货流同门出入，不论楼梯和电梯的相对位置如何，人流和货流均由同一出入口进出，交通路线直接通畅，且不相互交叉，如图 16-12。另一种是人流和货流分门出入，设置不同的出入口进出，交通路线明确，不交叉干扰，对生产有洁净等要求的车间尤其适用，如图 16-13 所示。

2. 楼梯与生活辅助用房的组合

楼梯和生活辅助用房的组合，应便于人流的交通和安全疏散（图 16-14）。

对一些生产环境有特殊要求的厂房，如洁净、无菌厂房等，其生活辅助用房的组合，不仅要满足一般的使用要求，还应保证生产人员在进入生产工段前，按先后顺序完成各项

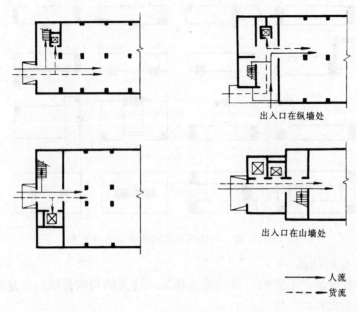

图 16-12 人流货流同门出入

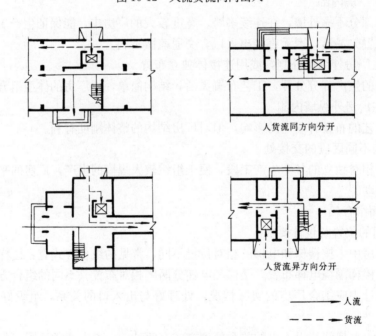

图 16-13 人流货流分门出入

准备工作后,才能进入生产车间。此时,生活辅助用房的组合就应按这些特殊的要求进行。

当多层厂房的楼梯间和生活辅助用房采用非独立式的建筑空间组合时,由于生活辅助用房所需的层高较低(一般在 2.8~3.2m),而生产车间的层高一般又较高。为了合理利用建筑空间,在竖向上常采用夹层或错层的组合方式,以便能较多地布置生活辅助用房(图 16-15)。

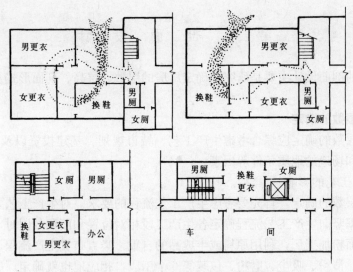

图 16-14 楼梯与生活用房组合示例

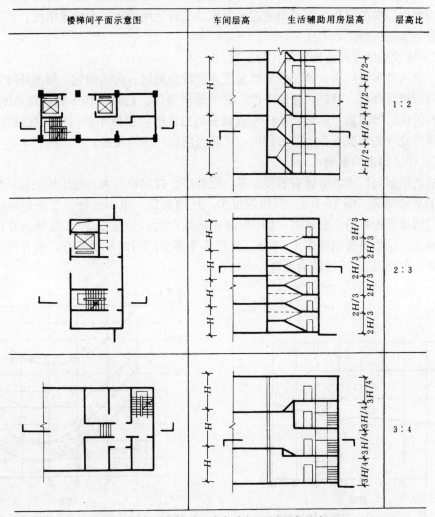

图 16-15 生活辅助用房与车间不同层高的布置

第三节 剖面设计

多层厂房的剖面设计主要是研究和确定厂房的层数、层高、剖面形式及工程管线的布置等有关问题。

一、厂房层数的确定

多层厂房层数的确定应综合考虑生产工艺、城市规划、基建投资以及楼面使用荷载、建筑结构形式和场地的地质条件等因素。

（一）生产工艺的影响

多层厂房层数的确定，首先要考虑生产工艺流程的要求。对生产工艺要求明确、严格的厂房，在依据竖向生产工艺流程确定各生产工段相对位置和面积的同时，也就确定了厂房的层数。如面粉加工厂，利用原料或半成品的自重，竖直布置生产流程，自上而下分别为除尘、平筛、清粉、吸尘、磨粉、包装等6个工段，相应地也就确定厂房的层数以6层较合适。而对于工艺限制小，设备与产品较轻的厂房，用电梯就能解决所有垂直运输的需要。适当增加厂房的层数，即可节省占地面积，又给使用带来较大的灵活性，如电子、医药、服装等多层厂房。

（二）建设场地及其他技术条件的影响

建于市区的多层厂房，其层数的确定应考虑城市规划、街区面貌、周围环境以及与厂区建筑的谐调等要求。另外，还应考虑厂区的地质条件、建筑结构形式、建筑施工方法、建筑材料的供应等因素。如地质条件差或处在地震区时，层数不宜过多。在结构、材料、施工等条件允许的情况下，为节约用地，可适当增加厂房的层数。

（三）经济因素的影响

厂房的层数与厂房的造价有直接关系。层数多，技术难度大，施工周期长，厂房的单位面积的造价就高（图16-16）。但层数过少，用地浪费，也不经济。经济地确定厂房层数，与厂房展开面积的大小有关。图16-17中曲线所示，一般在3～4层最为经济，展开的面积越大，层数可适当增多1～2层。从近几年多层厂房的发展来看，虽有向更多层发展的趋势，但仍以4～5层较为经济。

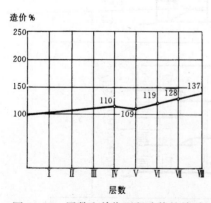

图 16-16 层数和单位面积造价的关系

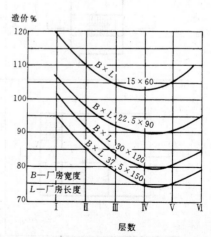

图 16-17 层数和厂房展开面积与造价的关系

二、厂房层高的确定

影响多层厂房层高的因素很多，设计中应综合考虑层高与生产工艺、生产运输设备、采光通风及管道布置的关系，合理、经济地确定厂房的层高。

（一）层高与生产、运输设备

多层厂房的层高首先取决于生产工艺的布置和运输设备的大小。在满足生产工艺要求的同时，还应满足生产运输设备对厂房高度的要求。通常在工艺允许的情况下，把一些重量大、体积大和运输量大的设备布置在底层，同时根据需要增加底层的高度，对个别较大的设备，可用局部抬高层高或降低地面的方法解决，不致影响整幢建筑的层高。

（二）层高与厂房的通风采光

层高的确定还应考虑厂房的采光通风要求。厂房的层高一定时，通过侧窗阳光的照射深度是一定的，当厂房宽度增加时，如果只加大窗口宽度，不能保证厂房中部的采光效果得到很好的改善，因而需相应地增加层高，提高窗口高度，以满足采光要求。

对采用自然通风的车间，厂房的净高应满足《工业企业设计卫生标准》GB 21—2002 的有关规定。如按每名工人所占有的车间容积规定了每人每小时所需的换气量数值，依此可确定厂房的层高。对散发大量热量或有害气体的工段，则应根据通风计算，确定厂房所需的层高。通常，层高越高，对改善环境越有利，但造价也随之提高。

对生产有特殊要求的厂房，如恒温恒湿、洁净、无菌等，车间内部通常采用空气调节和人工照明，这样应在符合卫生标准的情况下，尽量降低厂房层高。

（三）层高与管道布置

层高的确定还要受厂房管道布置方式的影响，常见的几种管道布置方式如图 16-18 所示。除底层的管道可利用地面以下的空间外，一般都需占有一定的空间高度。对厂房层高影响较大的是一些水平管道，如空调车间，由于空调管道的断面较大，一般可达 1.5～2.5m，这时管道的高度就成为确定层高的主要因素。

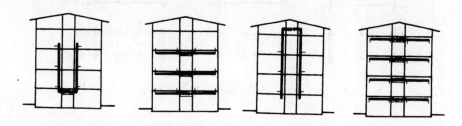

图 16-18 多层厂房的几种管道布置

（四）层高与经济因素

确定厂房的层高，还应从经济角度予以考虑。层高与厂房的单位面积造价成正比，从图 16-19 中可以看出，层高每增加 0.6m，单位面积造价就提高 8.3% 左右。因此，确定厂房的层高时，不容忽视经济问题。

目前，多层厂房的层高常用 3.6、3.9、4.2、4.5、4.8、5.4、6.0、6.6、7.2m 等数值。其中，3.6～6.0m 较为经济。

三、剖面形式

多层厂房柱网的布置不同，其剖面形式也不相同。不同的结构形式，不同的工艺布

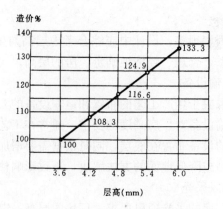

图 16-19　层高与单位面积造价的关系

置，对剖面形式的影响也很大。根据柱网的布置，在多层厂房设计中常采用的剖面形式如图 16-20 所示。

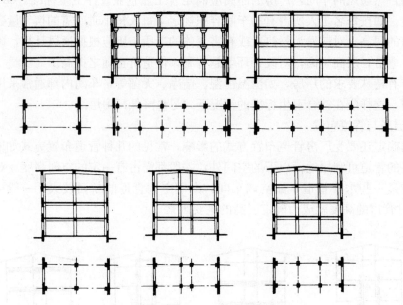

图 16-20　多层厂房的几种剖面形式